土壤、植物与环境分析实验教程

崔建宇　　江荣风　　主编

中国农业大学出版社

·北京·

内容简介

本书是为资源环境科学专业本科课程"土壤、植物与环境分析"编写的配套实验教材,内容涵盖土壤、植物、肥料与环境 4 个领域的分析和测试方法。它既有传统经典方法的介绍,又增加了近几年出现的快速发展的新技术,同时也引入了环境监测领域的新方法。本书将系统性、实用性和先进性进行了有机结合。

本书可作为高等农业院校环境类专业的本科生和研究生的教材,也可供教师、科研人员以及从事相关领域分析工作的人员做参考。

图书在版编目(CIP)数据

土壤、植物与环境分析实验教程 / 崔建宇,江荣风主编. —北京:中国农业大学出版社,2019.8

ISBN 978-7-5655-2268-0

Ⅰ.①土… Ⅱ.①崔… ②江… Ⅲ.①土壤分析—实验—教材 Ⅳ.①S151.9-33

中国版本图书馆 CIP 数据核字(2019)第 183401 号

书　名	土壤、植物与环境分析实验教程
作　者	崔建宇　江荣风　主编

策划编辑	石　华　王笃利	责任编辑	石　华
封面设计	郑　川		
出版发行	中国农业大学出版社		
社　址	北京市海淀区圆明园西路 2 号	邮政编码	100193
电　话	发行部 010-62733489,1190	读者服务部	010-62732336
	编辑部 010-62732617,2618	出　版　部	010-62733440
网　址	http://www.caupress.cn	E-mail	cbsszs @ cau.edu.cn
经　销	新华书店		
印　刷	北京时代华都印刷有限公司		
版　次	2019 年 8 月第 1 版　2019 年 8 月第 1 次印刷		
规　格	787×1 092　16 开本　16.5 印张　410 千字		
定　价	49.00 元		

图书如有质量问题本社发行部负责调换

编 写 人 员

主　编　崔建宇（中国农业大学）

　　　　　江荣风（中国农业大学）

参　编　（按姓氏拼音排序）

　　　　　陈范骏（中国农业大学）

　　　　　程凌云（中国农业大学）

　　　　　范明生（中国农业大学）

　　　　　王　琪（中国农业大学）

　　　　　夏晓平（中国农业大学）

　　　　　袁会敏（中国农业大学）

　　　　　张朝春（中国农业大学）

前　　言

国家农业绿色发展对农业综合型人才的需求愈加迫切,中国农业大学资源环境科学专业长期坚持本科生教育"理论与实践并重"的培养模式,始终将培养农业综合型人才作为自己的使命。"土壤、植物与环境分析"是本专业重要的专业基础课程之一,它由"土化分析""农化分析"和"环境监测"3 门分析课程重新整合而成,以培养学生"具备扎实的专业基本理论、基本知识和坚实的分析测试基本技能"为目标。

在"双一流"建设背景下,通过中国农业大学开展的本科生核心课程建设,本书作为"土壤、植物与环境分析"课程的配套实验教材,在传统的土壤养分分析、植物养分与农产品品质分析、肥料质量评价等基础上,将近几年快速发展的测试新技术融入进来,同时定期更新和介绍环境监测领域的新测试方法,掌握分析领域的最新动态,以进一步加强该课程的系统性、实用性与先进性。在本书的每个实验项目前写明了学习"目的",在实验项目后增加了"思考与讨论",这种设计有助于启发学生进行思考,也有利于巩固他们的学习效果。

本书的编写是在"土壤、植物与环境分析"课程教师团队成员的共同努力下完成的。它可以作为高等农业院校环境类专业学生的教材,也可以作为教师、科研人员以及从事相关领域分析、检测工作的人员的参考书。

受时间和编者水平所限,书中的错误和不足之处在所难免,希望得到同行专家、学者和广大读者的批评指正。

编者

2019 年 8 月

目　　录

第一部分　土壤分析 ……………………………………………………………… 1

一、土壤样品的采集和制备 ………………………………………………………… 2

    （一）土壤样品的采集 …………………………………………………………… 2

    （二）土壤样品的制备和贮存 …………………………………………………… 4

二、土壤水分的测定——烘干法 …………………………………………………… 7

    （一）风干土样水分的测定 ……………………………………………………… 7

    （二）新鲜土样水分的测定 ……………………………………………………… 8

三、土壤 pH 的测定——电位法 …………………………………………………… 9

    （一）方法原理 …………………………………………………………………… 9

    （二）主要仪器设备 ……………………………………………………………… 9

    （三）试剂配制 …………………………………………………………………… 9

    （四）操作步骤 …………………………………………………………………… 10

    （五）注释 ………………………………………………………………………… 10

四、土壤水溶性盐的测定 …………………………………………………………… 13

    （一）土壤浸出液的制备 ………………………………………………………… 13

    （二）土壤全盐量的测定 ………………………………………………………… 14

    （三）土壤水溶性盐组成的测定 ………………………………………………… 17

    （四）盐分测定结果的应用 ……………………………………………………… 27

五、土壤碳酸钙的测定 ……………………………………………………………… 30

    （一）气量法 ……………………………………………………………………… 30

    （二）快速（中和）滴定法 ……………………………………………………… 31

    （三）注释 ………………………………………………………………………… 32

六、土壤有机质的测定——铬酸氧还滴定法 ……………………………………… 35

    （一）外热源法 …………………………………………………………………… 36

    （二）稀释热法 …………………………………………………………………… 37

七、土壤全氮的测定——半微量开氏法 …………………………………………… 41

    （一）方法原理 …………………………………………………………………… 41

    （二）主要仪器设备 ……………………………………………………………… 42

    （三）试剂配制 …………………………………………………………………… 42

（四）操作步骤 ………………………………………………………………… 43

（五）结果计算 ………………………………………………………………… 44

（六）注释 …………………………………………………………………………… 44

八、土壤有效氮的测定 ………………………………………………………………… 47

（一）土壤无机氮的测定 ……………………………………………………… 47

（二）土壤碱解氮的测定——1 mol/L NaOH 碱解扩散法 …………… 56

（三）土壤矿化氮的测定 ……………………………………………………… 57

九、土壤全磷的测定——H_2SO_4-$HClO_4$消煮-钼锑抗分光光度法 …… 60

（一）方法原理 ………………………………………………………………… 60

（二）主要仪器设备 …………………………………………………………… 61

（三）试剂配制 ………………………………………………………………… 61

（四）操作步骤 ………………………………………………………………… 62

（五）结果计算 ………………………………………………………………… 62

（六）注释 ……………………………………………………………………… 62

十、土壤有效磷的测定——0.5 mol/L $NaHCO_3$浸提-钼锑抗分光光度法 …… 64

（一）方法原理 ………………………………………………………………… 64

（二）主要仪器设备 …………………………………………………………… 64

（三）试剂配制 ………………………………………………………………… 64

（四）操作步骤 ………………………………………………………………… 65

（五）结果计算 ………………………………………………………………… 66

（六）注释 ……………………………………………………………………… 66

十一、土壤全钾的测定——NaOH 熔融-火焰光度法 ………………………… 68

（一）方法原理 ………………………………………………………………… 68

（二）主要仪器设备 …………………………………………………………… 69

（三）试剂配制 ………………………………………………………………… 69

（四）操作步骤 ………………………………………………………………… 70

（五）结果计算 ………………………………………………………………… 70

（六）注释 ……………………………………………………………………… 70

十二、土壤有效钾的测定 ……………………………………………………………… 72

（一）土壤速效钾的测定 ……………………………………………………… 72

（二）土壤缓效钾的测定 ……………………………………………………… 75

十三、土壤有效硼的测定 ……………………………………………………………… 77

（一）沸水浸提-甲亚胺分光光度法 ………………………………………… 77

（二）沸水浸提-姜黄素分光光度法 ………………………………………… 79

十四、土壤有效铁、锰、铜和锌的测定——DTPA 浸提-原子吸收分光光度法 …… 82

（一）方法原理 ………………………………………………………………… 82

（二）主要仪器设备 …………………………………………………… 82

（三）试剂配制 ……………………………………………………… 82

（四）操作步骤 ……………………………………………………… 83

（五）结果计算 ……………………………………………………… 83

（六）注释 …………………………………………………………… 84

十五、Mehlich 3 方法测定土壤有效养分——土壤有效磷、钾、钙、镁、铁、锰、铜、锌的
　　　联合测定 ……………………………………………………… 85

（一）方法原理 ……………………………………………………… 85

（二）主要仪器设备 ………………………………………………… 85

（三）土壤浸出液的制备 …………………………………………… 86

（四）浸出液中磷的测定 …………………………………………… 86

（五）浸出液中钾的测定 …………………………………………… 87

（六）浸出液中钙、镁的测定 ……………………………………… 88

（七）浸出液中铁、锰、铜、锌的测定 ……………………………… 88

（八）ICP 法测定 Mehlich 3—P、K、Ca、Mg、Na、Fe、Mn、Cu、Zn、B 的含量 …… 89

（九）注释 …………………………………………………………… 90

十六、土壤阳离子交换量的测定 ……………………………………… 92

（一）中性、酸性土壤阳离子交换量的测定——乙酸铵交换法 …… 93

（二）石灰性土壤阳离子交换量的测定 …………………………… 95

（三）盐碱土阳离子交换量的测定——NaOAc-NaCl 法 ………… 97

（四）碱化土交换性钠的测定——石膏法 ………………………… 100

第二部分　植物分析 …………………………………………………… 103

一、植物样品的采集和制备 …………………………………………… 104

（一）植物组织样品的采集和制备 ………………………………… 104

（二）籽粒样品的采集和制备 ……………………………………… 105

（三）瓜果样品的采集和制备 ……………………………………… 105

（四）注释 …………………………………………………………… 106

二、植物水分的测定 …………………………………………………… 107

（一）常压加热干燥法 ……………………………………………… 107

（二）减压加热干燥法 ……………………………………………… 108

（三）共沸蒸馏法 …………………………………………………… 109

三、植物中蛋白质的测定 ……………………………………………… 111

（一）开氏法测定粗蛋白质含量 …………………………………… 111

（二）染料结合法（DBC 法） ……………………………………… 111

四、植物中粗纤维的测定 ……………………………………………… 114

　　（一）酸碱洗涤重量法 ……………………………………………………………… 114

　　（二）酸性洗涤剂法 ………………………………………………………………… 116

五、植物中粗脂肪的测定 ……………………………………………………………… 118

　　（一）浸提法 ………………………………………………………………………… 118

　　（二）折光法 ………………………………………………………………………… 120

六、植物全氮、磷、钾的测定 ………………………………………………………… 122

　　（一）植物样品的消煮——H_2SO_4-H_2O_2法 ……………………………………… 122

　　（二）植物全氮的测定——半微量蒸馏法和扩散法 ……………………………… 123

　　（三）植物全磷的测定 ……………………………………………………………… 124

　　（四）植物全钾的测定——火焰光度法 …………………………………………… 126

七、植物微量元素含量的测定 ………………………………………………………… 128

　　（一）前处理方法 …………………………………………………………………… 128

　　（二）定量方法 ……………………………………………………………………… 130

八、植物中水溶性糖的测定 …………………………………………………………… 132

　　（一）水浸提-铜还原-直接滴定法 ………………………………………………… 132

　　（二）水浸提-铜还原-碘量法 ……………………………………………………… 136

　　（三）水浸提-氧化盐-碘量法 ……………………………………………………… 139

九、植物中淀粉的测定——氯化钙-乙酸浸提-旋光法 ……………………………… 143

　　（一）方法原理 ……………………………………………………………………… 143

　　（二）主要仪器设备 ………………………………………………………………… 143

　　（三）试剂配制 ……………………………………………………………………… 143

　　（四）操作步骤 ……………………………………………………………………… 143

　　（五）结果计算 ……………………………………………………………………… 144

　　（六）注释 …………………………………………………………………………… 144

十、植物中维生素 C 的测定——2％草酸浸提-2,6-二氯靛酚滴定法 ……………… 145

　　（一）方法原理 ……………………………………………………………………… 145

　　（二）主要仪器设备 ………………………………………………………………… 145

　　（三）试剂配制 ……………………………………………………………………… 145

　　（四）操作步骤 ……………………………………………………………………… 146

　　（五）结果计算 ……………………………………………………………………… 146

　　（六）注释 …………………………………………………………………………… 147

第三部分　肥料分析 …………………………………………………………………… 149

一、肥料样品的采集和制备 …………………………………………………………… 150

　　（一）化学肥料 ……………………………………………………………………… 150

　　（二）有机肥料 ……………………………………………………………………… 151

二、氮素化学肥料的测定 …………………………………………………………… 152

(一)氨水和农业碳酸氢铵中氮含量的测定——酸量法 …………………… 152

(二)铵态氮肥中氮含量的测定——甲醛法 ………………………………… 153

(三)尿素中缩二脲含量的测定——分光光度法 ………………………… 155

三、磷素化学肥料的测定 …………………………………………………………… 158

(一)过磷酸钙中游离酸含量的测定——水浸提-容量法 ………………… 158

(二)过磷酸钙中有效磷含量的测定——EDTA 浸提-磷钼酸喹啉重量法 … 159

(三)钙镁磷肥中有效磷含量的测定——2％柠檬酸浸提-磷钼酸喹啉容量法 … 161

四、钾素化学肥料的测定 …………………………………………………………… 163

(一)草木灰和窑灰钾肥中钾含量的测定——稀 HCl 浸提-四苯基合硼酸钾

季铵盐容量法 …………………………………………………………… 163

(二)单质钾肥中钾含量的测定——沸水浸提-四苯硼钾重量法 ………… 166

五、复混肥料中总氮、磷、钾含量的测定 ………………………………………… 168

(一)复混肥料中总氮含量的测定——蒸馏后滴定法 …………………… 168

(二)复混肥料中有效磷含量的测定——磷钼酸喹啉重量法 …………… 170

(三)复混肥料中钾含量的测定——四苯硼酸钾重量法 ………………… 174

六、有机肥料的测定 ………………………………………………………………… 176

(一)传统有机粪肥中全氮含量的测定 …………………………………… 176

(二)有机肥料的测定 ……………………………………………………… 178

第四部分　环境分析 ………………………………………………………………… 185

一、环境监测样品的采集 …………………………………………………………… 186

(一)水样的采集与保存 …………………………………………………… 186

(二)大气样品的采集 ……………………………………………………… 190

二、水中化学需氧量(COD)的测定 ……………………………………………… 192

(一)重铬酸钾法(COD_{Cr}) ……………………………………………… 192

(二)高锰酸钾法(COD_{Mn}) …………………………………………… 195

(三)利用 COD 消解仪测定化学需氧量 ………………………………… 197

三、生化需氧量(BOD_5)的测定 ………………………………………………… 199

(一)方法原理 ……………………………………………………………… 199

(二)主要仪器设备 ………………………………………………………… 199

(三)试剂配制 ……………………………………………………………… 200

(四)操作步骤 ……………………………………………………………… 201

(五)结果计算 ……………………………………………………………… 202

(六)注释 …………………………………………………………………… 202

四、水体中氮的测定 ………………………………………………………………… 204

(一)水质总氮测定——碱性过硫酸钾消解-紫外分光光度法 ………… 204

(二)水质氨氮测定——纳氏试剂分光光度法 …………………………… 207

（三）水质硝酸盐氮的测定——紫外分光光度法 …………………………… 210

五、水体中磷的测定——钼酸铵分光光度法 ……………………………………… 212

　　（一）适用范围 ………………………………………………………………… 212

　　（二）方法原理 ………………………………………………………………… 212

　　（三）主要仪器设备 …………………………………………………………… 212

　　（四）试剂配制 ………………………………………………………………… 213

　　（五）操作步骤 ………………………………………………………………… 213

六、大气中总悬浮颗粒物的测定——重量法 ……………………………………… 216

　　（一）方法原理 ………………………………………………………………… 216

　　（二）主要仪器设备 …………………………………………………………… 216

　　（三）采样 ……………………………………………………………………… 216

　　（四）称量及计算 ……………………………………………………………… 217

七、土壤中铅、镉的测定——石墨炉原子吸收分光光度法 ……………………… 218

　　（一）适用范围 ………………………………………………………………… 218

　　（二）方法原理 ………………………………………………………………… 218

　　（三）试剂配制 ………………………………………………………………… 218

　　（四）主要仪器设备 …………………………………………………………… 219

　　（五）样品采集 ………………………………………………………………… 219

　　（六）操作步骤 ………………………………………………………………… 219

　　（七）结果计算 ………………………………………………………………… 220

　　（八）精密度和准确度 ………………………………………………………… 220

八、土壤中铬的测定——火焰原子吸收分光光度法 ……………………………… 222

　　（一）适用范围 ………………………………………………………………… 222

　　（二）方法原理 ………………………………………………………………… 222

　　（三）干扰和消除 ……………………………………………………………… 222

　　（四）试剂和材料 ……………………………………………………………… 222

　　（五）主要仪器设备 …………………………………………………………… 224

　　（六）样品 ……………………………………………………………………… 224

　　（七）操作步骤 ………………………………………………………………… 224

　　（八）结果计算 ………………………………………………………………… 226

　　（九）精密度和准确度 ………………………………………………………… 227

　　（十）质量保证和质量控制 …………………………………………………… 229

　　（十一）注释 …………………………………………………………………… 229

九、土壤中砷的测定——原子荧光法 ……………………………………………… 231

　　（一）适用范围 ………………………………………………………………… 231

　　（二）方法原理 ………………………………………………………………… 231

　　（三）试剂配制 ………………………………………………………………… 231

　　（四）主要仪器设备 …………………………………………………………… 232

　　（五）操作步骤 ………………………………………………………………… 232

（六）结果计算 …………………………………………………… 233

（七）精密度和准确度 …………………………………………… 233

十、水、土中有机磷农药残留测定——气相色谱法 …………… 234

（一）适用范围 …………………………………………………… 234

（二）方法原理 …………………………………………………… 234

（三）试剂配制 …………………………………………………… 234

（四）主要仪器设备 ……………………………………………… 235

（五）操作步骤 …………………………………………………… 235

（六）结果计算 …………………………………………………… 238

（七）结果表示 …………………………………………………… 238

附录　部分实验报告格式参考 …………………………………… 239

参考文献 …………………………………………………………… 247

第一部分
土壤分析

一、土壤样品的采集和制备

▶目的◀

1. 掌握土壤样品采集的原则与要求。
2. 掌握混合土壤样品采集的方法。
3. 熟悉土壤盐分分析样品采集的特殊性。
4. 了解土壤样品处理的目的。
5. 掌握土壤样品处理的方法。

(一)土壤样品的采集

土壤样品的测定结果是否能如实地反映客观情况,除了在采集土样时要有明确的目的以外,同时还取决于土壤样品是否具有代表性。

土壤是一个极为复杂、极不均匀的群体,要从中采取少量(几百克、几十克或分取几十毫克样品)足以代表一定面积的土壤样品,似乎要比获得准确的土壤化学分析结果更为困难。若采样不当,尽管以后的分析工作非常准确,也不能获得具有参考价值的测定结果,甚至会得到错误的结果。因此,土壤样品的采集和制备是土壤分析中一项极为重要的工作。在采样时必须根据农业生产和科学研究工作的目的和需要,并严格按照一定的采样原则和采样方法来采集有代表性的土壤样品。

由野外或试验区采集能代表分析对象(某采样区或某剖面土层)的土样称为原始样品。

原始样品经过充分混匀和分样后,送交分析室的样品称为平均样品(平均样品应能代表原始样品),平均样品经过一定的处理步骤,制备成分析样品(分析样品应能代表平均样品)。每次分析时即从分析样品中称取具有代表性的土样进行测定。土壤样品的采集方法因分析目的不同而有所不同。

1. 土壤混合样品的采集

为了了解土壤养分状况以及与施肥有关的一些土壤性状,所用的土样应该是能代表该面积、该土层内养分状况的混合样品。

混合样品是由很多点采样样品混合组成,实际上相当于多点样品混合后的平均数,它减少了土壤差异,所以混合土样的代表性大于单个采样点土样的。

(1)划定采样区　要使样品真正有代表性,首先要正确划定采样区,在每一采样区内采取一个混合土样。划定采样区时,应先了解全地区的土壤类型、地形、作物茬口、耕作措施、施肥和灌溉等情况,在同一采样区内的这些情况应力求大体一致。采样区的大小视要求的精度而定:①试验地一般以各处理的小区为一个采样区;②生产地一般以 $10\sim20$ 亩(1 亩 $=0.0667\ hm^2$)为一个采样区;③大面积耕地肥力调查的每一个采样区面积一般为 $100\sim1\ 000$ 亩。

(2)确定采样点　采样点的分布要做到尽量均匀和随机。均匀分布可以起到控制整个采样范围的作用;随机多点可以避免主观误差,提高样品的代表性。在采样区内沿"之"字形线或蛇形线等距离随机取 10～30 个样点(小区也要取 5 个以上样点)的小样,混合组成一个原始样品。样品应选择植株生长整齐而有代表性的地点;密植作物可在植株行间采样;中耕作物可在株间各采半数的小样。样点应避开特殊的地点,如粪堆、屋旁、地边、沟边或过去翻乱土层的地方。

(3)采样　采样点确定后,用小铲或土钻(筒形或螺形钻头)采取小样。混合样品一般只采集耕层(0～20 cm)土壤,必要时也可采集耕层以下的土壤,但通常不超过 100 cm 深度。

采样点的取土深度和重量应力求一致,各土样上下层比例要相同。混合后的原始样品可就地在厚牛皮纸、塑料布或木板上充分混匀,用四分法淘汰,分出平均样品一般为 0.5～1 kg,装入土袋,写好标签,注明采样地点、处理小区或肥力和产量情况、采样深度、日期、采样人等。

2. 土壤剖面样品的采集

为了研究土壤基本理化性状及土壤类型,必须按照土壤发生层次采样。在选定土壤剖面的位置后,先挖一个 1 m×1.5 m(或 1 m×2 m)的长方形土坑。长方形较窄的向阳一面作为观察面。土坑的深度要求达到母质或地下水即可(大部分为 1～2 m),然后根据土壤剖面的颜色、结构、质地、松紧度、湿度、植物根系的分布等自上而下地划分土层,并进行仔细观察,描述记载。

采样时必须自下而上分层采取,以免采取上层样品时对下层土壤造成混杂污染。为了使样品能明显地反映各层次土壤的特点,通常是在各层最典型的中部采取(如土层较薄,可全层采取),这样可以克服层次间的过渡现象,以增加样品的代表性。一般采取土样量约 1 kg,放入布袋或塑料袋内,并在土袋内外附上标签,写明采集地点、剖面编号、土层深度、采样日期和采样人。

3. 土壤盐分分析样品的采集

盐碱土中盐分的变化往往比土壤养分含量的变化还要大。在盐碱地的田块里,盐土多呈斑状分布。盐斑上表层土壤含盐量＞1％,而盐斑以外就可能是含盐量仅 0.1％左右的非盐渍土。土壤盐分分析不仅要了解土壤中盐分的多少,而且经常要了解盐分的变化情况。在盐碱土中,盐分的变化在垂直方向上更为明显。由于淋洗作用和蒸发作用,土壤剖面中的盐分季节性变化很大,而且在不同类型的盐土中盐分在剖面中的分布又不一样,例如,南方滨海盐土的底土含盐分较重,而内陆次生盐渍土的盐分一般都积聚在表层。因此,盐碱地的采样要优先考虑盐碱地自身的这一特点,并且不能采用均匀布点和多点取样混合分析等方法。此外,取样方法也随取样目的的不同而不同。

(1)剖面取样　在盐碱土地区调查与制图工作中,需采取剖面样品,以了解盐分在土壤剖面中的变化规律。先在各种类型及不同盐渍化程度的盐碱地上,选择有代表性的地方作为取样点。各种土壤类型应布多少个取样点,须决定于它们的面积和制图的要求。

盐碱地的取样深度,主剖面要求达到地下水,至少不能小于 2 m,副剖面在 1 m 左右。取样分层一般是按照自然层次,上密下稀,最厚不要超过 50 cm。取样方法多用"段取",即在该取样层内,自上而下,整层均匀地取土,这样有利于盐分储量的计算。为了研究盐分在垂直方向上分布的特点,部分剖面也可以"点取",即在该取样层中的典型部位取土。

(2)动态采样　在盐碱土地区经常要做盐分动态的观测,主要包括月动态、季动态、年动态、多年动态和专门观测的动态等,也就是在一个固定点上,观测盐分在时间上的变化。这种观测最好是用特别装置的仪器进行,但在实际工作中仍以取土观测为多。这种取土观测必须十分严格,否则取样误差往往超过自然状态的盐分变化,这就失去了实验意义。

取样地点确定后,首先,根据试验设计中需要取样的次数确定取样区的大小;其次,在取样地点选择一块最均匀的平坦的地面为取样区,最好先在取样区外围钻取三点(按三角形布置),检查土层及盐分变化情况。如变化较大,则不宜做取样区而要另选。

采样都用土钻进行,钻孔间距为 1 m。取样土层深度要严格固定和进行"段取"每层取出的土一部分装入铝盒作为土样外,剩余的仍按层摆好。待全部取完后,再自下而上将剩余的土填入孔中。最后将取样时踩实的地面疏松至原状。每个取样孔位置要做好标记,以免错乱。

(3)作物生育期的取样 在作物不同的生育期中要进行盐害诊断和了解作物的耐盐度时,取样点的布置首先应根据地面的盐斑以及作物生长情况,选择典型的受害植株附近作为取样点,在紧靠受害植株的周围(以避免大量损伤作物根系、影响作物生长为原则)设钻孔取样。取样层次深度的划分,主要根据当时作物根系活动层的深度及盐分在土体中分布规律而定。

在盐碱土地区的土体中,由于盐分上下移动受不同时间的淋溶与蒸发作用的影响很大,因此采样时应特别重视采样的时间和深度。

(二)土壤样品的制备和贮存

从野外和田间采回的土样,经登记编号后,都需要经过一定的处理手续——风干、磨细、过筛、混合,制成分析样品,才能进行各项测定。

处理样品的目的是:①挑出非土部分,使样品能代表土壤本身的组成;②适当磨细和充分混匀,使分析时所称取的少量样品具有较高的代表性,以减少称样误差;③样品磨细后增大了土粒表面积,使样品养分和盐分易于浸出,并使分解样品的反应能够进行完全和均匀一致;④使样品可以长期保存,抑制微生物活动和化学变化。

样品处理的方法,其步骤如下。

1. 风干

除了某些项目(如硝态氮、铵态氮、亚铁等)需用新鲜样品测定外,一般项目都用风干样品进行分析。采回的样品应尽快风干,风干可在通风橱中进行,也可摊在木板或牛皮纸上,放在晾干架上风干。在土样半干时,须将大块土壤捏碎(尤其是黏性土壤),以免完全干后结成硬块难以磨细。风干场所力求干燥通风,无灰尘,并严防 NH_3、H_2S、SO_2 等各种酸、碱蒸气的污染。干燥过程也可以在低于 40℃并有空气环流的条件下进行(如鼓风干燥箱)。样品风干后,挑出动植物残体(根、茎、叶、虫体)和石块、结核(石灰、铁、锰),以免影响分析结果。

测定硝态氮、铵态氮、亚铁离子、田间水分等项目时,必须用刚采的新鲜土样,这些成分在放置或风干过程中会发生显著变化。如果来不及立即测定,应将土样速冻保存或在每千克土样中加入甲苯 3 mL,以防止微生物活动,但这只是权宜的办法,最好尽快地进行分析。水稻土壤很湿,可以充分搅匀后取一部分进行分析,但同时必须测定含水量,以便换算分析结果。

2. 磨细和过筛

风干土样用木棍在硬木板或硬橡皮板上压碎,不可用铁棒及矿物粉碎机磨细,以防压碎石块或使样品沾污铁质。磨细的土样用孔径 1 mm 或 2 mm 的土筛过筛(化学分析用)。未通过筛孔的土样,必须重新压碎过筛,直至全部筛过为止。但石砾切勿研碎,要随时拣出;必要时须称其重量,计算它占全部风干土样的质量百分率,以便换算分析结果。少许细碎的植物根、叶经滚压后能过筛孔者,可视为土壤有机质部分,不再挑出;较大的动植物残体则应随时剔出。

上述过筛土样,经充分混匀后,即可供一般项目分析用。但测定土壤全氮和有机质时,因称样量少或样品分解困难,则须将通过 1 mm 或 2 mm 筛孔的土样分出一部分做进一步处理。方法是:将样品铺成薄层,划分成许多小方格,用牛角勺多点取出土壤样品约 20 g,在玛瑙研钵中小心研磨,使之全部通过 0.25 mm 筛。

在土壤分析工作中所用的土筛有 2 种:一种以筛孔直径的大小表示,如孔径为 2 mm、1 mm、0.5 mm 等;另一种以每英寸(1 in=2.54 cm)长度上的孔数表示,如每英寸长度上有 40 孔者为 40 目筛(或称 40 号筛)。筛孔愈多,孔径愈小,筛号与孔径之间的关系见表 1-1。

表 1-1　标准筛孔对照表

筛号	筛孔直径 /mm	孔径 /in	网目 /cm	网目 /in	筛号	筛孔直径 /mm	孔径 /in	网目 /cm	网目 /in
2.5	8.00	0.315	1	2.6	35	0.50	0.019 7	13	32.3
3	6.72	0.265	1.2	3.0	40	0.42	0.016 6	15	37.9
3.5	5.66	0.223	1.4	3.6	45	0.35	0.013 9	18	44.7
4	4.76	0.187	1.7	4.2	50	0.30	0.011 7	20	52.4
5	4.00	0.157	2	5.0	60	0.25	0.009 8	24	61.7
6	3.36	0.132	2.3	5.8	70	0.21	0.008 3	29	72.5
7	2.83	0.111	2.7	6.8	80	0.177	0.007 0	34	85.5
8	2.38	0.094	3	7.9	100	0.149	0.005 9	40	101
10	2.00	0.079	3.5	9.2	120	0.125	0.004 9	47	120
12	1.68	0.066	4	10.8	140	0.105	0.004 1	56	148
14	1.41	0.055 7	5	12.5	170	0.088	0.003 5	66	167
16	1.19	0.046 8	6	14.7	200	0.074	0.002 9	79	200
18	1.00	0.039 4	7	17.2	230	0.062	0.002 5	93	233
20	0.84	0.033 1	8	20.0	270	0.053	0.002 1	106	270
25	0.71	0.027 8	9	23.6	325	0.044	0.001 7	125	323
30	0.59	0.023 4	11	27.5					

注:①筛号数即为一英寸的孔(目)数,如 100 号即为每一英寸内有 100 孔。

②说明孔数大小时,习惯上应用每英寸网眼数(即筛号),而不提筛孔的真正大小。以毫米为单位的筛孔直径,可以根据下述假定估算出来:这个假定是筛孔直径为网眼间距的 0.63 倍(1 英寸约相当于 25 mm),如筛孔所占长度为网眼间距的 0.63 倍,则:25×0.63=16(mm),因而

$$筛孔直径(mm) \approx \frac{16}{1 英寸网眼数(筛号)}$$

例如,"100 号土筛"的筛孔直径约为 0.16 mm。

3. 保存

一般样品用具磨口塞的广口瓶保存半年至一年,以备必要时查核之用,如无广口瓶,也可在分析结束后,转入纸袋保存。标准样品则需长期妥善保存,不使被测成分发生变化。样品瓶或纸袋上的标签须注明采样编号、采样地点、土类名称、试验区号、深度、采样日期、采样人和过

筛孔径等信息。

?思考与讨论

　　1.简述土壤样品采集的原则与要求。

　　2.混合土壤样品如何采集？

　　3.土壤盐分分析样品采集时有哪些特殊要求？

　　4.为什么要进行土壤样品的处理？

　　5.土壤样品处理的方法有哪些？

二、土壤水分的测定

——烘干法

▶目的◀

1. 熟悉不同土壤样品水分测定的方法。
2. 掌握不同土壤样品水分测定的原理与条件。

土壤水分含量的测定有2个目的：一是了解田间土壤的实际含水状况，以便及时进行灌溉、保墒或排水，以保证作物正常生长；或联系作物长相、长势及耕作栽培措施，总结丰产的水肥条件；或联系苗情症状，为诊断提供依据。二是把各项分析的结果统一用全干土重做计算基础。

(一)风干土样水分的测定

风干土的水分含量受大气中相对湿度的影响而变化，它不是土壤的一种固定成分，所以在计算土壤各种成分时不包括水分；报告各成分的含量也常用烘干土作为计算基础。但分析时一般都用风干土样，计算各成分含量时必须根据水分含量才能换算成烘干土的质量。

1. 方法原理

将土壤样品置于(105±2)℃烘箱中烘至恒重[注1]，求算土壤失水重量占烘干土重的百分数。在此温度下，土壤吸着水可被蒸发，而结构水则不会被破坏，土壤有机质一般也不致被分解。

2. 主要仪器设备

电热恒温干燥箱、铝盒、干燥器。

3. 操作步骤

取小型铝盒在105℃恒温干燥箱中烘烤约2 h，移入干燥器内冷却至室温，在分析天平上称重(m_1)[注2]。用称量勺将风干土样(2 mm)[注3]拌匀，称取约5 g(准确至0.01 g)，均匀地平铺在铝盒中，盖好，称重(m_2)。将铝盒盖揭开，放在盒底部，置于已预热至(105±2)℃的烘箱中烘烤6 h。取出，盖好盒盖，移入干燥器内，冷却至室温(需20~30 min)，立即称重(m_3)。风干土样水分测定应做2份平行测定。

4. 结果计算

$$\omega(H_2O) = \frac{m_2 - m_3}{m_2 - m_1} \times 100$$

式中：$\omega(H_2O)$——水分的质量分数/%(分析基)。

$$\omega(H_2O) = \frac{m_2 - m_3}{m_3 - m_1} \times 100$$

式中：$\omega(H_2O)$——水分的质量分数/%(干物质基础)；m_1——烘干空铝盒质量/g；m_2——烘干前铝盒及土样质量/g；m_3——烘干后铝盒及土样质量/g。

5. 注释

[1]泥炭土、盐土及腐殖质含量较高(＞8％)的土壤,温度不应超过105℃,含有石膏的土壤只能加热到80℃。

[2]称量的精确度应根据要求而定,如果测定要求达到3位有效数字,称量准确至0.001 g。铝盒:小型的直径约为4.5 cm,高约为2.0 cm;大型的直径约为5.0 cm,高约为4.4 cm。

[3]测量结果若用于化学分析中换算烘干基时,应采用与该项化学分析同样处理的风干样品进行水分测定。

(二)新鲜土样水分的测定

1. 方法原理
同风干土样水分的测定。

2. 主要仪器设备
同风干土样水分的测定。

3. 操作步骤

取出田间带回的装有约20 g(准确至0.01 g)新鲜土样[注1]的大型铝盒(已知空铝盒重量m_1)在分析天平上称重(m_2),揭开盒盖,放在盒底部,置于已预热至(105±2)℃的烘箱中烘烤16 h。取出,盖好盒盖,放在干燥器中冷却至室温(约需30 min),立即称重(m_3)。含水量很高的黏质土壤必要时可再烘烤3～4 h,前后2次称重相差不大于0.05 g即为"恒重"。潮湿新鲜土样水分测定应做3份平行测定。

4. 结果计算

①同风干土样水分的测定——烘干法。

②平行测定结果的相差,风干土样不得超过0.2％,潮湿土样不得超过0.3％,大粒黏重湿土样不得超过0.7％。

5. 注释

[1]在田间用土钻取有代表性的新鲜土样,刮去土钻中的上部浮土,将土钻中部所需深度处的土壤约20 g,捏碎后迅速装入已知准确质量的大型铝盒内,盖紧,装入木箱或其他容器,带回室内,将铝盒外表擦拭干净,立即称重,尽早测定水分。

❓ 思考与讨论

1.简述风干土样水分测定的方法。
2.简述新鲜土样水分测定的方法。
3.试分析风干土样与新鲜土样水分测定的条件有什么异同?

三、土壤 pH 的测定

——电位法

▶目的◀

1. 掌握电位法测定土壤 pH 的原理。
2. 掌握电位法测定土壤 pH 的测定条件及分析技术。
3. 熟悉影响电位法测定土壤 pH 准确性的因素。

土壤 pH 是土壤的基本性质之一[注1]，也是影响土壤肥力的重要因素之一。它直接影响土壤养分的存在形态、转化和有效性，例如，土壤中的磷酸盐在 pH 6.5～7.5 时有效性最大。当 pH 小于 6.5 或超过 7.5 时，则磷酸盐将形成难溶盐而被固定。pH 与土壤微生物活动也有密切的关系，对土壤中氮素的硝化作用和有机质的矿化影响很大，从而关系到作物的生长发育。在盐碱土中测定 pH，可以大致了解是否含有碱金属碳酸盐和土壤是否产生碱化，为盐碱土的改良和利用提供依据。土壤 pH 与很多项目的分析方法和分析结果有密切联系，审核这些项目的结果时，常须参考 pH 大小。

土壤酸度分为活性酸和潜性酸两类。活性酸是由于在土壤液相中的游离 H^+ 存在而产生的酸性，它是土壤酸度的强度因子。潜性酸是指由于土壤胶体表面吸附的 H^+ 和 Al^{3+} 所形成的酸性，潜性酸是土壤酸度的容量因子，它和活性酸呈平衡关系。用水和盐类（KCl、$CaCl_2$ 等）溶液可分别将土壤中游离 H^+ 和 Al^{3+} 提取出来进行测定。

测定土壤 pH 通常用电位法和比色法。前者精度较高（约为 0.02 pH 单位），后者精度较差（约为 0.2 pH 单位）。电位法应用得较普遍，而比色法常用于野外速测。用电位法测定土壤 pH 时，为了接近自然土壤的实际水分状况，避免水分过多时对测定结果的影响，一般多采用 2.5:1 和 1:1 的水土比例，也有用饱和泥浆测定 pH（盐土用 5:1）。近年来也有采用更接近于田间水分状况的 1:1 水土比或饱和泥浆测定，这对于碱性土有较好的效果。

(一)方法原理

用水或盐溶液（1 mol/L KCl，0.01 mol/L $CaCl_2$）可提取土壤中的活性酸及交换性酸。当以 pH 玻璃电极为指示电极，甘汞电极为参比电极，插入土壤浸出液或土壤悬液中时，即构成电池反应，两极之间产生一定的电位差。由于参比电极的电位是固定的，电位差的大小取决于试液中 H^+ 的活度，因此可用电位计测定其电动势，再换算成 pH，现在可用酸度计直接读取 pH。

(二)主要仪器设备

酸度计、pH 复合电极。

(三)试剂配制

①pH 4.01 标准缓冲液。称取在 105℃ 烘干的邻苯二甲酸氢钾（$KHC_8H_4O_4$，分析纯）

10.21 g 溶于水后,定容至 1 L。

②pH 6.86 标准缓冲液。称取在 120℃烘干的磷酸氢二钠(Na_2HPO_4,分析纯)[注2] 3.53 g 和磷酸二氢钾(KH_2PO_4,分析纯)3.39 g,溶于水后定容至 1 L。

③pH 9.18 标准缓冲液。称取经平衡处理[注3]的硼砂($Na_2B_4O_7 \cdot 10H_2O$,分析纯)3.80 g 溶于无 CO_2 的水中,定容至 1 L。此溶液 pH 易变化,应注意保存。

④1.0 mol/L KCl 溶液。称取 74.6 g KCl(分析纯)溶于 400 mL 水中,用 10%KOH 和 HCl 调节溶液至 pH 5.5~6.0,然后稀释至 1 L。

⑤0.01 mol/L $CaCl_2$ 溶液。称取 147.02 g $CaCl_2 \cdot 2H_2O$(分析纯)溶于 200 mL 水中,定容 至 1 L,即为 1 mol/L $CaCl_2$ 溶液。取此溶液 10.00 mL 于 500 mL 烧杯中,加入 400 mL 水,用 少量 $Ca(OH)_2$ 或 HCl 调节 pH 约为 6,转入 1 L 容量瓶中定容。

(四)操作步骤

1. 仪器校准

各种型号的 pH 计和酸度计的使用方法略有不同,可按照仪器说明书进行操作。将待测液 与标准缓冲液调节到同一温度,并将温度补偿器调节到该温度值[注4]。之后将 pH 复合电极[注5] 插入与被测土壤 pH 相近的标准缓冲液中,调节仪器的定位旋钮,使其指示的数值与 pH 标准缓 冲液的数值一致,直到指示的 pH 稳定为止,固定定位旋钮,然后进行土壤 pH 的测定。

用标准缓冲液校正仪器时[注6],先将电极插入与所测试样 pH 相差不超过 2 个 pH 单位的 标准缓冲液,启动读数开关,调节定位器使读数刚好为标准液的 pH,反复几次至读数稳定。 取出电极洗净,用滤纸条吸干水分,再插入第 2 个标准缓冲液中,两标准液之间允许偏差 0.1 pH 单位,如超过则应检查仪器电极或标准缓冲液是否有问题。仪器校准无误后,方可用于测 定样品。

2. 测定

称取通过 2 mm 筛的风干土样 10.00 g(准确至 0.01 g),置于 100 mL 高型烧杯中,用量筒 或分液器加入 25 mL 无 CO_2 的水或盐溶液(1.0 mol/L KCl 或 0.01 mol/L $CaCl_2$ 溶液)[注7],搅 动 1 min,使土样充分分散,静置 30 min[注8],此时应避免空气中有氨或挥发性酸。然后将 pH 复合电极的球部插入土壤悬液的上部清液中[注9],将悬液轻轻转动[注10],待电极电位达到平衡 (大约 1 min),直接读取 pH。每测定一个样液后,均需用去离子水冲洗电极,并用滤纸吸干后 再进行下个样液的测定。每测定 10 个样品后,应用 pH 标准缓冲液校正仪器一次。

平行测定结果允许绝对相差为:中性、酸性土壤≤0.1 pH 单位,碱性土壤≤0.2 pH 单位。

(五)注释

[1]我国各类土壤的 pH 变异很大,某些北方的碱土 pH 在 9 以上,在西北干旱地区,pH 为 8~9 以上的土壤也相当普遍,石灰性土壤 pH 一般为 7.5~8.5,南方的红壤、黄壤的 pH 为 4.0~6.0,有的土壤 pH 低至 3.6~3.8。

[2]如用 $Na_2HPO_4 \cdot 12H_2O$ 配制缓冲液,需将此固体试剂置于干燥器中,放置两周,使成 为带 2 个结晶水的 $Na_2HPO_4 \cdot 2H_2O$ 后,再经 130℃烘干成无水 Na_2HPO_4 备用。

[3]硼砂的平衡处理方法为:将硼砂放在盛有蔗糖和食盐饱和水溶液的干燥器内平衡两昼夜。

[4]温度影响电极电位和水的电离平衡,温度补偿器、标准缓冲液以及待测液的温度要一致。标准溶液 pH 随温度不同略有变化,校准仪器时可以参照表1-2。

[5]新购买的 pH 复合电极在使用前应在 3 mol/L KCl 溶液中浸泡 24 h 以上,使之活化后再正常使用。暂时不用时也可在 KCl 溶液中保存,在室温下电极塑料帽中应有少许 KCl 结晶存在(不宜过多)。如长期不用时应干燥保存。通常复合电极的使用寿命在 1 年左右。

[6]标准缓冲液在室温下一般可保存 1~2 个月,在 4℃冰箱中可延长保存期限。每次倒出少量使用,使用过的标准液不要倒回原液中混存,需要定期更新。当溶液出现浑浊、沉淀或者无法完成校准工作时就不能再使用,需要重新配制。

[7]盐溶液浸提时应为:酸性土壤用 1 mol/L KCl;中性和碱性土壤用 0.01 mol/L CaCl₂。

[8]土样加入水或 1 mol/L KCl 或 0.01 mol/L CaCl₂ 溶液后的平衡时间对测定的土壤 pH 是有影响的,且随土壤类型而异。平衡快者仅 1 min 即可,慢者可长达 0.5~1 h。一般来说,平衡 30 min 是合适的。

[9]电极在土壤悬液中所处的位置对测定结果有所影响,要求将复合电极直接插入土壤悬液的上部清液中。如使用的是 pH 玻璃电极和甘汞电极,则要求将玻璃电极的球部插入土壤悬液中,而甘汞电极则要求插入上部澄清液中,尽量避免其与泥浆接触,以减少甘汞电极液接电位的影响。

[10]复合电极插入土壤悬液后应轻微摇动,以除去玻璃表面的水膜,加速平衡,这对于缓冲性弱和 pH 较高的土壤尤为重要。

表 1-2　pH 标准缓冲液在不同温度下的变化

温度/℃	pH		
	标准液 4.01	标准液 6.86	标准液 9.18
0	4.003	6.984	9.464
5	3.999	6.951	9.395
10	3.998	6.923	9.332
15	3.999	6.900	9.276
20	4.002	6.881	9.225
25	4.008	6.865	9.180
30	4.015	6.853	9.139
35	4.024	6.844	9.102
38	4.030	6.840	9.081
40	4.035	6.838	9.068
45	4.047	6.834	9.038

❓思考与讨论

1. 简述电位法测定土壤 pH 的原理。
2. 电位法测定土壤 pH 的测定条件有哪些？
3. 影响电位法测定土壤 pH 准确性的因素有哪些？
4. pH 标准缓冲液在使用时应注意什么？
5. pH 复合电极在使用时应注意什么？

四、土壤水溶性盐的测定

▶目的◀

1. 掌握土壤水溶性盐分浸出液制备的要求和浸提条件。
2. 掌握土壤水溶性盐分总量的测定方法（电导法）。
3. 熟悉土壤水溶性盐分离子组成测定的方法。
4. 了解盐分测定结果在实际中的应用。

当土壤中水溶性盐含量增大，土壤溶液浓度增高时，作物种子的萌发及正常生长轻则受到抑制，重则导致死苗。盐渍土上作物受危害的程度，不仅与土壤中水溶性盐总量的高低有关，受盐分组成的类型影响也很大。就作物本身而言，不同的作物及同一种作物不同生育期的耐盐能力也不一样。因此在盐渍土的改良、利用规划、保苗及保证作物正常生长等工作中，除了要经常和定期测定土壤和地下水中的水溶性盐含量以外，还要测定盐分的组成，以此作为了解土壤盐渍化程度、盐渍土的类型以及土体中季节性的水盐动态的依据。

土壤水溶性盐的分析项目包括 pH、全盐量或离子总量、阴离子及阳离子组成等。各项目的测定结果均以每千克土壤的含盐量（cmol/kg）和质量分数（g/kg）表示。

（一）土壤浸出液的制备

1. 方法原理

土壤中水溶性盐可按照一定的水土比例，用水液平衡法浸出。浸出时的水土比例、振荡时间和浸提方式对盐分的溶出量有一定的影响。特别是对中溶性盐［如 $Ca(HCO_3)_2$、$CaSO_4$］和难溶盐来说，随着水土比例的增大和浸泡时间的延长，其溶出量也随之增大，致使测定结果产生误差。为了使各地分析资料便于相互交流比较，必须采用统一的水土比例、振荡时间。本实验采用 5∶1 的水土比例，这种较大水土比例的浸出，操作简便，易获得较多的浸出液，便于实验室进行常规分析，但这种水土比例与田间土壤含水量状况差异较大，故在研究土壤溶液中盐分的浓度与作物生长的关系时，应选用近似于田间情况的小的水土比例，如 2∶1、1∶1 与饱和泥浆浸出液。本实验着重介绍常用的制备 5∶1 水土比浸出液的操作。

2. 操作步骤

称取风干土样（1 mm 或 2 mm）50.00 g（准确至 0.01 g）放入 500 mL 三角瓶中，用量筒加入 250 mL 无 CO_2 的水[注1]，振荡 3 min，过滤，滤液用 250 mL 干燥三角瓶承接。最初的滤液如果浑浊，可使用双层滤纸重新过滤，直到滤液清亮为止，全部滤完后，将滤液充分摇匀，供测定各离子及全盐量用。

较难滤清的土壤悬浊液，可用皱折的双层紧密滤纸反复过滤，也可试用加聚丙烯酰胺或盐溶液(已知浓度)的方法使土壤胶粒凝聚后过滤。碱化的土壤和盐量低的黏土悬浊液,可用细菌过滤器(素瓷滤管)抽滤。

过滤后的浸出液不能久放,电导率、pH、CO_3^{2-}、HCO_3^-等项目的测定应立即进行,其他离子的测定最好能在当天完成。

3. 注释

[1]本实验指导的各项实验中用水,除冷却水外,一律为普通蒸馏水或去离子水。在土壤盐分测定中,制备土壤浸出液的用水必须严格检查无Cl^-及无Ca^{2+};pH 为 6.5~7.0;并需煮沸 15 min 以逐去 CO_2,冷却后方可使用。如用含 CO_2 高的水浸出时,会增加土样中 $CaCO_3$ 和 $CaSO_4$ 的溶解度。

(二)土壤全盐量的测定

土壤水溶性盐是盐碱土的一个重要属性,是限制作物正常生长的障碍因素。测定土壤水溶性盐含量是研究盐渍土中盐分动态的重要方法之一,对了解盐分及其对种子发芽和作物生长的影响以及拟订改良措施都是十分重要的。若为了解土壤盐分动态及其对作物的影响,则测定盐分总量即可。

总盐量的测定方法有重量法与电导法 2 种,前者方法准确、操作烦琐,但若样品中 Ca^{2+}、Mg^{2+}、Cl^- 含量过高时,盐分易吸湿,若含盐量过低则称量误差将增大。电导法若直接用电导率表示盐分含量的高低,省略换算成总盐量,则更为方便、快速。此法适用于田间定位、定量测定,近年来已被广泛应用。

1. 重量法

(1)方法原理 取一定量的清亮盐分浸出液,蒸干,用 H_2O_2 除去干残渣中的有机质后,在 105~110℃烘干,称重即为"土壤水溶性盐总量"。

(2)主要仪器设备 调温电炉、烘箱。

(3)试剂配制 10%~15% H_2O_2。

(4)操作步骤 准确吸取完全清亮的土壤浸出液 50.00 mL(如用 100 mL 可分 2 次取,每次 50 mL)放入已知质量(m_1)的瓷蒸发皿中(质量最好不要超过 25 g),移放在水浴上蒸干。滴加 10%~15% H_2O_2 少许,转动蒸发皿,使残渣湿润[注1],继续蒸干。如此重复用 H_2O_2 处理,至有机质氧化殆尽,残渣呈白色为止,然后在 105~110℃烘烤 4 h。取出放在干燥器中冷却约 30 min,称重[注2][注3]。再重复烘 2 h,冷却,称至恒重(m_2),前后 2 次质量之差不得大于 1 mg,计算土壤全盐量。

(5)结果计算

$$\omega(土壤全盐量) = \frac{m_2 - m_1}{m} \times 1\,000$$

式中:ω(土壤全盐量)——土壤水溶性盐总量/(g/kg);m_1——蒸发皿质量/g;m_2——蒸发皿与沉淀物的总质量/g;m——与吸取浸出液相当的土样质量/g。

2. 电导法

电导法测定土壤总盐量,操作简便、快速、耗费少,特别适用于田间定位、定点测量。近年来采用的土壤盐分传感器,它不需要取样可直接测定田间土壤溶液的电导率,是研究盐渍化土壤水盐动态的主要仪器。目前市场上也有很多便携式盐分速测仪。

用土壤饱和泥浆作电导测定来估测全盐量,其结果较接近于田间情况,但为避免泥浆损坏电极的铂黑层,目前在国内多采用 5:1 水土比的土壤浸出液来测定电导率。将该浸出液的电导率结果与当地土壤盐渍化程度及作物生长关系建立指标联系,可用于指导农业生产和科学研究,但应注意不同地区之间存在差异[注4]。

(1)方法原理 土壤中的水溶性盐是强电解质,其水溶液具有导电作用,导电能力的强弱可用电导率表示。在一定的盐浓度范围内,溶液的含盐量与电导率呈正相关。含盐量越高,溶液的渗透压越大,电导率也越大。

土壤中水溶盐可按照一定的水土比例制备浸出液后,用电导仪测得 25℃时的电导率。这个数值可直接表示土壤含盐量的高低,但它不能反映盐分的组成。如果土壤溶液中几种盐类之间的比值较固定(即组成相似),测定的盐分浓度以电导率来表示是较准确的。

(2)主要仪器设备 电导仪。

(3)试剂配制 0.020 00 mol/L KCl 标准溶液。称取经 105℃烘干 4～6 h 的 KCl(分析纯)1.491 0 g,溶于少量无 CO_2 水中,转入 1 L 容量瓶中定容,以备测定电极常数 K 值。

(4)操作步骤 浸出液的制备,详见(一)。取土壤浸出液(或水样)30～40 mL,放入 50 mL 烧杯中[注5]。用少量待测液冲洗电极 2～3 次,将电导电极插入待测液中(电极的铂片部分应全部浸没在溶液中),然后按照仪器说明书调节仪器,待指针的位置稳定后,记录电导率读数。取出电极,用蒸馏水冲洗干净,用滤纸吸干,每次测完一个试液均须重复将电极洗净、吸干再用。测量溶液温度[注6]。

(5)结果计算

土壤浸出液的电导率(EC_{25})= 电导度$(S)×$ 温度校正系数$(f_t)×$ 电极常数(K)

EC 应采用我国法定计量单位 dS/m [即分西(门子)每米] 或 S/m [西(门子)每米]。一般电导仪的电极常数值[注7]已在仪器上补偿,故只要乘以温度校正系数(f_t)即可[注8](f_t可由有关参考书中查出)。目前电导仪的 2 个常数在仪器工作的同时也给予了补偿,因此可直接读出电导率数值[注9]。

3. 离子总量计算法

先用化学方法测定各个盐分离子的含量,计算出的离子总量作为全盐量。离子总量与全盐量的相对误差通常小于 10%,重量法结果往往大于离子总量计算法,但它们都在盐分分析的允许误差范围之内。

4. 注释

[1]加 H_2O_2 处理残渣时,只要使残渣湿润即可,以避免 H_2O_2 分解有机质时泡沫过多,致使盐分溅失。

[2]由于盐分(特别是氯化物)在空气中容易吸湿,故应使各样品在相同的时间和条件下冷却称重。

[3]用烘干法测定全盐量(g/kg)时,有下列主要误差来源,在精密分析工作中,应做相应的校正。

①残渣中混杂有少量非盐固体,例如,硅酸盐胶体和未除尽的有机质等,造成正误差。

②HCO_3^- 在蒸发和烘干过程中,全部变为 CO_3^{2-}:$2HCO_3^- \longrightarrow CO_3^{2-} + CO_2 + H_2O$,使重量损失 1/2,造成负误差。必要时这一误差可在测得的总盐量中加 HCO_3^-(g/kg)/2 予以校正之。

③Cl^- 烘干时有部分损失,特别是 Cl^- 多于 Na^+、K^+(以 mmol 计算)时,如:$MgCl_2$ 能变为 $MgO \cdot MgCl_2$ 而致重量减轻一些,造成负误差(因 $2MgCl_2 + H_2O = MgO \cdot MgCl_2 \downarrow + 2HCl \uparrow$)。

④当浸出液中含有大量的 SO_4^{2-} 烘干时,所形成的 $CaSO_4 \cdot 2H_2O$ 或 $MgSO_4 \cdot 7H_2O$ 中的结晶水不能完全除尽,致使结果偏高,遇此情况应改为 180℃烘干至恒重。

⑤称量时可能因吸湿造成正误差。

[4]如新疆农垦总局通过对南疆盐土 5:1 水土比例浸出液的电导率与土壤盐渍化程度的关系研究,初步提出的参考指标如下。

电导率 dS/m<1.8 为非盐渍化土;1.8~2.0 为可疑盐渍化土;>2.0 为盐化土。

中国农业大学在河北省曲周地区治理盐碱土的研究中,用四电极土壤电导仪总结出当地土壤盐化程度划分的参考标准(表 1-3)。

表 1-3　河北省曲周地区土壤盐化程度划分的参考标准

盐化程度	非盐化	轻盐化	中盐化	重盐化	盐土
含盐量/%	<0.2	0.2~0.4	0.4~0.6	0.6~1.0	>1.0
$EC_{1:1}^*$(dS/m)	<2.5	2.5~5.5	5.5~8.5	8.5~14	>14

注:* 1:1 为水土比。

[5]测定时,溶液应清晰透明,不要用悬浊液,因悬浮的胶体颗粒会吸附在电极铂黑上,损害铂黑层而引起测量误差。

[6]溶液的电导率不仅与溶液的离子浓度、离子电荷及离子迁移速率有关,而且与溶液的温度有关。一般每增加 1℃,电导值约增加 2%。通常都把电导值换算为标准温度 25℃时的电导值。

[7]电极常数 K 值的测定,最方便的办法是用已知电导率 EC 的标准盐溶液(表 1-4),用待测定的电极测定此标准液的电导(C),从公式 $K = EC/C$ 求得 K 值。

表 1-4　不同温度下 0.020 00 mol/L KCl 标准溶液的电导率

t/℃	电导率/(dS/m)	t/℃	电导率/(dS/m)	t/℃	电导率/(dS/m)	t/℃	电导率/(dS/m)
11	2.043	16	2.294	21	2.553	26	2.819
12	2.033	17	2.345	22	2.606	27	2.873
13	2.142	18	2.397	23	2.659	28	2.927
14	2.193	19	2.449	24	2.712	29	2.981
15	2.243	20	2.501	25	2.765	30	3.096

[8]在电导法测定中,如需要温度校正常数时,可以查表 1-5。

表 1-5 电导或电阻的温度校正系数

$t/℃$	f_t	$t/℃$	f_t	$t/℃$	f_t	$t/℃$	f_t
3.0	1.709	20.0	1.112	25.0	1.000	30.0	0.907
4.0	1.660	20.2	1.107	25.2	0.996	30.2	0.904
5.0	1.613	20.4	1.102	25.4	0.992	30.4	0.901
6.0	1.569	20.6	1.097	25.6	0.988	30.6	0.897
7.0	1.528	20.8	1.092	25.8	0.983	30.8	0.894
8.0	1.488	21.0	1.087	26.0	0.979	31.0	0.890
9.0	1.448	21.2	1.082	26.2	0.975	31.2	0.887
10.0	1.411	21.4	1.078	26.4	0.971	31.4	0.884
11.0	1.375	21.6	1.073	26.6	0.967	31.6	0.880
12.0	1.341	21.8	1.068	26.8	0.964	31.8	0.877
13.0	1.309	22.0	1.064	27.0	0.960	32.0	0.873
14.0	1.277	22.2	1.060	27.2	0.956	32.2	0.870
15.0	1.247	22.4	1.055	27.4	0.953	32.4	0.867
16.0	1.218	22.6	1.051	27.6	0.950	32.6	0.864
17.0	1.189	22.8	1.047	27.8	0.947	32.8	0.861
18.0	1.160	23.0	1.043	28.0	0.943	33.0	0.858
18.2	1.157	23.2	1.038	28.2	0.940	34.0	0.843
18.4	1.152	23.4	1.034	28.4	0.936	35.0	0.829
18.6	1.147	23.6	1.029	28.6	0.932	36.0	0.815
18.8	1.142	23.8	1.025	28.8	0.929	37.0	0.801
19.0	1.136	24.0	1.020	29.0	0.925	38.0	0.788
19.2	1.313	24.2	1.016	29.2	0.921	39.0	0.775
19.4	1.127	24.4	1.012	29.4	0.918	40.0	0.763
19.6	1.122	24.6	1.008	29.6	0.914		
19.8	1.117	24.8	1.004	29.8	0.911		

注：$EC_{25} = EC_1 \times f_t$，$R_{25} = R_1 / f_t$。

[9]电导仪上能够直接读出电导率数值,可以按照以下经验公式换算成盐分质量分数。

①溶液中水溶性盐含量(mg/L) $= 640 \times EC$(EC 值单位为 dS/m 或 mS/cm)。

②当水土比为 5∶1 时,土壤样品水溶性盐含量(g/kg) $= 640 \times EC \times 5 \times 10^{-3}$（$EC$ 值单位为 dS/m 或 mS/cm）。

(三)土壤水溶性盐组成的测定

土壤水溶性盐主要由 8 种阴、阳离子组成,其中 4 种阳离子主要指 Ca^{2+}、Mg^{2+}、K^+、Na^+(NH_4^+ 和 Mn^{2+}、Fe^{2+}、Al^{3+} 通常含量极少),4 种阴离子主要包括 CO_3^{2-}、HCO_3^-、Cl^-、SO_4^{2-}（溶

出的 NO_3^-、NO_2^-、SiO_3^{2-}、PO_4^{3-} 等含量极微)。盐分的组成不同,对作物的危害程度也不同。

测定土壤水溶性盐的各个离子后,可以计算离子总量(8 个离子的质量分数总和),以此作为全盐量。通常离子总量与全盐量之间的相对误差小于 ±10%,这个误差值在盐分分析的允许误差范围之内。

根据生产和科研工作对土壤水溶性盐测定所要求的准确度、实验设备的条件以及对分析方法要求的简易、快速,本实验选定土壤各阴、阳离子含量的测定方法如下。

①CO_3^{2-} 和 HCO_3^-——中和滴定法(双指示剂法)。

②Cl^-——沉淀滴定法(莫尔法)。

③Ca^{2+} 和 Mg^{2+}——EDTA 滴定法、原子吸收分光光度法。

④SO_4^{2-}——EDTA 间接滴定法、间接计算法。

⑤Na^+ 或 Na^++K^+——间接计算法、火焰光度法。

⑥离子总量——计算法。

上述测定 CO_3^{2-}、HCO_3^-、Cl^- 的方法是常规分析方法中最广泛使用的,这三个离子可用同一份土壤浸出液测定。Ca^{2+}、Mg^{2+} 的 EDTA 滴定法较快速、准确,多年来在各种分析工作中已普遍采用。如果实验室有原子吸收分光光度计,最好选用更为快速、简便和准确的原子吸收分光光度法。SO_4^{2-} 测定的方法很多,其中,EDTA 间接滴定法适用于少量 SO_4^{2-}(20～300 mg/kg)的测定,但钡镁混合剂的用量不易确定,对于一些碱化土测定时终点较难掌握。如果盐分中的 K^+、Na^+ 用火焰光度法测定,则 SO_4^{2-} 也可用间接计算法求得。

上述全部分析共需 4 份 10.00 mL 或 25.00 mL 土壤浸出液,滴定时用 10 mL 或 25 mL 滴定管,相对误差约为百分之几,一般不大于 10%,可以满足一般工作的要求。

盐分测定的土壤样品可用新采的湿样(应同时测定水分),也可用通过 1 mm 或 2 mm 筛孔的风干样品。

1. 方法原理

土壤盐分浸出液中 8 种阴、阳离子的测定方法原理简述如下。

(1)HCO_3^- 和 CO_3^{2-} 的测定——中和滴定法(双指示剂法)

用标准酸溶液进行分步滴定,反应如下:

$$CO_3^{2-} + H^+ = HCO_3^-$$,终点(pH 8.3)用酚酞指示。

$$HCO_3^- + H^+ = H_2O + CO_2$$,终点(pH 3.8)用甲基橙指示。

(2)Cl^- 的测定——沉淀滴定法(莫尔法)

滴定时标准酸如采用 H_2SO_4,则滴定后的溶液可以用来继续做 Cl^- 的测定,以 K_2CrO_4 为指示剂。化学计量点前生成 AgCl 白色沉淀,化学计量点后开始生成砖红色Ag_2CrO_4 沉淀,反应如下:

$$Cl^- + Ag^+ = AgCl \downarrow (白色)$$
$$2Ag^+ + CrO_4^{2-} = Ag_2CrO_4 \downarrow (砖红色)$$

滴定在中性或微碱性溶液中进行,pH 为 6.5～10.5。

(3)Ca^{2+} 和 Mg^{2+} 的测定

①EDTA 滴定法。在试液 pH >12,无铵盐存在时,Mg^{2+} 将沉淀为 $Mg(OH)_2$,此时可用

EDTA 标准溶液直接滴定 Ca^{2+}，用钙指示剂或酸性铬蓝 K 和萘酚绿 B（K-B 指示剂）指示终点。终点时试液由紫红色突变为纯蓝色，由消耗 EDTA 量计算 Ca^{2+} 量。

在试液 pH 约为 10 时，可用 EDTA 标准溶液滴定 $Ca^{2+}+Mg^{2+}$ 合量，用铬黑 T 或 K-B 指示剂，终点时试液由紫红色突变为纯蓝色。在 $Ca^{2+}+Mg^{2+}$ 合量中减去 Ca^{2+} 含量，即为 Mg^{2+} 含量。

②原子吸收分光光度法。原子吸收分光光度法是基于光源（空心阴极灯）发出具有待测元素的特征谱线的光，通过试样所产生的原子蒸气时，被蒸气中待测元素的基态原子所吸收，透射光进入单色器，经分光再照射到检测器上，产生直流电信号。经放大器放大后，就可从读数器（或记录器）读出（或记录）吸收值。在一定的实验条件下，吸收值与待测元素浓度的关系是服从比尔定律的。因此测定吸收值就可求出待测元素的浓度。

（4）SO_4^{2-} 的测定

①EDTA 间接滴定法。SO_4^{2-} 是阴离子，不能直接与 EDTA 形成配位化合物，而是先加入过量的 $BaCl_2$ 将溶液中的 SO_4^{2-} 沉淀完全；过量的 Ba^{2+} 连同浸出液中原有的 Ca^{2+} 和 Mg^{2+}，在 pH 约为 10 时，加入铬黑 T 或 K-B 指示剂，用 EDTA 标准溶液滴定之。为了使终点清晰，应添加一定量的 Mg^{2+}。由净消耗的 Ba^{2+} 量，即可计算 SO_4^{2-} 的含量。

②间接计算法。以 cmol/kg 计算时（反应的等物质量规则），溶液中阴离子的总和必等于阳离子的总和。如 K^+、Na^+ 用火焰光度法分别测定后，用各阳离子 cmol/kg 之和减去 CO_3^{2-}、HCO_3^-、Cl^- 的 cmol/kg 之和，即等于 SO_4^{2-} 的 cmol/kg（1/2 SO_4^{2-}）。

（5）Na^+ 或 K^++Na^+ 的测定

①火焰光度法。见土壤全钾测定的火焰光度法。

②间接计算法。如 SO_4^{2-} 用 EDTA 间接滴定法测定后，求得 SO_4^{2-} 的浓度[cmol/kg（1/2 SO_4^{2-}）]。以各阴离子 cmol/kg 之和减去 Ca^{2+}、Mg^{2+} 的 cmol/kg 之后，即得 K^++Na^+ 的 cmol/kg 结果。在盐渍土中 Na^+ 的量通常占 K^++Na^+ 合量的 90% 以上，故用 K^++Na^+ 的 coml kg^{-1} 乘以 Na 的厘摩尔质量即可求得 Na^+ 的质量分数（g/kg）。

2. 主要仪器设备

调温电炉、原子吸收分光光度计。

3. 试剂配制

①0.01 mol/L（1/2 H_2SO_4）标准溶液。每 1 L 水中注入 3 mL 浓 H_2SO_4（分析纯），冷却，充分混匀，即得 0.1 mol/L（1/2 H_2SO_4）溶液，标定其准确浓度后准确稀释 10 倍，即得 0.01 mol/L（1/2 H_2SO_4）标准溶液。

②0.04 mol/L $AgNO_3$ 标准溶液。6.80 g $AgNO_3$（分析纯）溶于水，转入 1 L 容量瓶中，稀释至刻度。贮存于棕色瓶中，必要时用 NaCl 标定其浓度。

③5% K_2CrO_4 指示剂。5 g K_2CrO_4（分析纯）溶于少量水中，滴加饱和 $AgNO_3$ 至有砖红色沉淀生成，摇匀后过滤，滤液稀释至 100 mL。

④0.02 mol/L EDTA 标准溶液。22.32 g EDTA 二钠盐（$C_{10}H_{14}O_8N_2Na_2 \cdot 2H_2O$，又叫乙二胺四乙酸二钠，分子量 372.1），溶于无 CO_2 的水中，稀释至 3 L。如用 EDTA 配制，则取 17.526 g EDTA，溶于约 120 mL 1 mol/L NaOH 溶液中，加无 CO_2 的水，准确稀释至 3 L，贮存于塑料瓶或硬质玻璃瓶中。

以上 EDTA 标准溶液的浓度必要时可用锌标准溶液或 $CaCO_3$ 标准溶液标定之。

A. 锌标准溶液的配制方法。先用 1∶5 的 HCl 溶液将小 Zn 粒(不是 Zn 粉)表面的 ZnO 洗去,继续用水充分洗涤,再用酒精清洗几次,最后用乙醚淋洗几次,吹干。准确称取刚处理的 Zn 粒约 0.7 g(准确至 0.000 2 g),溶于稍过量的(1+1)HNO_3 溶液中,用水准确稀释,定容至 500 mL,计算此 Zn 标准溶液的准确浓度(约为 0.02 mol/L Zn)。标定 EDTA 时吸取 20.00 mL Zn 液,放入 150 mL 三角瓶中,滴加浓氨水,直到初生成的沉淀又溶尽为止。加入铬黑 T 指示剂少许,用 EDTA 滴定至溶液由酒红色变为纯蓝色为止。记录 EDTA 标准溶液的用量,并按下列公式计算 EDTA 标准溶液的准确浓度。

$$c(\text{EDTA}) = \frac{V(\text{Zn}) \times c(\text{Zn})}{V(\text{EDTA})}$$

式中:$c(\text{EDTA})$——EDTA 标准溶液的浓度/(mol/L);$c(\text{Zn})$——锌标准溶液的浓度/(mol/L);$V(\text{EDTA})$——EDTA 标准溶液的用量/mL;$V(\text{Zn})$——锌标准溶液的用量/mL。

B. $CaCO_3$ 标准溶液的配制方法。测定 Ca^{2+}、Mg^{2+} 等用的 EDTA 标准溶液,为了减少方法误差,可选用 $CaCO_3$ 溶液进行标定。称取 110℃ 干燥的 $CaCO_3$(分析纯)1.0×××g,放入 400 mL 烧杯中。用少量水湿润,盖上表面皿,慢慢加入 25 mL 0.5 mol/L HCl 溶液,小心加热促溶并驱尽 CO_2。冷却后定量转移到 500 mL 容量瓶中,用水定容。吸取上述 Ca^{2+} 溶液 20.00 mL 于 250 mL 三角瓶中,加 20 mL pH 10 的氨缓冲溶液和少量铬黑 T 指示剂,用已配制的 EDTA 溶液滴定至溶液由酒红色刚变为纯蓝色。与此同时做空白试验,按下式计算 EDTA 溶液的准确浓度。

$$c(\text{EDTA}) = \frac{V(\text{Ca}) \times c(1/2\,\text{Ca})}{V(\text{EDTA}) - V_0(\text{EDTA})}$$

式中:$c(\text{EDTA})$——EDTA 标准溶液的浓度/(mol/L);$c(1/2\,\text{Ca})$——钙标准溶液的浓度/mol/L($1/2\,Ca^{2+}$);$V(\text{Ca})$——钙标准溶液的用量/mL;$V(\text{EDTA})$——样品所用 EDTA 标准溶液的用量/mL;$V_0(\text{EDTA})$——空白试验所用 EDTA 标准溶液的用量/mL。

⑤(1+4)HCl 溶液(V/V)。浓 HCl(分析纯)与水按照体积比为 1∶4 混合均匀。

⑥0.02 mol/L $NaHCO_3$ 溶液。1.68 g $NaHCO_3$(分析纯)溶于 1 L 水中。

⑦2 mol/L NaOH 溶液。80 g NaOH(分析纯)溶于 1 L 水中。

⑧1%酚酞指示剂。

⑨0.1%甲基橙指示剂。

⑩pH 10 的氨缓冲溶液。70 g NH_4Cl 溶于水中,加入 570 mL 新开瓶的浓氨水(比重 0.90,含 NH_3 25%),加水稀释至 1 L。注意防止吸收空气中的 CO_2。

⑪钡镁合剂。1.22 g $BaCl_2 \cdot 2H_2O$ 和 1.02 g $MgCl_2 \cdot 6H_2O$ 溶于水,稀释至 500 mL。此溶液中 Ba^{2+} 和 Mg^{2+} 的浓度各为 0.01 mol/L,每毫升约可沉淀 SO_4^{2-} 1 mg。

⑫钙指示剂。0.5 g 钙指示剂(钙试剂羧酸钠盐,又称钙红)与 50 g 烘干的 NaCl 共研至极细。贮于密闭棕色瓶中,用毕塞紧,注意防吸湿。

⑬K-B 指示剂。0.5 g 酸性铬蓝 K、1 g 萘酚绿 B 与 100 g 干燥的 NaCl 在研钵中研磨均匀,贮于棕色瓶中,密封保存。

⑭铬黑 T 指示剂。1.0 g 铬黑 T 与 200 g 干燥的 NaCl 在研钵中研磨均匀,贮于棕色瓶中备用。

⑮Ca、Mg 标准溶液。2.498 g CaCO₃(优级纯),加水 10 mL,在搅拌下滴加 6 mol/L HCl 溶液至 CaCO₃ 全部溶解,加热逐去 CO₂。冷却后转入 1 L 容量瓶中,用水定容,此为 1 000 mg/L Ca 标准溶液。吸取此标准溶液 50.00 mL,用水准确稀释、定容至 500 mL,即为 100 mg/L Ca 标准溶液。另取 1.000 g 金属 Mg(光谱纯)溶于少量 6 mol/L HCl 溶液,用水定容至 1 L,此为 1 000 mg/L Mg 标准溶液。吸取此标准溶液 5.00 mL,用水稀释、定容至 100 mL,即为 50 mg/L Mg 标准溶液。

⑯5% La 溶液。称取 13.4 g LaCl₃·7H₂O(光谱纯)溶于 100 mL 水中。

⑰Na、K 混合标准溶液。称取 2.542 g NaCl(分析纯,105℃烘干),溶于少量水中,定容至 1 L,此为 1 000 mg/L Na 标准溶液。另取 1.907 g KCl(分析纯,105℃烘干),溶于少量水中,定容至 1 L,此为 1 000 mg/L K 标准溶液。将 1 000 mg/L Na⁺ 和 K⁺ 标准溶液准确的等体积混合,即为 500 mg/L 的 Na、K 混合标准溶液,贮于塑料瓶中。

⑱0.1 mol/L Al₂(SO₄)₃溶液。称取 34 g Al₂(SO₄)₃ 或 66 g Al₂(SO₄)₃·18H₂O 溶于 1 L 水中。

4. 操作步骤

(1)CO₃²⁻、HCO₃⁻ 和 Cl⁻ 的测定

吸取土壤浸出液 25.00 mL(取浸出液的体积可根据含盐量高低酌情增减),放入 150 mL 三角瓶中,加入酚酞指示剂 1 滴。如溶液不显红色,表示无 CO₃²⁻ 存在;如显红色,则用 10 mL 滴定管加入 0.01 mol/L (1/2 H₂SO₄)标准溶液,随滴随摇,直至粉红色不很明显(pH 8.3)为止。记录所用 H₂SO₄ 标准溶液的毫升数为 V_1,浓度为 c(H⁺)。

再向试液中加入甲基橙指示剂 1 滴,继续用 0.01 mol/L (1/2 H₂SO₄)标准溶液滴定至溶液刚由黄色变为橙红色(pH 3.8)。记录此段滴定所用 H₂SO₄ 标准溶液的毫升数为 V_2。

继续向上述试液中滴加 0.02 mol/L NaHCO₃(约 4 滴)至变为纯黄色(pH 约为 7),然后加入 5% K₂CrO₄ 指示剂 5 滴,用 25 mL 滴定管加入 0.04 mol/L AgNO₃ 标准溶液,随滴随摇,直至生成的砖红色沉淀不再消失[注1],记录所用 AgNO₃ 标准溶液的毫升数为 V(AgNO₃),浓度为 c(AgNO₃)。

结果计算

$$S(1/2\ CO_3^{2-}) = \frac{2V_1 \times c(H^+)}{m} \times 100$$

$$\omega(CO_3^{2-}) = S(1/2\ CO_3^{2-}) \times M_1 \times 10$$

$$S(HCO_3^-) = \frac{(V_2 - V_1) \times c(H^+)}{m} \times 100$$

$$\omega(HCO_3^-) = S(HCO_3^-) \times M_2 \times 10$$

式中:$S(1/2\ CO_3^{2-})$——土壤中 CO₃²⁻ 的厘摩尔质量/(cmol/kg);$\omega(CO_3^{2-})$——土壤中 CO₃²⁻ 的质量分数/(g/kg);$S(HCO_3^-)$——土壤中 HCO₃⁻ 的厘摩尔质量/(cmol/kg);ω

（HCO_3^-）——土壤中 HCO_3^- 的质量分数/（g/kg）；c（H^+）——H_2SO_4 标准溶液的浓度/（mol/L）（1/2 H_2SO_4）；V_1——滴定 CO_3^{2-} 所用 H_2SO_4 标准溶液的体积/mL；V_2——滴定 HCO_3^- 所用 H_2SO_4 标准溶液的体积/mL；m——相当于测定时所取浸出液体积的干土质量/g；M_1——（1/2 CO_3^{2-}）的摩尔质量/0.030 0（kg/mol）；M_2——HCO_3^- 的摩尔质量/0.061 0（kg/mol）。

$$S(Cl^-) = \frac{V(AgNO_3) \times c(AgNO_3)}{m} \times 100$$

$$\omega(Cl^-) = S(Cl^-) \times M \times 10$$

式中：$S(Cl^-)$——土壤中 Cl^- 的厘摩尔质量/（cmol/kg）；$\omega(Cl^-)$——土壤中 Cl^- 的质量分数/（g/kg）；c（$AgNO_3$）——$AgNO_3$ 标准溶液的浓度/（mol/L）$AgNO_3$；$V(AgNO_3)$——滴定用 $AgNO_3$ 标准溶液溶液的体积/mL；m——相当于测定时所取浸出液体积的干土质量/g；M——Cl^- 的摩尔质量/0.035 5（kg/mol）。

（2）Ca^{2+} 和 Mg^{2+} 的测定

①EDTA 滴定法。

A. Ca^{2+} 的测定。吸取土壤浸出液 25.00 mL，放入 150 mL 三角瓶中，如 CO_3^{2-} 或 HCO_3^- 含量较高，应参照上项 CO_3^{2-} 测定时所消耗酸的量，加入同等量的（1＋4）HCl 溶液使之酸化，并煮沸以去除 CO_2。如 CO_3^{2-} 和 HCO_3^- 含量都很少，则可省去此步操作。在冷溶液中加入 2 mol/L NaOH 溶液 2 mL，摇匀，放置 1 min[注2]，加入钙指示剂（或 K-B 指示剂）少许，摇匀后，立即用 25 mL 滴定管滴加 0.02 mol/L EDTA 标准溶液，至溶液由酒红色突变为纯蓝色[注3]。记录所用 EDTA 标准溶液的毫升数为 V_1，其浓度为 c（EDTA）。

B. Ca^{2+}＋Mg^{2+} 合量的测定。吸取土壤浸出液 25.00 mL，加入氨缓冲液 1 mL[注4][注5]，摇匀后再加入铬黑 T 指示剂（或 K-B 指示剂）少许，充分摇匀，立即用 EDTA 标准液滴定至溶液由酒红色变为纯蓝色。近终点时必须缓慢滴定[注6]。记录所用 EDTA 标准溶液的毫升数为 V_2，其浓度为 c（EDTA）。

C. 结果计算。

$$S(1/2\ Ca^{2+}) = \frac{V_1 \times c(EDTA) \times 2}{m} \times 100$$

$$\omega(Ca^{2+}) = S(1/2\ Ca^{2+}) \times M_1 \times 10$$

$$S(1/2\ Mg^{2+}) = \frac{(V_2 - V_1) \times c(EDTA) \times 2}{m} \times 100$$

$$\omega(Mg^{2+}) = S(1/2\ Mg^{2+}) \times M_2 \times 10$$

式中：$S(1/2\ Ca^{2+})$——土壤中 Ca^{2+} 的厘摩尔质量/（cmol/kg）；$\omega(Ca^{2+})$——土壤中 Ca^{2+} 的质量分数/（g/kg）；$S(1/2\ Mg^{2+})$——土壤中 Mg^{2+} 的厘摩尔质量/（cmol/kg）；$\omega(Mg^{2+})$——土壤中 Mg^{2+} 的质量分数/（g/kg）；c（EDTA）——EDTA 标准溶液的浓度/（mol/L）；V_1——滴定 Ca^{2+} 所用 EDTA 标准溶液的体积/mL；V_2——滴定 Ca^{2+}＋Mg^{2+} 合量时所用 EDTA 标准溶液的体积/mL；m——相当于测定时所取浸出液体积的干土质量/g；M_1——（1/2 Ca^{2+}）的摩尔质量/0.020 0（kg/mol）；M_2——（1/2 Mg^{2+}）的摩尔质量/0.012 2（kg/mol）。

②原子吸收分光光度法。吸取 5.00～10.00 mL 土壤浸出液(视浸出液中 Ca^{2+}、Mg^{2+} 的含量而定)[注7]于 50 mL 容量瓶中,加 5% La 溶液 5 mL,用水定容。在选定工作条件[注8]的原子吸收分光光度计上,分别在 422.7 nm(Ca)及 285.2 nm(Mg)波长处测定 Ca 和 Mg 的吸收值。同时绘制工作曲线,根据浸出液中 Ca、Mg 的吸收值,分别在工作曲线上查得 Ca^{2+}、Mg^{2+} 的浓度(mg/L)[注9],计算土壤水溶盐中 Ca^{2+} 和 Mg^{2+} 的含量。

A.工作曲线。准确吸取 100 mg/L Ca 标准溶液 0 mL、1.25 mL、2.50 mL、5.00 mL、7.50 mL、10.00 mL、15.00 mL,分别放入 50 mL 容量瓶中,各加入 5% La 溶液 5 mL,用水定容,摇匀后即得 0 mg/L、2.5 mg/L、5 mg/L、10 mg/L、15 mg/L、20 mg/L、30 mg/L Ca 的标准系列溶液。准确吸取 50 mg/L Mg 标准溶液 0 mL、0.50 mL、1.00 mL、2.00 mL、3.00 mL、5.00 mL、7.00 mL,分别放入 50 mL 容量瓶中,各加入 5% La 溶液 5 mL,用水定容,摇匀后即得 0 mg/L、0.5 mg/L、1.0 mg/L、2.0 mg/L、3.0 mg/L、5.0 mg/L、7.0 mg/L Mg 的标准系列溶液。

在与测定样品相同的条件下,在原子吸收分光光度计上分别测定 Ca 和 Mg 标准系列溶液的吸收值,绘制浓度与相应吸收值的工作曲线或计算直线回归方程。在成批样品的测定过程中,要按一定时间间隔用标准溶液校准仪器。

B.结果计算。

$$\omega\,(Ca^{2+}) = \frac{\rho(Ca) \times 50 \times 5}{V} \times 10^{-3}$$

$$S\,(1/2\,Ca^{2+}) = \frac{\omega\,(Ca^{2+})}{M_1 \times 10}$$

$$\omega\,(Mg^{2+}) = \frac{\rho\,(Mg) \times 50 \times 5}{V} \times 10^{-3}$$

$$S\,(1/2\,Mg^{2+}) = \frac{\omega\,(Mg^{2+})}{M_2 \times 10}$$

式中:$\omega\,(Ca^{2+})$——土壤中 Ca^{2+} 的质量分数/(g/kg);$S\,(1/2\,Ca^{2+})$——土壤中 Ca^{2+} 的厘摩尔质量/(cmol/kg);$\omega\,(Mg^{2+})$——土壤中 Mg^{2+} 的质量分数/(g/kg);$S\,(1/2\,Mg^{2+})$——土壤中 Mg^{2+} 的厘摩尔质量/(cmol/kg);$\rho\,(Ca)$——待测液中 Ca^{2+} 的浓度/(mg/L);$\rho\,(Mg)$——待测液中 Mg^{2+} 的浓度/(mg/L);V——吸取土壤浸出液的体积/mL;M_1——$(1/2\,Ca^{2+})$ 的摩尔质量/0.020 0 (kg/mol);M_2——$(1/2\,Mg^{2+})$ 的摩尔质量/0.012 2 (kg/mol);50——定容体积/mL;5——浸提时的水土比例。

(3)SO_4^{2-} 的测定

①EDTA 间接滴定法。吸取土壤浸出液 25.00 mL[注10]于 150 mL 三角瓶中,加入(1+4) HCl 溶液 8 滴,加热至沸。用 10.00 mL 移液管缓慢地准确加入过量 25%～100% 的钡镁合剂[注11],使 SO_4^{2-} 沉淀完全。如出现较多 $BaSO_4$ 沉淀,应酌情增加钡镁合剂用量,记录所用钡镁合剂的毫升数。将溶液微沸 5 min,冷却后放置 2 h 或过夜。加入氨缓冲液 2 mL,摇匀,再加入铬黑 T 指示剂(或 K-B 指示剂)少许。摇匀后,立即用 0.02 mol/L EDTA 标准溶液滴定至溶液由酒红色突变为纯蓝色为止。终点前如颜色太浅,可稍添加一些指示剂。记录所用 EDTA 溶液的毫升数为 V_3,其浓度为 c (EDTA)。

另取水 25 mL,同上加入(1+4) HCl 溶液和同体积的钡镁合剂,再加入氨缓冲液及铬黑 T 指示剂(或 K-B 指示剂)少许,用 EDTA 标准溶液滴定。记录所用 EDTA 标准溶液的体积(mL)V_4。

结果计算

$$S\ (1/2\ SO_4^{2-}) = \frac{(V_2 + V_4 - V_3) \times c\ (EDTA) \times 2}{m} \times 100$$

$$\omega\ (SO_4^{2-}) = S\ (1/2\ SO_4^{2-}) \times M \times 10$$

式中:$S\ (1/2\ SO_4^{2-})$——土壤中 SO_4^{2-} 的厘摩尔质量/(cmol/kg);$\omega\ (SO_4^{2-})$——土壤中 SO_4^{2-} 的质量分数/(g/kg);$c\ (EDTA)$——EDTA 标准溶液的浓度/(mol/L);V_2——滴定 $Ca^{2+} + Mg^{2+}$ 合量时所用 EDTA 标准溶液的体积/mL;V_3——滴定沉淀 SO_4^{2-} 后剩余 Ba^{2+} 和土壤浸出液中 $Ca^{2+} + Mg^{2+}$ 合量所用 EDTA 标准溶液的体积/mL;V_4——Ba、Mg 合剂空白滴定时所用 EDTA 标准溶液的体积/mL;m——相当于测定时所取浸出液体积的干土质量/g;M——$(1/2\ SO_4^{2-})$ 的摩尔质量/0.048 0 (kg/mol)。

②间接计算法。如 Na^+、K^+ 用火焰光度法测定,则可按照下式计算 SO_4^{2-} 的含量。

$$S\ (1/2\ SO_4^{2-}) = [S\ (1/2\ Ca^{2+}) + S\ (1/2\ Mg^{2+}) + S\ (K^+ + Na^+)]$$
$$- [S\ (1/2\ CO_3^{2-}) + S\ (HCO_3^-) + S\ (Cl^-)]$$
$$\omega\ (SO_4^{2-}) = S\ (1/2\ SO_4^{2-}) \times M \times 10$$

式中:$S\ (1/2\ SO_4^{2-})$——土壤中 SO_4^{2-} 的厘摩尔质量/(cmol/kg);$\omega\ (SO_4^{2-})$——土壤中 SO_4^{2-} 的质量分数/(g/kg);M——$(1/2\ SO_4^{2-})$ 的摩尔质量/0.048 0 (kg/mol)。

(4)Na^+、K^+ 的测定

①火焰光度法。吸取土壤浸出液 5.00~10.00 mL(视 Na^+、K^+ 含量而定)于 50 mL 容量瓶中,加入 2 mL 0.1 mol/L $Al_2(SO_4)_3$ 溶液,用水定容[注12],摇匀。将此液在火焰光度计上,按照仪器使用说明书分别进行 Na^+ 和 K^+ 测定,记录读数。从工作曲线上查得该液中 Na^+ 和 K^+ 的含量。

A. 工作曲线。准确吸取 500 mg/L Na^+、K^+ 混合标准溶液稀释成 100 mg/L Na^+、K^+ 标准溶液。准确吸取此液 0 mL、2.50 mL、5.00 mL、10.00 mL、15.00 mL、20.00 mL、25.00 mL,分别放入 50 mL 容量瓶中。各加入 2 mL 0.1 mol/L $Al_2(SO_4)_3$ 溶液,用水定容,即得 0 mg/L、5 mg/L、10 mg/L、20 mg/L、30 mg/L、40 mg/L、50 mg/L Na^+ 和 K^+ 标准系列溶液。在与土壤浸出液测定的同时,分别在火焰光度计上测得 Na^+、K^+ 标准系列溶液的读数(检流计)。绘制读数及其相应浓度 mg/L 的工作曲线。在成批样品测定过程中,要按照一定时间间隔用标准溶液校正仪器。

B. 结果计算。

$$\omega(Na^+) = \frac{\rho\ (Na) \times 50 \times 5}{V} \times 10^{-3}$$

$$S\ (Na^+) = \frac{\omega(Na^+)}{M_1 \times 10}$$

$$\omega(K^+) = \frac{\rho(K) \times 50 \times 5}{V} \times 10^{-3}$$

$$S\ (K^+) = \frac{\omega(K^+)}{M_2 \times 10}$$

式中:$\omega(Na^+)$——土壤中 Na^+ 的质量分数/(g/kg);$S(Na^+)$——土壤中 Na^+ 的厘摩尔质量/(cmol/kg);$\omega(K^+)$——土壤中 K^+ 的质量分数/(g/kg);$S(K^+)$——土壤中 K^+ 的厘摩尔质量/(cmol/kg);$\rho(Na)$——待测液中 Na^+ 的浓度/(mg/L);$\rho(K)$——待测液中 K^+ 的浓度/(mg/L);M_1——Na^+ 的摩尔质量/0.023 0 (kg/mol);M_2——K^+ 的摩尔质量/0.039 1 (kg/mol);V——吸取土壤浸出液的体积/mL;50——定容体积/mL;5——浸提时的水土比例。

②间接计算法。测定 K^+ 后可计算 Na^+,否则只能计算 $Na^+ + K^+$ 合量。

$$S(Na^+) = [S(1/2\,CO_3^{2-}) + S(HCO_3^-) + S(Cl^-) + S(1/2\,SO_4^{2-})]$$
$$- [S(1/2Ca^{2+}) + S(1/2Mg^+) + S(K^+)]$$

$$\omega(Na^+) = S(Na^+) \times M \times 10$$

$$S(Na^+ + K^+) = [S(1/2\,CO_3^{2-}) + S(HCO_3^-) + S(Cl^-) + S(1/2\,SO_4^{2-})]$$
$$- [S(1/2Ca^{2+}) + S(1/2Mg^{2+})]$$

$$\omega(Na^+ + K^+) = S(Na^+ + K^+) \times M \times 10$$

式中:$S(Na^+)$——土壤中 Na^+ 的厘摩尔质量/(cmol/kg);$\omega(Na^+)$——土壤中 Na^+ 的质量分数/(g/kg);$S(Na^+ + K^+)$——土壤中($Na^+ + K^+$)的厘摩尔质量/(cmol/kg);$\omega(Na^+ + K^+)$——土壤中($Na^+ + K^+$)的质量分数/(g/kg);M——Na^+ 的摩尔质量/0.023 0 (kg/mol)。

(5)离子总量的计算

$$S(\text{离子总量}) = S(1/2\,Ca^{2+}) + S(1/2\,Mg^{2+}) + S(Na^+ + K^+)$$
$$= S(1/2\,CO_3^{2-}) + S(HCO_3^-) + S(Cl^-) + S(1/2\,SO_4^{2-})$$

$$\omega(\text{离子总量}) = \omega(Ca^{2+}) + \omega(Mg^{2+}) + \omega(K^+) + \omega(Na^+)$$
$$+ \omega(CO_3^{2-}) + \omega(HCO_3^-) + \omega(Cl^-) + \omega(SO_4^{2-})$$

式中:S(离子总量)——土壤中盐分离子总量的厘摩尔质量/cmol/kg;ω(离子总量)——土壤中盐分离子总量的质量分数/(g/kg)。

(6)允许误差(供参考) 具体见表 1-6 至表 1-8。

表 1-6 全盐量与离子总量之间的允许误差

全盐量范围/(g/kg)	<0.5	$0.5\sim2$	$2\sim5$	>5
允许误差/%	$-25\sim+20$	$-20\sim+15$	$-15\sim+10$	$-10\sim+15$

注:允许误差(%) = $\dfrac{\text{离子总量/(g/kg)} - \text{全盐量/(g/kg)}}{\text{全盐量/(g/kg)}} \times 100$。

表 1-7 全盐量 2 次测定的允许误差

全盐量范围/(g/kg)	<0.5	$0.5\sim2$	$2\sim5$	>5
允许偏差/%	$15\sim20$	$10\sim15$	$5\sim10$	<5

表 1-8　各个离子 2 次测定的允许误差

离子含量范围/(cmol/kg)	<0.5	0.5~1	1~5	>5
允许偏差/%	10~15	5~10	3~5	<3

5. 注释

[1]滴定过程中生成的 AgCl 沉淀,容易吸附 Cl^-,使溶液中的 Cl^- 浓度降低,以致未到终点时,过早产生砖红色 Ag_2CrO_4 沉淀。故滴定时须不断剧烈摇动,使被吸附的 Cl^- 释出。待测液如有颜色致使滴定终点难以判断时,可改用电位滴定法测定。

[2]以钙红为指示剂滴定 Ca^{2+} 时,溶液的 pH 应维持在 12~14。这时 Mg^{2+} 已沉淀为 $Mg(OH)_2$,不致妨碍 Ca^{2+} 的滴定。所用的 NaOH 中不可含有 Na_2CO_3,以防 Ca^{2+} 被沉淀为 $CaCO_3$。待测液碱化后不宜久放,滴定须及时进行,否则溶液能吸收 CO_2 以致析出 $CaCO_3$ 沉淀。

[3]当 Mg 较多时,往往会使 Ca 测定结果偏低百分之几。因为 $Mg(OH)_2$ 沉淀时会携带一些 Ca^{2+},被吸附的 Ca^{2+} 在到达变色点后又能逐渐进入溶液而自行恢复红色。遇此情况应补加少许 EDTA 标准溶液,并计入 V_1 中。加入蔗糖能阻止 Ca^{2+} 随 $Mg(OH)_2$ 沉淀,可获得较好的结果。

如有大量 Mg^{2+} 存在时(Mg:Ca >5),为准确滴定 Ca^{2+},则应先加入稍过量的 EDTA,使其与 Ca^{2+} 形成配位化合物,然后碱化,这样就只有纯 $Mg(OH)_2$ 沉淀而不包藏 Ca^{2+}。此后再用 $CaCl_2$ 标准溶液回滴过剩的 EDTA,由 EDTA 标准溶液净用量计算 Ca 量。

[4]土壤浸出液中所含 Mn、Fe、Al、Ti 等金属离子的浓度很低,一般可不必使用掩蔽剂。如果 Mn^{4+} 稍多,在碱性溶液中指示剂易被氧化褪色,加入盐酸羟胺或抗坏血酸等还原剂可防止其氧化。如果 Fe、Al 等稍多,它们能封闭指示剂,可用三乙醇胺等掩蔽之。

[5]以铬黑 T 为指示剂滴定 $Ca^{2+}+Mg^{2+}$ 合量时,溶液应当准确地维持在 pH 为 10。pH 太低或太高都会使终点不敏锐,从而导致结果不准确。

[6]由于 Mg-铬黑 T 螯合物与 EDTA 的反应在室温下不能瞬间完成,故近终点时必须缓慢滴定,并充分摇动,否则易过终点。如果将滴定溶液加热至 50~60℃(其他条件同上),则可以用常速进行滴定。

[7]待测液的浓度应稀释到符合该元素的工作范围内。测定 Ca^{2+}、Mg^{2+} 的灵敏度不一样,必要时需分别吸取不同体积的待测液稀释后测定。

[8]原子吸收分光光度法测定 Ca^{2+} 和 Mg^{2+} 时所用的谱线波长、灵敏度和工作范围、工作条件,如空心阴极电流、空气和乙炔的流量和流量比、燃烧器高度、狭缝宽度等,必须根据仪器型号、待测元素的种类和干扰离子存在情况等通过实验测试来测定。

待测液中干扰离子的影响必须设法消除,否则会降低灵敏度,或造成严重误差。测定 Ca^{2+} 时主要的干扰离子有 PO_4^{3-}、SiO_3^{2-}、SO_4^{2-},其次为 Al、Mn、Mg、Cu 等,Fe 的干扰较小。测定 Mg^{2+} 时干扰较少,仅 SiO_3^{2-} 和 Al 有干扰,SO_4^{2-} 稍有影响。Ca^{2+} 和 Mg^{2+} 测定时,上述干扰都可以用释放剂 $LaCl_3$ 或 $SrCl_2$(终浓度为 1 000 mg/L)有效地消除。

[9]Mg^{2+} 浓度 $>1\,000$ mg/L 时,会使 Ca^{2+} 的测定结果偏低,Na^+、K^+、NO_3^- 浓度在 500 mg/L 以上则均无干扰。

[10]此法测定 SO_4^{2-} 时,试液中的 SO_4^{2-} 浓度不宜大于 300 mg/L。若 SO_4^{2-} 多于 8 mg 时,应酌量减少土壤浸出液的用量并稀释。

[11]沉淀 SO_4^{2-} 时加入的钡镁合剂必须适当过量(过量 25%～100%),以维持溶液中剩余的 Ba^{2} 达到一定浓度,使 SO_4^{2-} 沉淀完全,一般非硫酸盐盐土的耕层土壤样品加入 10 mL 即已足够。在热沸的酸性溶液中徐徐加入进行 $BaSO_4$ 的沉淀和陈化,可使沉淀颗粒粗大,降低其溶解度,以免在以后 EDTA 标准溶液滴定时溶解。溶液沸热后 CO_2 亦已逐尽,以后不致生成 $BaCO_3$、$CaCO_3$ 等沉淀。

[12]盐渍土中 K^+ 的含量一般都很低。$Ca:K>10:1$ 时,Ca^{2+} 有干扰。Ca^{2+} 对 Na^+ 干扰较大,通常在待测液中含 Ca^{2+} 超过 20 mg/L 时就有干扰,随着 Ca^{2+} 量的增加,干扰随之加大,因此,可用 $Al_2(SO_4)_3$ 抑制 Ca^{2+} 的激发,减少干扰。Mg^{2+} 一般不影响 Na^+ 的测定,除非 $Mg:Na>100$。

(四)盐分测定结果的应用

1. 土壤盐碱程度的划分

不同程度盐渍化土壤的划分,最直接的方法是用缺苗情况来划分,而缺苗情况和土壤总盐量有密切关系。因此各地多以盐分高低及其对作物危害的程度和缺苗情况,作为反映盐碱程度的轻重、划分盐碱地类型的依据(表 1-9)。

表 1-9 内陆盐碱地的分级指标

盐碱地等级	河北		河南	
	缺苗	耕层土壤含盐量/%	危害程度	耕层土壤含盐量/%
好地	小于 1～2 成	<0.2	无	<0.2
轻盐碱地	3 成左右	0.2～0.4	玉米、豆类作物微受抑制	0.2～0.3
中盐碱地			棉花生长受抑制,小麦、玉米能拿 8 成苗,但保苗难	0.3～0.6
重盐碱地	5 成左右	0.4～0.6	棉花、大麦能拿 3～6 成苗	0.6～1.0
盐碱荒地	盐荒地	>0.6	光板地	>1.0

2. 作物的耐盐指标

通常用它来表示作物耐盐能力的强弱。不同作物的耐盐能力不同,同一种作物在不同的生育期,其耐盐能力也不一样。了解作物的耐盐度(表 1-10),不仅可以更好地做到因地种植,而且也是采取保苗措施及改良盐碱地过程中不可缺少的依据之一。

表 1-10   不同作物的耐盐度

耐盐能力	作物	苗期/%	生育期/%
强	甜菜	0.5~0.6	0.6~0.8
	向日葵	0.4~0.5	0.5~0.6
	蓖麻	0.35~0.4	0.45~0.6
	合子	0.5~0.6	0.6~0.8
较强	高粱	0.3~0.4	0.4~0.55
	棉花	0.25~0.35	0.4~0.5
	黑豆	0.3~0.4	0.35~0.45
	苜蓿	0.3~0.4	0.4~0.55
中等	冬小麦	0.22~0.3	0.3~0.4
	玉米	0.2~0.26	0.25~0.35
	谷子	0.15~0.20	0.20~0.25
弱	绿豆	0.15~0.18	0.18~0.23
	大豆	0.18	0.18~0.25
	马铃薯	0.10~0.15	0.15~0.20
	花生	0.10~0.15	0.15~0.20

注：此表为耕层 0~20 cm 的全盐量。

3. 灌溉水质矿化度的评价

矿化度是指灌溉水中易溶盐的总量，通常以 g/L 表示。矿化度是评价灌溉水质的一个重要的指标，但不是唯一的指标，因为它没有反映灌溉水的化学组成的复杂性。河北平原采用的指标见表 1-11。

表 1-11   河北平原采用的灌溉水指标

灌溉水的矿化度/(g/L)	灌溉水的水质
<1	优质
1~2	可用于灌溉
2~3	半咸水，一般不宜灌溉
>3	咸水，不宜灌溉

但根据许多地区群众的经验和科学试验结果表明，矿化度＞3 g/L 的咸水，只要具备一定的排水条件，讲究方法，也是可以用于灌溉的，但必须慎重。

我国《农田灌溉水质标准》(GB 5084—2005)规定，在非盐碱土地区全盐量≤1 000 mg/L，在盐碱土地区(具有一定的水利灌排设施)全盐量≤2 000 mg/L。

？思考与讨论

  1.土壤中对作物生长有危害的盐分种类有哪些？

  2.土壤水溶性盐分常见的离子组成有哪些？

  3.土壤水溶性盐分测定的项目有哪些？

  4.制备土壤水溶性盐分浸出液的要求和条件是什么？

  5.土壤水溶性盐分总量的测定方法有哪几种？

  6.重量法测定土壤全盐量时的主要误差有哪些？如何消除？

  7.试述土壤水溶性盐分离子总量的两种表示方法。

  8.电导法测定土壤水溶性盐分含量的结果在应用时要注意什么？

  9.简述土壤水溶性盐分离子组成的测定方法。

  10.测定土壤全盐量时,电导法测定值如何换算成质量分数？土样与水样有何不同？

五、土壤碳酸钙的测定

▶**目的**◀
1. 了解土壤 $CaCO_3$ 测定的各种方法。
2. 掌握气量法测定土壤 $CaCO_3$ 的方法原理及测定条件。
3. 掌握快速(中和)滴定法测定土壤 $CaCO_3$ 的方法原理及测定条件。

在土壤中,碳酸盐的存在与含量是表明土壤性质的一个重要指标。对石灰性土壤来说主要含有 $CaCO_3$,也有少量以 $CaCO_3 \cdot MgCO_3$(dolomite)和水溶性碳酸盐、碳酸氢盐等形态存在。通常以 $CaCO_3$ 在土壤剖面中的淋溶、淀积和移动的状况作为判断土壤形成过程及肥力特征的重要依据之一。

测定 $CaCO_3$ 的方法很多,一般都是先用 HCl 将碳酸盐分解,使产生 CO_2,然后用重量法、滴定法或气量法等测定所生成 CO_2 的量。在重量法中,有的采用碱石灰等碱性吸收剂来吸收 CO_2,然后称量其所增加的重量(直接法);也有的是称量其因 CO_2 的逸出而减少的重量(间接法)。滴定法则是用标准碱溶液吸收 CO_2,然后用标准酸溶液回滴剩余的碱。而快速滴定法是根据中和碳酸盐时所消耗的酸量来进行测定的。气量法中有的是测量产生的 CO_2 体积,有的是测量其压强。

在上述方法中,直接的重量法结果较准确,但操作和仪器装置较烦琐。滴定法也有较高的准确度,虽然操作比重量法简便,但仪器装置也较繁杂。目前广泛采用气量法,此法比重量法和滴定法简便、快速,同时测定结果有一定的准确度。快速滴定法最为简捷,但只能测得近似值,此法适用于精度要求不高的大批样品的测定。

(一)气量法

1. 方法原理

土壤中的碳酸盐与 HCl 作用产生 CO_2,CO_2 气体在一定的温度和压力下具有一定的比重,由 CO_2 的比重表中可以查得每毫升 CO_2 的重量,即可换算为土壤中 $CaCO_3$ 的含量;或用纯 $CaCO_3$ 与 HCl 作用,将其产生的 CO_2 的体积,换算为标准状况下的体积 V_0,从而求得 CO_2 的比重;也可以在测定土样的同时,用纯 $CaCO_3$ 标准系列绘制工作曲线,根据样品产生的 CO_2 体积,在工作曲线上直接查出 $CaCO_3$ 含量。这样做虽然可省略对温度及压力的校正,但操作较烦琐及费时间。

2. 主要仪器设备

气量法测定 $CaCO_3$ 的装置、气压计。

3. 试剂配制

①(1+3)HCl(分析纯)。
②封闭液。每 100 mL 水中约加入 1 mL 浓 HCl 和几滴甲基红指示剂。

4. 操作步骤

①先检查整个仪器装置是否漏气。将反应瓶塞紧，使反应瓶与量气管相通，而与外界隔绝。打开量气管通往外部的活塞，使水准管液面与量气管内液面相平，关好通往外部的活塞，提高水准管，使其液面高出量气管液面刻度 10 mL 左右。固定水准管，10 min 后观察，液位差如有变化，说明装置系统漏气，须用肥皂水涂抹观察漏气情况，并在漏气处涂以石蜡密封之。

②称取风干土样(1 mm 或 0.5 mm)0.5×～10.××g[注1](含 $CaCO_3$ 0.05～0.4 g)，放入反应瓶(250 mL 三角瓶)中，塞紧。接好仪器装置，打开水准管及量气管通往外部的活塞，调节使三管的水面相平。读取初读数后，关好通往外部的活塞。通过反应瓶塞上的玻璃管道，缓缓加入约 10 mL(1+3)HCl 溶液，开启磁力搅拌器开关[注2]，搅拌 30 min(记录搅拌时的温度及压力)后，待反应瓶中温度降至起始时的温度时，同样使水准管与量气管三管液面相平，直至液面约在 1 min 内不再下降为止，读取 CO_2 体积的终读数，以求得 CO_2 的体积(mL)。

按同样操作步骤做空白测定，以校正测定操作产生的误差。

5. 结果计算

$$\omega\,(CaCO_3) = \frac{V \times S \times 2.27}{m \times 10^6} \times 1\,000$$

式中：$\omega\,(CaCO_3)$——土壤 $CaCO_3$ 的质量分数/(g/kg)；V——空白校正后的 CO_2 体积/mL；S——CO_2 的比重/(μg/mL)，根据测定时的温度及压力由 CO_2 比重表查得[注3]；2.27——CO_2 换算成 $CaCO_3$ 的化学因数；m——风干土样质量/g；10^6——将称样克数换算成微克的倍数。

(二)快速(中和)滴定法

1. 方法原理

土壤中 $CaCO_3$ 与一定量的 HCl 作用后，剩余的酸用标准碱液回滴，以酚酞为指示剂，由净消耗的 HCl 量计算土壤中 $CaCO_3$ 的含量[注4]。

为了使反应进行完全，加入的 HCl 以过量 30%～50%为宜。此法快速、简便，但只能得到近似的结果。如果要大概地了解土壤中 $CaCO_3$ 的含量，这种方法是可以采用的。

2. 主要仪器设备

往返式振荡机。

3. 试剂配制

①0.5 mol/L HCl 标准溶液。每 1 L 水中加入约 45 mL 浓 HCl(分析纯)，冷却，充分混匀，即为约 0.5 mol/L 的酸溶液。用硼砂或 Na_2CO_3 标定其准确浓度后使用。

②0.25 mol/L NaOH 标准溶液。称取 10 g NaOH(分析纯)，溶解于 1 L 水中，冷却，混匀，其浓度约为 0.25 mol/L。用标准酸溶液标定其准确浓度。

③1%酚酞指示剂。

4. 操作步骤

称取风干土样(1 mm 或 0.5 mm)3.××～10.××g[注5](含 $CaCO_3$ 0.2～0.4 g)，置于

100 mL 三角瓶中。准确加入 0.5 mol/L HCl 标准溶液 25.00 mL，振荡 10 min 后转入 100 mL 容量瓶中[注6]，定容摇匀。准确吸取试液(尽量吸上部清液)50.00 mL 于 150 mL 三角瓶中，加酚酞指示剂 2～3 滴，用 0.25 mol/L NaOH 标准溶液回滴剩余的 HCl 标准溶液，滴定至明显的红色，至 0.5 min 内不褪色为止。记录所用 NaOH 标准溶液体积(mL)[注7]。

5. 结果计算

$$\omega\,(\text{CaCO}_3) = \frac{[1/2\,c\,(\text{H})\,V(\text{H}) - c\,(\text{OH})\,V(\text{OH})] \times 0.05}{m} \times 1\,000$$

式中：$\omega\,(\text{CaCO}_3)$——土壤 CaCO_3 的质量分数/(g/kg)；$c\,(\text{H})$——HCl 标准溶液的浓度/(mol/L)；$c\,(\text{OH})$——NaOH 标准溶液的浓度/(mol/L)；$V(\text{H})$——加入 HCl 标准溶液的总体积/25.00 mL；$V(\text{OH})$——滴定剩余 HCl 所用 NaOH 标准溶液的体积/mL；1/2——滴定时吸取酸液的体积是加入土样中酸标准溶液体积的 1/2；0.05——1/2 CaCO_3 的摩尔质量/(kg/mol)；m——与滴定时所取试液体积相当的干土样质量/g。

(三)注释

[1]在称样前可先做预测，以确定称样量。方法：将少许土样置于比色瓷板的孔穴中，加入 3 mol/L HCl 溶液 2～3 滴，如看不出明显的气泡，表明 CaCO_3 含量在 1% 以下，应称土样 10 g；若有明显气泡又能持续一定时间，CaCO_3 含量在 1%～3%，应称土样 5 g；若冒泡激烈但不持久，CaCO_3 含量在 3%～5%，应称土样 2 g；若冒泡很激烈且能持久并溢出穴外，CaCO_3 含量在 5% 以上，应称土样 1 g 或 0.5 g。

[2]操作中应尽量避免用手直接接触反应瓶，以防手温使瓶中气体膨胀，影响测定结果。

[3]CO_2 比重见表 1-12。

在无法查得 CO_2 比重的情况下，也可采用工作曲线法：准确称取烘干的 CaCO_3（分析纯）0.05 g、0.10 g、0.20 g、0.30 g、0.40 g，按照测定土样的同样操作，同时测得 CO_2 的体积（同温同压下），绘制 CaCO_3 质量及其相应产生 CO_2 体积(mL)的工作曲线。样品测得的 CO_2 体积(mL)，在曲线上查出相应的 CaCO_3 质量，计算出土壤样品中 CaCO_3 的质量分数 g/kg。

[4]此法只能得到近似结果，因为加入的 HCl 不仅与 CaCO_3 作用，而且还有其他的副反应发生，例如交换性盐基被 H^+ 交换；某些碱土金属的硅酸盐被水解等，致使测定的结果常偏高。

[5]必要时在称样以前可先预测土样中 CaCO_3 的大致含量情况（方法见注 1）。土样 CaCO_3 含量在 3% 以下，称土样 10 g；CaCO_3 含量 3%～5% 时，称土样 5 g；CaCO_3 含量 5%～12% 时，称土样约 3 g；CaCO_3 含量大于 12%，须酌量少称。

[6]土样不一定要完全转入容量瓶，但必须将酸洗净。

[7]为了使反应完全，加入的 HCl 标准溶液必须过量，在本操作中，最后回滴剩余 HCl 时所消耗的 0.25 mol/L NaOH 溶液应为 10～20 mL。如少于 10 mL 或多于 20 mL，应适当减少或增加称样量重新测定。

表1-12　CO₂比重

μg/mL

温度/℃	气压/kPa														
	98.9	99.3	99.6	99.9	100.1	100.5	100.8	101.1	101.3	101.7	102.0	102.3	102.5	102.8	103.2
28	1778	1784	1791	1797	1804	1810	1817	1823	1828	1833	1837	1842	1847	1852	1856
27	1784	1790	1797	1803	1810	1816	1823	1829	1834	1839	1843	1848	1853	1858	1863
26	1791	1797	1803	1809	1816	1822	1829	1835	1840	1845	1849	1854	1859	1864	1869
25	1797	1803	1810	1816	1823	1829	1836	1842	1847	1852	1856	1861	1866	1871	1876
24	1803	1809	1816	1822	1829	1835	1842	1848	1853	1858	1862	1867	1872	1877	1882
23	1809	1815	1822	1828	1835	1841	1848	1854	1859	1864	1868	1873	1878	1883	1888
22	1815	1821	1828	1834	1841	1847	1854	1860	1865	1870	1875	1880	1885	1890	1895
21	1822	1828	1835	1841	1848	1854	1861	1867	1872	1877	1882	1887	1892	1897	1902
20	1828	1834	1841	1847	1854	1860	1867	1873	1878	1883	1888	1893	1898	1903	1908
19	1834	1840	1847	1853	1860	1866	1873	1879	1884	1889	1894	1899	1904	1909	1914
18	1840	1846	1853	1859	1866	1872	1879	1885	1890	1895	1900	1905	1910	1915	1920
17	1846	1853	1860	1866	1873	1879	1886	1892	1897	1902	1907	1912	1917	1922	1927
16	1853	1860	1866	1873	1879	1886	1892	1898	1903	1908	1913	1918	1923	1928	1933
15	1859	1866	1872	1879	1886	1892	1899	1905	1910	1915	1920	1925	1930	1935	1940
14	1865	1872	1878	1885	1892	1899	1906	1912	1917	1922	1927	1932	1937	1942	1947
13	1872	1878	1885	1892	1899	1906	1913	1919	1924	1929	1934	1939	1944	1949	1954
12	1878	1885	1892	1899	1906	1912	1919	1925	1930	1935	1940	1945	1950	1955	1960
11	1885	1892	1899	1906	1813	1919	1926	1932	1937	1942	1947	1952	1957	1962	1967
10	1892	1899	1906	1913	1920	1926	1933	1939	1944	1949	1954	1959	1964	1969	1974

? 思考与讨论

1. 土壤 $CaCO_3$ 的测定方法有哪些？如何选择？

2. 气量法测定土壤 $CaCO_3$ 的方法原理及其测定条件,影响测定结果准确度的因素有哪些？

3. 试述快速(中和)滴定法测定土壤 $CaCO_3$ 的方法原理及其测定条件,误差来源有哪些。

4. 比较气量法和快速(中和)滴定法测定土壤 $CaCO_3$ 的异同。

5. 用气量法和快速(中和)滴定法测定土壤 $CaCO_3$ 时,称样前均需要进行预测,其目的是什么？

六、土壤有机质的测定
——铬酸氧还滴定法

▶目的◀

1. 熟悉土壤有机质测定的不同方法及其各自的优缺点。

2. 掌握铬酸氧还滴定法测定土壤有机质的原理。

3. 掌握外热源法和稀释热法测定土壤有机质的反应条件及注意事项。

有机质是土壤的重要组成部分,其含量虽少,但在土壤肥力上的作用却很大,它不仅含有各种营养元素,而且还是微生物生命活动的能源。土壤有机质的存在对土壤中水、肥、气、热等各种肥力因素起着重要的调节作用,对土壤结构、耕性也会产生重要影响,同时土壤有机质含量也是估测土壤有机氮矿化量的重要依据之一。因此,土壤有机质含量的高低是评价土壤肥力的重要指标之一[注1],是经常需要分析的项目。

通常,土壤有机质的测定一般都是先测定土壤有机碳含量,然后换算成土壤有机质含量。常用的测定方法很多,有重量法、比色法和滴定法等。重量法包括古老的干烧法和湿烧法,此法对于不含碳酸盐的土壤测定结果准确,但由于方法要求特殊的仪器设备、操作烦琐、费时,因此一般不作常规方法使用,而作为标准方法应用。滴定法中最广泛使用的是铬酸氧还滴定法,该法不需要特殊的仪器设备,操作简便、快速,测定不受土壤中碳酸盐的干扰,结果准确度也较高。比色法是根据被土壤还原成 Cr^{3+} 的绿色或在测定中氧化剂 $Cr_2O_7^{2-}$ 橙色的变化,用比色法测定之,这种方法的测定结果准确性较差。近年来,应用碳氮分析仪测定土壤有机质含量也越来越普遍,该仪器采用高温燃烧法——非分散红外检测总碳,采用热导检测器(TCD)测量氮,检测精度和准确度高,而且可自动连续测定,不需要复杂的样品前处理过程,操作简便,无有毒、有害物质产生。部分型号的仪器可同时自动测定总无机碳,这样就不需要前处理——去除碳酸钙,更加简化了含碳酸钙土壤的有机质测定步骤。其缺点是需要昂贵的分析设备,测定费用较高。

铬酸氧还滴定法根据加热的方式不同可分为外热源法(Schollenberger 法)和稀释热法(Walkley-Black 法)。前者操作不如后者简便,但有机质的氧化比较完全(氧化程度可以达到干烧法的 90%~95%);后者操作较简便,精密度较高,但有机质氧化程度较低(仅为干烧法的70%~86%),测定受室温的影响大。本实验重点介绍铬酸氧还滴定的 2 种方法,其中,外热源法仍是目前农业生产中测定土壤有机质最为常用的方法。

用铬酸氧还滴定法测定土壤有机质,实际上测得的是"可氧化的有机碳",所以在结果计算时要乘以一个由有机碳换算为有机质的换算因数。换算因数随土壤有机质的含碳率而定。各地土壤有机质的组成不同,含碳率亦不一致,如果都用同一换算因数,势必会产生一些误差。但是为了便于各地资料的相互比较和交流,统一使用一个公认的换算因数还是必要的。目前国际上仍然一致沿用古老的所谓"Van Bemmelen 因数"即 1.724,这是假设土壤有机质含碳为58%计算的。

(一)外热源法

1. 方法原理

在一定温度加热的条件下,用一定量的重铬酸钾-硫酸($K_2Cr_2O_7$-H_2SO_4)溶液,利用磷酸浴加热使土壤中的有机碳氧化,剩余的重铬酸钾用硫酸亚铁标准溶液滴定,并用二氧化硅为添加物做试剂空白测定,根据氧化反应前后重铬酸钾用量的差值,计算土壤有机碳含量,再乘以1.724,即为土壤有机质含量。其反应如下:

$$2Cr_2O_7{}^{2-} + 3C + 16H^+ = 4Cr^{3+} + 3CO_2 \uparrow + 8H_2O$$

反应剩余的 $Cr_2O_7{}^{2-}$,以邻菲啰啉为指示剂,用 Fe^{2+} 标准溶液滴定:

$$Cr_2O_7{}^{2-} + 6Fe^{2+} + 14H^+ = 2Cr^{3+} + 6Fe^{3+} + 7H_2O$$

由氧化有机 C 的 $Cr_2O_7{}^{2-}$ 净消耗量计算土壤中有机碳的含量,再换算为有机质的含量。由于此法对有机碳氧化还不够完全,所以测得的有机碳需乘以一个氧化校正系数,方能与经典的重量法的结果一致。氧化校正系数则随测定时氧化剂的浓度、消煮的温度与时间、催化剂的存在与否以及样品中有机碳的含量不同而有变化。常用的外热源法除用磷酸浴加热外,也可采用油浴、石蜡浴等。此法测得的结果与重量法(干烧法)对比,只能氧化 90% 左右的有机碳。因此,测得的结果应乘以氧化校正系数 1.1。土壤中如果有 Cl^- 和 Fe^{2+} 存在,在测定时也能被 $K_2Cr_2O_7$-H_2SO_4 溶液氧化而导致结果偏高,须设法消除其干扰[注2]。

2. 主要仪器设备

分析天平(感量为 0.000 1 g)、调温电炉 1 000 W、硬质试管 18×180 mm、磷酸浴(1~2 L 升烧杯装入适量磷酸)、温度计。

3. 试剂配制

①浓硫酸(H_2SO_4,分析纯)。

②0.8 mol/L (1/6 $K_2Cr_2O_7$)溶液。称取 40 g $K_2Cr_2O_7$(分析纯)溶于水,稀释至 1 L[注3]。

③0.2 mol/L $FeSO_4$ 标准溶液。

A. 称取 56 g $FeSO_4 \cdot 7H_2O$ 或 80 g $(NH_4)_2SO_4 \cdot FeSO_4 \cdot 6H_2O$ 溶于水中,加入 10 mL 浓 H_2SO_4,加水稀释至 1 L。

B. 标定。准确称取经130℃烘 2~3 h 的 $K_2Cr_2O_7$(分析纯)约 1 g(精确到 0.000 1 g),溶于水中,定容至 100 mL 容量瓶中,计算其准确浓度[约为 0.2××× mol/L (1/6 $K_2Cr_2O_7$)]。准确吸取此液 20.00 mL,放入 150 mL 三角瓶中,加水至 50~60 mL,加入 1.6 mL 浓 H_2SO_4 溶液及 2 滴邻菲啰啉指示剂,用 0.2 mol/L $FeSO_4$ 滴定。计算 $FeSO_4$ 溶液的准确浓度 c($FeSO_4$)(保留 4 位有效数字)。由于 Fe^{2+} 溶液的浓度易改变,所以用时必须当天标定。

④邻菲啰啉指示剂。称取 1.49 g 邻菲啰啉($C_{12}H_8N_2$)和 0.70 g $FeSO_4 \cdot 7H_2O$ [或 1.0 g $(NH_4)_2SO_4 \cdot FeSO_4 \cdot 6H_2O$]溶于 100 mL 水中,贮于棕色瓶内。

⑤85% H_3PO_4(分析纯)。供磷酸浴用,用前应先小心加热至约 180℃,逐尽水分。

⑥硫酸银($AgSO_4$,分析纯)。研成粉末。

⑦二氧化硅(SiO_2,粉末状)。

4.操作步骤

准确称取通过 0.25 mm 筛孔的土样[注4]0.2×××～1.0××× g(精确到 0.000 1 g)[注5],小心地装入硬质试管的底部,准确加入 0.8 mol/L（1/6 $K_2Cr_2O_7$)溶液 5.00 mL,再加入浓 H_2SO_4 5.00 mL[注6],轻轻摇动试管使土样分散。在试管上加盖一小漏斗,以冷凝加热时逸出的水汽。

将试管放入加热至约 170℃的磷酸浴[注7]中消煮。当试管内液体沸腾或有较大气泡发生时,开始计算时间[注8],并保持沸腾 5 min。取出试管,在空气中放冷 3 min 后,浸入冷水中冷却。

将试管内容物倾入 250 mL 三角瓶中,用水洗净试管及小漏斗,洗涤液应全部无损地转入三角瓶中。三角瓶内的溶液总体积控制在 60～70 mL,保持混合液中 H_2SO_4 的浓度为 2～3 mol/L（1/2 H_2SO_4）。加入邻菲啰啉指示剂 2～3 滴,用 0.2 mol/L $FeSO_4$ 标准溶液滴定,溶液变深绿色时表示将近滴定终点,此后 $FeSO_4$ 溶液须逐滴慢加,直到由绿色突变为褐红色,即为终点。

如果滴定所用 $FeSO_4$ 溶液的毫升数不到空白试验所消耗 $FeSO_4$ 溶液毫升数的 1/3,则应减少土样的称样量,重新进行测定。

每批样品测定的同时,应做 2～3 个空白试验,即用少量石英砂(粉末状 SiO_2)或灼烧过的土壤代替土样,其他步骤与土样测定相同。

5.结果计算

$$\omega(OM) = \frac{(V_0 - V) \times c \times 0.003 \times 1.724 \times f}{m} \times 1\ 000^{[注9]}$$

式中:ω(OM)——土壤有机质的质量分数/(g/kg);V_0——空白试验消耗 $FeSO_4$ 标准溶液的体积/mL;V——土样测定时消耗 $FeSO_4$ 标准溶液的体积/mL;c——$FeSO_4$ 标准溶液的浓度/(mol/L);0.003——1/4 碳原子的摩尔质量/(kg/mol);1.724——由有机碳换算为有机质的因数;f——氧化校正系数,为 1.1[注10];m——烘干土样的质量/g。

平行测定结果用算术平均值表示,保留 3 位有效数字。2 次平行测定结果的允许绝对相差如表 1-13 所列。

表 1-13　土壤有机质测定结果的允许绝对相差　　　　　　　　　　　　　　　　g/kg

有机质含量	允许绝对相差
<10	≤0.5
10～40	≤1.0
40～70	≤3.0
>100	≤5.0

(二)稀释热法

1.方法原理

稀释热法的原理(化学反应、干扰离子、结果计算)与外热源法基本相同,只是利用浓

H_2SO_4 的稀释热(温度可达 120℃)来加热氧化有机碳,不必另外加热。此法应在室温 20℃ 以上的条件下进行,如果气温较低,则应采取适当的保温措施。稀释热法对土壤中可氧化的有机碳氧化率较低,为干烧法的 70% 左右,所以测得的结果应乘以氧化校正系数 1.4。

2.试剂配制

①1 mol/L (1/6 $K_2Cr_2O_7$)溶液。称取 49.09 g $K_2Cr_2O_7$(分析纯)溶于水,稀释至 1 L[注11]。

②0.5 mol/L $FeSO_4$ 标准溶液。

A. 称取 140 g $FeSO_4 \cdot 7H_2O$(分析纯)溶于水,加入 15 mL 浓 H_2SO_4,冷却,稀释至 1 L。

B. 标定。准确称取 130℃ 烘干的 $K_2Cr_2O_7$(分析纯)约 0.5 g(精确到 0.000 1 g),放入 150 mL 三角瓶中,加水约 50 mL,溶解后加浓 H_2SO_4 约 3 mL 及邻菲啰啉指示剂 2 滴,用 $FeSO_4$ 溶液滴定,计算 $FeSO_4$ 溶液的浓度 c($FeSO_4$)(保留 4 位有效数字)。$FeSO_4$ 溶液的浓度易改变,用时必须当天标定。

③浓 H_2SO_4。浓度不小于 96%,比重 1.84,分析纯。如浓度较低,须经加热浓缩,比重达 1.84(20℃)即可使用。土壤中如有 Cl^- 存在,每升 H_2SO_4 中须加 15 g Ag_2SO_4。

④邻菲啰啉指示剂。同铬酸氧化还滴定的外热源法。

⑥二氧化硅(粉末状)。

3.操作步骤

土壤样品风干后,挑去肉眼能见的植物残体,磨细,并通过 0.25 mm 筛孔。准确称取土样 1.××××～2.××××× g(精确到 0.000 1 g,含有机质 15～35 mg),放入 500 mL 三角瓶中。准确加入 1 mol/L (1/6 $K_2Cr_2O_7$)溶液 10.00 mL,轻轻转动,使土粒分散;迅速地将 20 mL 浓 H_2SO_4 直接注入土壤悬浊液,立即轻轻转动三角瓶,使土壤与试剂充分混匀,然后较剧烈地转动,前后共计转动 1 min。把三角瓶静放在石棉网上 30 min(室温应在 20℃ 以上)。

然后加入约 200 mL 水和 3～4 滴邻菲啰啉指示剂,用 0.5 mol/L $FeSO_4$ 标准溶液滴定。溶液变深绿色时表示将近滴定终点,此后 $FeSO_4$ 液须逐滴慢加,直到由绿色突变为褐红色,即为终点。在每批土样测定的同时,做 2～3 份空白试验,除不加土样外,其他手续均同上。

如果样品测定中有 75% 以上的 $K_2Cr_2O_7$ 已被还原时,必须减少称样量重做;反之 $K_2Cr_2O_7$ 净耗量太少时,最好增加称样量重做,但土样量最多不能超过 10 g。

4.结果计算

除氧化校正系数(f)为 1.4 外,计算公式同铬酸氧还滴定的外热源法的计算公式。

5.注释

[1]华北地区土壤有机质含量一般为 6～15 g/kg,不同肥力等级的土壤有机质含量如表 1-14 所列。

表 1-14　华北地区土壤有机质含量

不同肥力等级的土壤	土壤有机质含量/(g/kg)
高肥力地	>20
上等肥力地	15~20
中等肥力地	10~15
低肥力地	5~10
薄沙地	<5

[2]为了消除土壤中少量 Cl^- 的干扰,可以加入少量 Ag_2SO_4(约 1.0 g),它不仅能沉淀 Cl^-,还能促进有机质分解。据研究,当使用 Ag_2SO_4 时,氧化校正系数应为 1.04,不使用时为 1.1。Ag_2SO_4 的用量不能太多,否则会生成 $Ag_2Cr_2O_7$ 沉淀而影响测定结果。

水稻土或长期处于渍水条件下的土壤中,由于含有 Fe^{2+} 和其他还原性物质会影响测定结果,产生误差。为了消除 Fe^{2+} 干扰,必须将新采回的土壤晾干压碎、平铺成薄层,每天翻动 1~2 次,在空气中暴露 10 d 左右之后,方可进行分析。

[3]可通过以下方法标定 0.8 mol/L (1/6 $K_2Cr_2O_7$)溶液的准确浓度:分别吸取 5.00 mL 0.8 mol/L (1/6 $K_2Cr_2O_7$)溶液和 5.00 mL 浓 H_2SO_4,放入 250 mL 三角瓶中,加水稀释至 60~70 mL,加入邻菲啰啉指示剂 2 滴,用 0.2 mol/L $FeSO_4$ 标准溶液滴定,计算 0.8 mol/L (1/6 $K_2Cr_2O_7$)溶液的准确浓度。

[4]将通过孔径 2mm 筛的土样,在牛皮纸上铺成薄层,划分成多个小方格。用小勺于每个方格中,取等量的土样(总量不得少于 20 g)于玛瑙研钵中研磨,使之全部通过 0.25mm 筛,混合均匀后备用。

[5]本方法适用于测定土壤有机质含量在 15% 以下的土壤样品。为了保证有机质能被氧化完全,反应终了时 $K_2Cr_2O_7$ 的浓度应维持在 0.1 mol/L(1/6 $K_2Cr_2O_7$)以上。据此,土样的称量应视土壤有机质的含量而定,如表 1-15 所列。

表 1-15　土壤有机质含量测定时的称样量

土壤有机质含量/(g/kg)	称样量/g
>50	0.1
50	0.2
30~40	0.3
20	0.5
10	1.0

[6]外热源法测定土壤有机质时,应准确加入 0.4 mol/L (1/6 $K_2Cr_2O_7$-H_2SO_4)溶液 10.00 mL,但在实际工作中,该溶液配制时若室温低,容易析出 $K_2Cr_2O_7$ 结晶,使溶液浓度降低,应加热待其全部溶解后方能使用。因此,可以配制 0.8 mol/L(1/6 $K_2Cr_2O_7$)溶液,便于保存,在进行标定和测定未知样品时按照等体积与浓 H_2SO_4 混合后再用。

浓 H_2SO_4 比重大,黏滞性强,如使用直吸移液管加入时应在硬质试管口处停留 1 min,也可使用分液器加样。加入浓 H_2SO_4 后会出现分层现象,$K_2Cr_2O_7$ 溶液在上层,浓 H_2SO_4 在下层,轻轻摇动使溶液混匀,盖上小漏斗后,再放入磷酸浴中进行消煮。

[7]加热的方式有多种,如电热板加热、油浴、石蜡浴或磷酸浴加热等。本实验选用磷酸浴,它可避免因污染(如油浴、石蜡浴)而造成的误差;且器皿用后易洗涤,但磷酸的腐蚀性较强,必须用玻璃器皿盛装。

[8]必须在试管内溶液沸腾或有大气泡生成时才开始计算时间。掌握沸腾的标准应尽量一致,继续煮沸的 5 min 也应尽量读记准确。

[9]为了避免必须每日标定 $FeSO_4$ 溶液的准确浓度之烦,测量结果也可改用下式计算。

$$\omega(OM) = \frac{(1-V/V_0) \times c(Cr) \times V(Cr) \times 0.003 \times 1.724 \times f}{m} \times 1\,000$$

式中:$\omega(OM)$——土壤有机质的质量分数/(g/kg);$c(Cr)$——$K_2Cr_2O_7$ 标准溶液的浓度/(mol/L)($1/6\ K_2Cr_2O_7$);$V(Cr)$——$K_2Cr_2O_7$ 标准溶液所用体积/10.00 mL;$(1-V/V_0) \times c(Cr) \times V(Cr)$ 的来源是:空白标定时,$c(Cr) \times V(Cr) = c(Fe) \times V_0$,即 $c(Fe) = c(Cr) \times (Cr)/V_0$,将此式代入正文计算式的 $(V_0-V) \times c(Fe)$ 项中,即得 $(1-V/V_0) \times c(Cr) \times V(Cr)$。

[10]本方法不适用于氯化物含量较高的土壤。若 Cl^- 含量低于 1‰ 时,可加入适量 Ag_2SO_4,此时氧化校正系数应为 1.04。对于 Cl^- 含量多的盐土($Cl/C > 5$,原子比),可采用校正方法消除,即先测定 Cl^- 含量,在计算 OM 含量时减去 Cl^- 的影响,以进行校正。

土壤 OM%(已校正)= 实测 OM%(未校正)- $1/7$ 土壤 Cl^- %

[11]可通过以下方法标定 1.0 mol/L($1/6\ K_2Cr_2O_7$)溶液的准确浓度,吸取 10.00 mL 1 mol/L($1/6\ K_2Cr_2O_7$)溶液,放入 250 mL 三角瓶中,加水约 40 mL,再加入 3 mL 浓 H_2SO_4,邻菲啰啉指示剂 2~3 滴,用 0.5 mol/L $FeSO_4$ 标准溶液滴定,计算 1.0 mol/L($1/6\ K_2Cr_2O_7$)溶液的准确浓度。

🅠 思考与讨论

1. 土壤有机质测定的方法有哪些?各有什么优缺点?

2. 试述铬酸氧还滴定法测定土壤有机质的方法原理。

3. 外热源法与稀释热法的测定条件是什么?二者有何不同?

4. 铬酸氧还滴定法测定土壤有机质时,什么是换算系数?什么是氧化校正系数?

5. 外热源法测定土壤有机质时,如果消煮过程中试管内溶液由橘红色变成明亮的草绿色,说明什么问题?应如何解决?

6. 外热源法测定土壤有机质时,使用的 0.4 mol/L($1/6\ K_2Cr_2O_7$-H_2SO_4)溶液析出了结晶,该如何处理?

7. 外热源法测定土壤有机质时,干扰因素有哪些?应如何消除其影响?

七、土壤全氮的测定
——半微量开氏法

▶▶目的◀◀

1.了解土壤全氮测定的不同方法及其各自的优缺点。

2.熟悉开氏反应及其特点。

3.掌握开氏法测定土壤全氮的原理。

4.掌握土壤全氮测定时消煮过程的条件控制。

5.掌握蒸馏法测定铵态氮的原理及条件。

土壤中的氮素可分为有机态和无机态两大部分,二者之和称为全氮。其中绝大部分以有机态氮为主,其数量可占全氮量的 90％以上,主要以蛋白质、核酸、氨基糖和腐殖质等化合物形式存在。虽然植物能够直接吸收某些简单的有机氮,但是对植物的氮素营养来说,有机氮的极大部分必须经过微生物分解变成无机态氮后才能被植物吸收利用。土壤无机氮包括铵态氮、硝态氮和亚硝态氮,它们是植物能够直接吸收利用的氮素,但是一般在土壤中的含量极低,仅占全氮的 1％～5％。因此,土壤全氮的测定结果不一定能反映采样当时的土壤氮素供应强度,但它可以代表土壤总的供氮水平,从而为评价土壤基本肥力[注1]、为经济合理施用氮肥以及采取各种农业措施,以促进有机氮矿化过程等提供科学依据。

土壤全氮的测定方法可以分为两大类,即干烧法和湿烧法。干烧法是杜马(Dumas,1831年)创设,又称杜氏法。经典的杜氏法操作烦琐、费时,在土壤分析中很少采用。湿烧法是丹麦人开道尔(J. Kjeldahl,1883 年)创设,又称开氏法。自创立以来,经过许多人进行研究,提出了许多改进方法。此法使用的仪器设备简单,操作简便、省时,结果可靠、再现性好,因而,用浓硫酸消煮土样的开氏法迄今仍是土壤全氮分析中应用最普遍的一种方法。下面介绍以 K_2SO_4-$CuSO_4$-Se 为加速剂的半微量开氏法。

(一)方法原理

开氏法分为样品的消煮(也称消化)和消煮液中铵态氮的定量两大步骤。

1.样品的消煮

样品用浓硫酸高温消煮时,样品中的有机碳被氧化分解成二氧化碳和水逸出,而各种含氮有机化合物则经过复杂的分解反应而转化成铵态氮(硫酸铵),这个复杂的反应称为开氏反应。

$$C + 2H_2SO_4(浓) = CO_2 \uparrow + 2SO_2 \uparrow + 2H_2O \uparrow$$

$$有机 N + H_2SO_4(浓) \xrightarrow{\triangle} (NH_4)_2SO_4$$

开氏反应的速率较慢,为了加快消煮过程,缩短分析时间,通常需要利用加速剂来加速消煮过程。加速剂的成分按其功效可分为增温剂、催化剂和氧化剂。常用的增温剂是硫酸钾和无水硫酸钠,它可以提高消煮液的沸点,升高消煮温度,加速分解过程。为了既加快消煮过程又不至于温度过高导致氮的损失,一般消煮温度要求控制在 360～410℃。

如果温度低于 360℃,消煮不容易完全,特别是杂环氮化合物不易分解;温度过高又易引起氮素的损失。温度的高低决定于加入盐(增温剂)的多少,一般应控制在每毫升浓硫酸中含 0.3～0.6 g 盐,借以提高消煮溶液的沸点,加速高温分解过程。开氏法中用的催化剂的种类很多,主要有 Hg、HgO、$CuSO_4$、Se 等。其中 $CuSO_4$ 催化效率虽不及 Hg 和 Se,但使用时比较安全,不易引起氮素的损失。现今多采用 Cu-Se 与增温剂的盐配成粉剂或压成片状联合使用,效果较好。常用的氧化剂有 $K_2Cr_2O_7$、$KMnO_4$、$HClO_4$ 和 H_2O_2 等。但氧化剂的作用很激烈,容易造成氮素的损失,使用时必须谨慎。

消煮终点的判断即样品中的有机态氮是否已完全转化成铵盐,不能以消煮液是否清澈来判断。通常是消煮液由棕褐色变为灰白、灰绿色后尚须"后煮"一定时间,以保证有机态氮特别是难分解的杂环氮能定量地转化成铵盐。

通用的开氏法测定的土壤全氮中不包括全部硝态氮和亚硝态氮。由于土壤中硝态氮和亚硝态氮,一般情况下含量极少,可以忽略不计。所以通用的开氏法测定的结果,可作为土壤的全氮量。如测定精度要求高,需要包括全部硝态氮和亚硝态氮时,则应在开氏消煮之前,需对样品进行预处理过程,常用的方法有高锰酸钾-还原铁法、水杨酸法等。高锰酸钾-还原铁法是先用高锰酸钾将土样中的亚硝态氮氧化成硝态氮,再用还原铁粉将硝态氮还原成铵态氮,然后进行开氏消煮。此法适用于干或湿土样,且能定量地回收硝态氮和亚硝态氮,是最常用的方法。

2. 消煮液中铵态氮的定量

消煮液中的铵态氮可根据要求和实验室条件选用蒸馏法、扩散法或比色法等测定。其中,最常用的蒸馏法是将含 $(NH_4)_2SO_4$ 的土壤消煮液碱化,使氨(NH_3)逸出,用硼酸溶液吸收,然后用标准酸溶液滴定硼酸中吸收的氨,从而计算土样中全氮的含量。其反应为:

$$(NH_4)_2SO_4 + 2NaOH = Na_2SO_4 + 2NH_3\uparrow + 2H_2O$$

$$NH_3 + H_3BO_3 = H_3BO_3 \cdot NH_3 (或写作 NH_4^+ + H_2BO_3^-)$$

$$H_3BO_3 \cdot NH_3 + HCl = NH_4Cl + H_3BO_3$$

硼酸吸收的 NH_3 量大致可按照每毫升 1% H_3BO_3 最多能吸收 0.46 mg N 计算。如 1 mL 2% H_3BO_3 溶液最多可吸收 $1\times 2\times 0.46 \approx 1$ mg N。土壤全氮测定中使用 5 mL 2% H_3BO_3 溶液。

(二)主要仪器设备

分析天平(感量为 0.000 1 g)、250 mL 消煮管、消煮炉、半自动定氮仪。

(三)试剂配制

①浓硫酸(分析纯)。

②10 mol/L NaOH 溶液。200 g NaOH(分析纯)放入大硬质烧杯中,加水约 500 mL,不断搅动,溶解后转入塑料瓶中,加塞,防止吸收空气中的 CO_2。此液浓度约为 10 mol/L 或 40% (m/V) NaOH。

③0.01 mol/L HCl(或 1/2 H_2SO_4)标准溶液。每 1 L 水中注入 9 mL 浓 HCl(分析纯)或 3 mL 浓 H_2SO_4(分析纯),冷却,充分混匀,即为约 0.1 mol/L 的酸溶液。用硼砂($Na_2B_4O_7$·

$10H_2O$)或 160℃烘干的 Na_2CO_3 标定其准确浓度(约 0.1 mol/L HCl 或 1/2 H_2SO_4)[注2]。将上述已标定准确浓度的酸溶液,用煮沸并冷却的、纯度能满足分析要求的水准确稀释 10 倍,即为 0.01 mol/L 的标准酸溶液(保留 4 位有效数字)。如水质较差,则应将稀释后的酸直接用 Na_2CO_3 或硼砂标定。

④甲基红-溴甲酚绿混合指示剂[注3]。分别称取 0.066 g 甲基红和 0.499 g 溴甲酚绿,放于玛瑙研钵中。用量筒量取 100 mL 95%乙醇,分几次加入少量乙醇,研磨至指示剂完全溶解为止。用吸管将溶液转入 100 mL 棕色滴瓶中,并用剩余乙醇将玛瑙研钵清洗干净,并全部转入滴瓶中,摇匀后备用。

如果没有玛瑙研钵,可以按照以下方法配制:分别称取 0.066 g 甲基红和 0.499 g 溴甲酚绿,放入 250 mL 烧杯中,用量筒加入 100 mL 95%乙醇,将烧杯放在超声波清洗器中,超声促溶 15~20 min,然后将烧杯中溶液转入 100 mL 棕色滴瓶中,摇匀后备用,宜避光保存。

⑤2% H_3BO_3-指示剂混合溶液。20 g H_3BO_3(分析纯)溶于水,加水至 1 L。在使用前,每升 H_3BO_3 溶液中加入甲基红-溴甲酚绿混合指示剂 20 mL,并用稀酸(0.01 mol/L HCl)或稀碱(0.01 mol/L NaOH)调节至紫红色,此时该溶液的 pH 约为 4.5[注4]。

⑥加速剂。100 g K_2SO_4 或无水 Na_2SO_4(分析纯),10 g $CuSO_4 \cdot 5H_2O$(分析纯)和 1 g 硒粉于研钵中研细,必须充分混合均匀[注5]。

⑦高锰酸钾溶液。25 g 高锰酸钾(分析纯)溶于 500 mL 水中,贮于棕色瓶中。

⑧(1+1)硫酸溶液。

⑨还原铁粉。磨细通过孔径 0.15 mm(100 目)筛。

⑩辛醇。

(四)操作步骤

①称取风干土样(通过 0.25 mm 筛)1.××××g(含氮约 1 mg)[注6],同时测定土样水分含量,以换算成烘干土样质量。

②土样消煮。

A. 不包括硝态氮和亚硝态氮的消煮。将土样小心地送入干燥的 250 mL 消煮管底部,加入 2 g 加速剂和 5 mL 浓硫酸,摇匀。盖上小漏斗,将消煮管置于已升温至 360℃的消煮炉上,加热 15~20 min,可观察到白色的硫酸蒸汽在消煮管上部 1/3 处冷凝回流,消煮液和土粒逐渐由棕褐色变为灰绿色或灰白色时,再继续消煮 1 h,以保证有机氮转化完全。全部消煮时间需 80~90 min。消煮完毕,冷却,以待蒸馏。在消煮土样的同时,做 2 份空白测定,除不加土样外,其他操作皆与测定土样时相同。

B. 包括硝态氮和亚硝态氮的消煮。将土样小心送入干燥的 250 mL 消煮管底部,加入 1 mL 高锰酸钾溶液,摇匀,缓缓加入(1+1)硫酸 2 mL,不断转动消煮管,然后放置 5 min,再加入 1 滴辛醇。通过长颈漏斗将 0.5 g(±0.01 g)还原铁粉送入消煮管底部,管口盖上小漏斗,转动消煮管,使铁粉与酸接触,待剧烈反应停止时(约 5 min),将消煮管缓缓加热 45 min(管内土液应保持微沸,以不引起大量水分丢失为宜)。停火,待消煮管冷却后,通过长颈漏斗加入 2 g 加速剂和 5 mL 浓硫酸,摇匀。按上述 A 步骤,消煮至土壤溶液全部变为黄绿色,再继续消煮 1 h。消煮完毕,冷却,以待蒸馏。在消煮土样的同时,做 2 份空白测定。

③氨的蒸馏。

A. 蒸馏前先检查蒸馏装置是否漏气,并通过水的馏出液将管道洗净,注意打开冷凝水[注7]。

B. 待消煮液冷却后，加入少量去离子水，摇匀后准备蒸馏。

首先，在 150 mL 锥形瓶中加入 5 mL 2%硼酸-指示剂混合液，放在冷凝管末端，管口置于硼酸液面以上 3~4 cm 处。其次，将 250 mL 消煮管直接装到蒸馏器上，注意密闭性。然后向蒸馏室缓缓加入 20 mL 10 mol/L NaOH 溶液[注8]，通入蒸汽蒸馏，待馏出液体积约为 75 mL时，即蒸馏完毕[注9]。用少量已调节至 pH 4.5 的水洗涤冷凝管的末端。

C. 用 0.01 mol/L 标准酸溶液滴定馏出液由蓝绿色至刚变为紫红色。记录所用的标准酸溶液的体积(mL)。空白测定所用标准酸溶液的体积，一般不得超过 0.40 mL[注10]。

(五)结果计算

$$\omega(N) = \frac{(V - V_0) \times c \times 0.014}{m} \times 1\,000$$

式中：$\omega(N)$——土壤全氮的质量分数/(g/kg)；c——标准酸溶液的浓度/(mol/L)；V——滴定试液时所用标准酸溶液的体积/mL；V_0——滴定空白时所用标准酸溶液的体积/mL；0.014——氮原子的摩尔质量/(kg/mol)；m——烘干土样质量/g。

平行测定结果用算术平均值表示，保留 3 位有效数字。平行测定结果的允许相差如表 1-16 所列。

表 1-16　土壤全氮平行测定结果的允许相差　g/kg

土壤含氮量	绝对相差
>1	≤0.05
1~0.6	≤0.04
<0.6	≤0.03

(六)注释

[1]华北地区土壤全氮的分级指标如表 1-17 所列。

表 1-17　华北地区土壤全氮的分级指标

土壤全氮水平	土壤全氮量/(g/kg)
低	<0.5
中	0.5~0.8
高	>0.8

注：以上指标仅供测定结果应用时参考。

[2]可用硼砂或 Na_2CO_3 为标定剂。

以硼砂为标定剂的手续如下：①硼砂($Na_2B_4O_7 \cdot 10H_2O$)必须保存于相对湿度 60%~70%的气氛中，以确保硼砂含 10 个结晶水。通常可在干燥器的底部放置 NaCl 和蔗糖的饱和溶液(并有二者的固体存在)，密闭容器中空气的相对湿度为 60%~70%。②称取硼砂 0.4~0.6 g(精确到 0.000 1 g)3 份，分别放入 250 mL 锥形瓶中，溶于约 30 mL 的水中。加 1~2 滴甲基红-溴甲酚绿指示剂(或 0.2%甲基红指示剂)，用配好的 0.1 mol/L 酸溶液滴定至溶液变为紫红色,即为终点(甲基红的终点为由黄色变成微红色)。同时做空白试验。

$$c = \frac{m}{(Na_2B_4O_7 \cdot 10H_2O/2\,000) \times (V - V_0)} = \frac{m}{0.190\,7 \times (V - V_0)}$$

式中:c——标准酸浓度/(mol/L);m——称取硼砂的质量/g;V 和 V_0——标定和空白试验所用酸溶液的体积/mL。

以 Na_2CO_3 为标定剂的手续如下:称取 160℃下烘干 2 h 以上的 Na_2CO_3(优级纯或分析纯)0.1～0.2 g(精确到 0.000 1 g)3 份,分别放入 250 mL 锥形瓶中,加入约 30 mL 的水溶解。加 1～2 滴甲基红-溴甲酚绿混合指示剂,用 0.1 mol/L 酸溶液滴定至溶液由蓝绿色变为紫红色,煮沸 2～3 min 逐尽 CO_2,冷却后继续滴定至紫红色,即为终点。同时做空白试验。

$$c = \frac{m}{(Na_2CO_3/2\,000) \times (V - V_0)} = \frac{m}{0.053\,00 \times (V - V_0)}$$

式中:c——标准酸浓度/(mol/L);m——称取 Na_2CO_3 的质量/g;V 和 V_0——标定和空白试验所用的酸溶液的体积/mL。

[3]甲基红-溴甲酚绿混合指示剂的配制方法有 2 种:一是称取 0.066 g 甲基红和 0.499 g 溴甲酚绿混合;另一种是称取 0.066 g 甲基红和 0.099 g 溴甲酚绿混合。前者配好的指示剂颜色变化为红色—紫红色—蓝色,后者则为粉红色—紫红色—绿色。可任选一种方式进行配制。

[4]甲基红-溴甲酚绿混合指示剂最好在使用当天与 2% H_3BO_3 溶液混合,以便滴定时终点颜色变化明显;如混合过久可能使终点不灵敏。

[5]在配制加速剂时,先将 10 g $CuSO_4 \cdot 5H_2O$ 和 1 g Se 粉放入研钵中,研细混匀,然后再将 100 g K_2SO_4 分 3～4 次加入研钵中,研细并过 0.5 mm 筛,待全部混合均匀后备用。

[6]土样的称样量应视土壤全氮含量的多少而定,如表 1-18 所列。若土样含氮量较高,则应相应减少称样量,此时最好将土样磨得更细些(通过 0.1～0.15 mm 筛)。

表 1-18 土壤全氮含量测定时的称样量

土壤全氮含量/(g/kg)	称样量/g
>2	<0.5
1～2	0.5～1
<1	1～1.5

[7]在蒸馏时务必将冷凝水打开,因为馏出液的温度超过 40℃,氨就会以气体形式挥发损失掉。

[8]应保证碱够量,造成溶液碱性条件,氨才能被蒸馏出来,可通过蒸馏液以及接收瓶中溶液的颜色变化来进行判断。如加入碱后,蒸馏液出现棕褐色 CuO 沉淀,或蓝色 $Cu(OH)_2$ 沉淀,同时接收瓶中溶液由紫红色变为蓝绿色,则说明碱够量。如无上述 2 种沉淀产生,接收瓶中溶液也不变色,则说明碱可能不够量,需补加碱量。

[9]蒸馏液收集体积应注意空白试验与未知样品的一致性,以减小误差,提高测定的准确度。

[10]空白试验的测定应放在未知样品之前,如不符合要求,应重新清洗仪器后再测定。

❓ 思考与讨论

1. 什么是开氏反应？开氏反应中使用的加速剂包括哪几种？
2. 开氏法测试土壤全氮时主要包括哪两大步骤？
3. 开氏法测定土壤全氮的消煮过程需要控制哪些条件？
4. 土壤全氮消煮过程中为什么要"后煮"1 h？"后煮"的作用是什么？
5. 测定土壤全氮时，消煮液中铵态氮的定量过程应注意哪些条件的控制？
6. 甲基红-溴甲酚绿指示剂如何配制？
7. 2% H_3BO_3-甲基红-溴甲酚绿指示剂混合溶液为什么最好使用当天配制？
8. 蒸馏过程中时如何判断碱加入量是否足够？

八、土壤有效氮的测定

▶目的◀

1. 掌握土壤有效养分的概念。
2. 了解土壤有效氮的存在形态及其常用测定方法的优缺点。
3. 掌握土壤无机氮测定的浸提方法与定量方法。
4. 掌握土壤碱解氮测定的方法原理与反应条件。
5. 了解土壤矿化氮的测定方法。

土壤有效养分是指在一定时间内(通常是指一个生长季节内),作物可以吸收、利用的土壤养分。测定这部分养分的含量对施肥具有重要的指导意义。通常选用适当的化学试剂与土壤作用,将其中养分的有效部分溶解出来,经过分离后用定量分析方法加以定量测定,以此量作为评价土壤供肥能力强弱的指标。测试关键在于浸提剂的确定,使用不同的浸提剂进行测定,会得到不同的结果,相应的评价指标也有所不同。化学方法测定土壤有效养分的数值不是植物吸收养分的绝对数量,而只是一个相对值。

土壤对作物的氮素供应量决定于前季作物收获后残留于土壤剖面中的无机氮量和作物生长期间通过矿化作用所释放出的矿化氮量。因此,测定土壤有效氮的方法包括测定无机态氮(初始无机氮)和可矿化态氮两类。作物根层土壤剖面中的无机氮(Nmin,$NO_3^- $—N + $NH_4^+ $—N)与施入土壤的无机氮素化肥是等效的,确定施肥量应考虑这部分氮量。在一定的土壤、气候条件下,无机氮量(Nmin)可作为土壤氮素供应能力的指标。

可矿化态氮是指当季土壤中可以矿化的有机态氮,又称易矿化氮或潜在有效氮。测定可矿化态氮的方法有生物学方法(培养法)和化学方法。生物学方法是将土壤样品置于给定的条件下培养一定时间后,测定其矿化出的氮量。按照培养条件不同,可分为好气培养和嫌气培养2种。生物学方法的原理与田间有机态氮的矿化作用相同,测定结果与作物吸收氮的相关性高,是测定土壤有效氮的很好方法。其主要缺点是费工、费时,不适用于大批样品的测定。化学方法是根据土壤中容易分解的有机态氮有效性较高,难分解的有机态氮有效性低的原理,用化学试剂将容易分解的有机态氮从土壤中分离出来,然后测定其含量,以此作为土壤有效氮量的指标。常用的化学试剂有酸(酸解氮)、碱(碱解氮)以及碱或酸加氧化剂(氧化降解氮)等。化学方法的优点是快速、简便,重现性好。但它的测定原理与土壤微生物转化有机氮的作用完全不同,测定结果与作物吸收氮的相关性不如生物学方法好,迄今还没有很满意的测定土壤有效氮的化学方法。

(一)土壤无机氮的测定

1. 土壤铵态氮的测定——2 mol/L KCl 或 1 mol/L NaCl 浸提-靛酚蓝分光光度法

土壤中的 $NH_4^+ $—N 主要呈交换态存在,一般多采用 2 mol/L KCl 溶液为浸提剂。但为了与紫外分光光度法测定 NO_3^-—N 能用同一浸出液,也可用 1 mol/L NaCl 溶液为浸提剂。浸出液中的 NH_4^+ 可选用蒸馏、分光光度或氨电极等法测定。本实验选用较灵敏的靛酚蓝分光光度法测定。

(1)方法原理　土壤浸出液中的 NH_4^+—N 在碱性介质(pH 10.5～11.7)中与酚和次氯酸盐作用,生成蓝色的水溶性染料靛酚蓝[注1],其吸光度与 NH_4^+—N 含量呈正比,可用分光光度法测定。

本实验采用硝普钠[亚硝基铁氰化钠,或称亚硝酰基五氰基合铁(Ⅲ)酸钠,$Na_2Fe(CN)_5NO$]为反应的催化剂,它能加速显色,增强蓝色深度和颜色的稳定性。在室温(20℃左右)下显色较慢,一般须放置 1 h 后比色,完全显色需 2～3 h,生成的蓝色很稳定,24 h 内吸光度无显著变化。在碱性介质中二价、三价阳离子有干扰,可加入 EDTA、酒石酸钾钠等螯合剂掩蔽。用 1 cm 光径的比色槽在分光光度计上 625 nm 处测定吸光度。显色液中 NH_4^+—N 的浓度在 0.05～0.5 mg/L 范围内符合比耳定律。

(2)主要仪器设备　200 mL 或 250 mL 塑料瓶、往复式振荡机、分光光度计。

(3)试剂配制

①2 mol/L KCl 或 1 mol/L NaCl 溶液。149.1 g KCl(分析纯)或 58.4 g NaCl(分析纯)溶于水,稀释至 1 L。

②酚溶液。10.0 g 苯酚和 100 mg 硝普钠[亚硝基铁氰化钠,$Na_2Fe(CN)_5NO·2H_2O$]溶于 1 L 水中。此试剂不稳定,须贮于暗色瓶中,存放在 4℃ 冰箱中。注意硝普钠剧毒。

③次氯酸钠碱性溶液。10.0 g NaOH,7.06 g $Na_2HPO_4·7H_2O$(或 9.43 g $Na_2HPO_4·12H_2O$),31.8 g $Na_3PO_4·12H_2O$ 和 10 mL 5.25% NaOCl(即含有效氯 5% 的漂白剂溶液)溶于 1 L 水中。此试剂应与酚溶液同样保存。

④掩蔽剂。40%(m/V)酒石酸钾钠溶液与 10%(m/V)EDTA 二钠溶液等体积混合。每 100 mL 混合液中加入 0.5 mL 10 mol/L NaOH 溶液,即得清亮的掩蔽剂溶液。

⑤NH_4^+-N 标准贮备液[$\rho(N) = 100$ mg/L]。0.471 7 g 干燥的 $(NH_4)_2SO_4$ 溶于水,定容 1 L,存放于冰箱中。

⑥NH_4^+-N 标准工作溶液[$\rho(N) = 5$ mg/L]。测定当天用水将 100 mg/L NH_4^+-N 标准贮备液准确稀释 20 倍后使用。

(4)操作步骤

①称取新鲜土样 20.0 g[注2],放入 200 mL 或 250 mL 塑料瓶中,用量筒或分液器加入 100 mL 2 mol/L KCl 或 1 mol/L NaCl 溶液(V_1),用橡皮塞塞紧或盖好盖子,振荡 30 min,过滤。

②准确吸取浸出液 2.00～10.00 mL(V_2,NH_4^+—N 2～25 μg)放入 50 mL 容量瓶中,用浸提剂补足至总体积为 10.00 mL,然后用水稀释至约 30 mL,依次加入 5.00 mL 酚溶液和 5.00 mL 次氯酸钠碱性溶液,摇匀,在 20℃ 左右室温下放置 1 h 后,加入 1.00 mL 掩蔽剂,以溶解可能生成的沉淀物[注3],然后用水定容(V_3)。用 1 cm 比色槽在 625 nm 波长处(或红色滤光片)进行测定,用空白试验溶液(只有同量试剂但无土壤浸出液的空白溶液)调节仪器的零点。

③校准曲线或直线回归方程。准确吸取 5 mg/L NH_4^+—N 标准工作溶液 0 mL、0.50 mL、1.00 mL、2.00 mL、3.00 mL、4.00 mL、5.00 mL,分别放入 50 mL 容量瓶中,各加入 10.00 mL 浸提剂,同上显色和测读吸光度,然后绘制校准曲线或求回归方程。标准系列溶液的浓度为

0 mg/L、0.05 mg/L、0.1 mg/L、0.2 mg/L、0.3 mg/L、0.4 mg/L、0.5 mg/L。

(5)结果计算

$$\omega(NH_4^+—N) = \rho(N) \times (V_3 / m) \times (V_1 / V_2)$$

式中:$\omega(NH_4^+—N)$——土壤 $NH_4^+—N$ 的质量分数/(mg/kg);$\rho(N)$——从校准曲线或回归方程求得显色液中 $NH_4^+—N$ 浓度/(mg/L);V_1——浸提剂体积/mL;V_2——吸取浸出液体积/mL;V_3——显色液体积/mL;m——烘干土样质量[注4]/g。

(6)注释

[1]反应过程可用下列各式表示:

$$NH_3 + NaOCl \longrightarrow NH_2Cl + NaOH$$
（次氯酸钠）　　（氯胺）

$NH_2Cl + HO$—⬡—$+ NaOH \longrightarrow HO$—⬡—$NH_2 + NaCl + H_2O$
（苯酚）　　　　　　　　　　　　（对-氨基苯酚）

HO—⬡—$NH_2 + NaOCl \longrightarrow O$=⬡=$NH + NaCl + H_2O$
（对-苯醌亚胺）

O=⬡=$NH + NaOCl \longrightarrow O$=⬡=$NCl + NaOH$
（对-苯醌氯亚胺）

O=⬡=$NCl + $⬡$—OH + 2NaOH \longrightarrow O$=⬡=$N$—⬡—$ONa$
（靛酚蓝染料）
$+ NaCl + H_2O$

[2]土样经风干或烘干可能引起 $NH_4^+—N$ 和 $NO_3^-—N$ 含量的变化,故通常需用新鲜土样测定,因此需要同时测定水分含量,以便将新鲜土样重量换算成烘干土量,再计算结果。

[3]掩蔽剂应在显色后、定容前加入。如果沉淀物较多,可以增加掩蔽剂的用量,加入2.00 mL。如加入过早,会使显色反应慢,蓝色偏浅;加入过晚,则生成的氢氧化物沉淀可能老化而不易溶解。在约 20℃时放置 1 h 即可加掩蔽剂。

[4]新鲜土样质量换算成烘干土质量的计算公式为:

$$m(干土样) = m_1(鲜土样) \times 100/(100+H)$$

式中:H——新鲜土样水分含量/%。如用风干土样测定,则水分可略而不计。

2. 土壤硝态氮的测定——1 mol/L NaCl 浸提-紫外分光光度法

$NO_3^-—N$ 易溶于水,在多数土壤上不被土壤胶粒所吸附,用水即可浸提出来。但为了获得澄清无色、不含或少含干扰物质的浸出液,常用 $CaSO_4$、$CuSO_4$、K_2SO_4 等作为澄清剂。浸出液中的 $NO_3^-—N$ 可用紫外分光光度法、酚二磺酸分光光度法、还原-蒸馏法或硝酸根电极法等测定。

（1）紫外分光光度法

①方法原理。土壤浸出液中的 NO_3^-，在紫外分光光度计波长约 210 nm 处，有较高的吸光度，而浸出液中的其他物质，除 OH^-、CO_3^{2-}、HCO_3^-、NO_2^-、Fe^{3+} 和有机质等外，吸光度均很小。将浸出液加酸中和酸化，即可消除 OH^-、HCO_3^-、CO_3^{2-} 的干扰。NO_2^- 一般含量极少，也较易消除[注1]。因此，用锌还原法或校正因数法消除有机质等物质的干扰后，即可用紫外分光光度法直接测定 NO_3^-—N 的含量。

A. 锌还原法（差值法）。取一份土壤浸出液或适当稀释的浸出液，酸化后在 210 nm 处测读吸光度（A_1），它为 NO_3^- 和非 NO_3^- 物质吸光度之和；取另一份酸化后，加镀铜的锌粒，使 NO_3^- 还原成吸光度很小的 NH_4^+—N，再测读吸光度（A_2），它为各种非 NO_3^- 物质的吸光度。二者之差值（$\Delta A = A_1 - A_2$），即为 NO_3^- 的吸光度。ΔA 与 NO_3^- 的浓度成正比，可用回归方程计算或查校准曲线求得 NO_3^-—N 含量。

B. 校正因数法。待测液酸化后，分别在 210 nm 和 275 nm 处测读吸光度。A_{210} 是 NO_3^- 和以有机质为主的杂质的吸光度；A_{275} 只是有机质的吸光度，因为 NO_3^- 在 275 nm 处已无吸收。但有机质在 275 nm 处的吸光度比在 210 nm 处的吸光度要小 R 倍，故将 A_{275} 校正为有机质在 210 nm 处应有的吸光度后，从 A_{210} 中减去，即得 NO_3^- 在 210 nm 处的吸光度（$\Delta A = A_{210} - A_{275} \times R$）。$\Delta A$ 与 NO_3^- 的浓度呈正比，可用回归方程计算或查校准曲线求得 NO_3^-—N 含量。

②主要仪器设备。紫外-可见分光光度计。

③试剂配制。

A. 1 mol/L NaCl 溶液。同土壤铵态氮的测定。

B. 10%（V/V）H_2SO_4 溶液。10 mL H_2SO_4（分析纯）注入 90 mL 水中，混匀。

C. 镀铜的锌粒。取约 100 g 锌粒（分析纯，不规则形的锌粒）用 50 mL 1% H_2SO_4 溶液浸泡几分钟，洗净表面，再用水冲洗 3~4 次，沥干后，加入 50 mL 水和 25 mL 25%（m/V）$CuSO_4$·$5H_2O$ 溶液，搅匀，放置约 30 min，使锌粒表面镀上一层黑色金属铜。倾去 $CuSO_4$ 溶液，用水洗涤锌粒 2 次，再用 0.5% H_2SO_4 溶液浸洗一次，最后用水冲洗 4~5 次，晾干。

D. NO_3^-—N 标准贮备液[$\rho(N) = 100$ mg/L]。0.722 1 g 干燥的 KNO_3（分析纯）溶于水，定容 1 L，存放于冰箱中。

E. NO_3^-—N 标准工作溶液[$\rho(N) = 10$ mg/L]。用水将 100 mg/L NO_3^-—N 标准贮备液准确稀释 10 倍后使用。

④操作步骤。

A. 锌还原法。

a. 可用饱和 $CaSO_4$ 溶液或者 0.01 mol/L $CaCl_2$ 溶液制备待测液。如需同时测定土壤 NH_4^+—N，可选用 1 mol/L NaCl 溶液[注2]制备待测液。

b. 用滴管[注3]吸取土壤浸出液注入 1 cm 光径的石英比色槽中，在 210 nm 处约测[注4]吸光度，以水调节仪器零点。根据约测结果，确定浸出液应予稀释的倍数，用水将浸出液准确稀释，使其吸光度为 0.1~0.8。

c. 准确吸取 25.00 mL 浸出液或已稀释的待测液 2 份，分别放入 50 mL 三角瓶中，各加入 1.00 mL 10% H_2SO_4 溶液。在其中一瓶加入 4 粒镀铜的锌粒（重 0.15~0.2 g）。2 瓶摇匀后放置过夜（约 14 h）。

d. 次日，任选下列方法之一测读溶液的吸光度。

（a）直读法：在 210 nm 处以已还原的溶液为参比液调节仪器的零点，测读未还原溶液的吸光度，即为 NO_3^- 的吸光度（ΔA）。

（b）差减法：在 210 nm 处以酸化的蒸馏水或浸提剂[注5]为参比调节仪器零点，分别测读锌粒未还原溶液和还原溶液的吸光度，分别为 A_1 与 A_2，二者之差 $A_1 - A_2$，即为 NO_3^- 的吸光度（ΔA）。

B. 校正因数法。

a. 土样同锌还原法一样制备待测液，并约测[注6]，必要时用 1 mol/L NaCl 溶液稀释，使其吸光度为 0.1～0.8。

b. 准确吸取 25.00 mL 待测液[注7]放在干燥的 50 mL 三角瓶中，加 1.00 mL 10％ H_2SO_4 溶液，摇匀。用滴管将此液装入 1 cm 光径的石英比色槽中，分别在 210 nm 和 275 nm 2 处测读吸光度为 A_{210} 和 A_{275}，以酸化的浸提剂[注8]为参比溶液，调节仪器的零点。大批样品测定时，可先测完各液（包括浸出液和标准系列溶液）的 A_{210} 值，再测 A_{275} 值，以减免逐次改变波长所产生的仪器误差。

NO_3^- 的吸光度（ΔA）可由下式求得，$\Delta A = A_{210} - A_{275} \times R$，式中 R 为校正因数，是土壤浸出液中杂质（主要是有机质）在 210 nm 和 275 nm 处的吸光度的比值，即 $R = A_{210}/A_{275}$。根据 15 个北京和河北石灰性土壤的平均 R 值为 3.6，不同土类的 R 值略有差异[注9]。

c. 校准曲线或回归方程。准确吸取 ρ（N）＝10 mg/L 的 NO_3^-—N 标准工作溶液 0 mL、1.00 mL、2.00 mL、4.00 mL、6.00 mL、8.00 mL、10.00 mL，分别放入 50 mL 容量瓶中，加水定容，即为 0 mg/L、0.2 mg/L、0.4 mg/L、0.8 mg/L、1.2 mg/L、1.6 mg/L、2.0 mg/L NO_3^-—N 标准系列溶液。各瓶中再加入 2.00 mL 10％ H_2SO_4 溶液酸化，摇匀，在 210 nm 处测读吸光度，以酸化的水（25.00 mL 水加 1.00 mL 10％ H_2SO_4 溶液）调节仪器零点[注10]。绘制校准曲线或求回归方程。

⑤结果计算。

$$\omega\,(NO_3^-\text{—N}) = \rho\,(N) \times (V_1/m) \times f$$

式中：ω（NO_3^-—N）——土壤 NO_3^-—N 的质量分数/（mg/kg）；ρ（N）——从校准曲线或回归方程求得测定液中 NO_3^-—N 的浓度/（mg/L）；V_1——浸提剂体积/mL；m——烘干土样质量/g（称样扣除水分）；f——浸出液稀释倍数，若不稀释则 $f=1$。

⑥注释。

[1]一般土壤中 NO_2^- 含量很低，实际上不干扰 NO_3^- 的测定。如果含量高时，可用氨基磺酸消除（$HNO_2 + NH_2SO_3H = N_2 + H_2SO_4 + H_2O$），它在 210 nm 处无吸收，不干扰 NO_3^- 测定。

[2]2 mol/L KCl 溶液本身在 210 nm 处吸光度较高，因此，同时测定土壤 NH_4^+—N 和 NO_3^-—N 时，选用吸光度较小的 1 mol/L NaCl 溶液为浸提剂。

[3]浸出液的盐浓度较高，操作时应尽量避免溶液溢出槽外，污染槽的外壁，影响其透光性。最好用滴管吸取注入槽中。

[4]如果吸光度很高（$A>1$ 时），可从比色槽吸出一半待测液，再加一半水稀释，重新测读吸光度，如此稀释直至吸光度小于 0.8 止。按照约测的稀释倍数，用水将浸出液准确稀释。

[5]酸化的水为 25.00 mL 水加上 1.00 mL 10% H_2SO_4 溶液,酸化的浸提剂为 25.00 mL 浸提剂加上 1.00 mL 10% H_2SO_4 溶液。应注意待测液与参比溶液组成的一致性。

[6]若用校正因数法消除有机质干扰时,应用 1 mol/L NaCl 溶液稀释,以消除 NaCl 浓度不同引起吸光度的变化。

[7]若样品需要稀释,根据约测得到的稀释倍数,举例如为 5 倍,则准确吸取 5.00 mL 浸出液于 50 mL 三角瓶中,另准确吸取 20.00 mL 浸提剂,补齐体积至 25.00 mL,再加入 1.00 mL 10% H_2SO_4 溶液,摇匀后备测。此时稀释倍数 $f = 5$。

[8]此处酸化的浸提剂为 25.00 mL 1 mol/L NaCl 溶液加上 1.00 mL 10% H_2SO_4 溶液。在 210 nm 和 275 nm 处均以此液为参比,调节仪器零点。

[9]不同地区土壤的 R 值略有差异,各实验室在开展测试服务前应按照下列方法确定 R 值大小。

首先,在某一地区选取代表性土壤样品 30 个(包括不同土壤质地、不同肥力水平的土样),预先测定出各样品中 $NO_3^- $—N 含量[$\omega(NO_3^- $—N)],可采用常规方法(如经典的酚二磺酸分光光度法)或仪器方法(如连续流动分析法)等测定或送到省级以上实验室测定。

其次,做一条不同 $NO_3^- $—N 浓度的工作曲线,在 210 nm 处测定。根据此曲线可求出上述 30 个样品的 A'_{210} 值。然后,再用紫外分光光度法分别测定上述样品在 210 nm 和 275 nm 的吸光度,得到 A_{210} 和 A_{275}。按照表 1-19 填写,并根据公式 $R = (A_{210} - A'_{210})/A_{275}$ 计算 R 值,最后求出 R 平均值。

表 1-19 样品值

样号	$\omega(NO_3^- $—N)	A'_{210}	A_{210}	A_{275}	R 值
01					
02					
03					
⋮					
30					

[10]标准曲线测定时,参比溶液(酸化的水)即为曲线的零点,不需另外配制。应注意待测液与参比溶液组成的一致性;另外还要注意工作曲线只在 210 nm 处测定吸光度,而不需要在 275 nm 处测定。

(2)酚二磺酸分光光度法

①方法原理。酚二磺酸在无水条件下与硝酸作用生成硝基酚二磺酸。后者在酸性介质中无色,碱化后则为稳定的黄色溶液[注1],其吸光度与 $NO_3^- $—N 含量成正比,可在 400~425 nm 处(或用蓝色滤光片)用分光光度法测定。

硝化反应必须在无水条件下才能迅速完成,因此需预先将浸出液在微碱性下蒸发至干(酸性下蒸干,HNO_3 易损失)。此法主要干扰物为 Cl^- 和 NO_2^-,浸出液的有机质黄色也会干扰测定,它们的含量较高时,需预先除去[注2]。用 1 cm 光径比色槽时,显色液中 $NO_3^- $—N 的测定范围为 0.1~2 mg/L。

②主要仪器设备。分光光度计。

③试剂配制。

A. $CaSO_4 \cdot 2H_2O$（分析纯，粉状）。

B. $CaCO_3$（分析纯，粉状）。

C. $Ca(OH)_2$（分析纯，粉状）。

D. $MaCO_3$（分析纯，粉状）。

E. Ag_2SO_4（分析纯，粉状）。

F. （1+1）氨水。

G. 酚二磺酸试剂。25.0 g 白色苯酚（C_6H_5OH，分析纯）在 500 mL 三角瓶中，加入 225 mL 浓 H_2SO_4（分析纯，比重 1.84），混匀，瓶口松松地加塞，置于沸水中加热 6 h。试剂冷却后可能析出结晶，用时须重新加热溶解，但不可加水。试剂贮于密闭的玻璃塞棕色瓶中，严防吸湿。

H. NO_3^-—N 标准工作溶液。同土壤硝态氮的测定——紫外分光光度法。

④操作步骤。

A. 称取新鲜土样 20.0 g[注3] 放入 250 mL 三角瓶中，加入约 0.2 g $CaSO_4 \cdot 2H_2O$ 和 100 mL 水（V_1），用橡皮塞塞紧，振荡 10 min。放置几分钟后，将悬液的上部清液过滤[注4]。

B. 吸取浸出液 25.00～50.00 mL（V_2，NO_3^-—N 含量为 20～150 μg）于蒸发皿中，加入约 0.05 g $CaCO_3$，在水浴上蒸干，到达干燥时不应继续加热；冷却，加入 2.00 mL 酚二磺酸试剂，将皿旋转，使试剂接触所有的蒸干物。静止 10 min 使充分作用后，加水 20 mL，用玻璃棒搅拌直到蒸干物完全溶解。冷却后缓缓加入（1+1）氨水并不断搅拌，至溶液呈微碱性（溶液显黄色），再多加 2 mL。然后将溶液转移入 100 mL 容量瓶中，加水定容（V_3）[注5]。用 1 cm 比色槽在波长 420 nm 处进行测定，以空白溶液为参比液调节仪器零点。

C. 校准曲线或直线回归方程。准确吸取 ρ（N）=10 mg/L 的 NO_3^-—N 标准工作溶液 0 mL、1.00 mL、2.00 mL、5.00 mL、10.00 mL、15.00 mL、20.00 mL，分别放入蒸发皿中，在水浴上蒸干，与浸出液相同操作，进行显色和测定，然后绘制校准曲线或求直线回归方程。标准系列溶液（显色液）的浓度为 0 mg/L、0.1 mg/L、0.2 mg/L、0.5 mg/L、1 mg/L、1.5 mg/L、2 mg/L。

⑤结果计算。

$$\omega(NO_3^-—N) = \rho(N) \times (V_1 / m) \times (V_3 / V_2)$$

式中：ω（NO_3^-—N）——土壤 NO_3^-—N 的质量分数/（mg/kg）；ρ（N）——从校准曲线或回归方程求得显色液中 NO_3^-—N 浓度/（mg/L）；V_1——浸提液体积/mL；V_2——吸取浸出液体积/mL；V_3——显色液体积/mL；m——烘干土样质量/g（应扣除水分）。

⑥注释。

[1]反应式如下：

$$C_6H_3OH(HSO_3)_2 + HNO_3 = C_6H_2OH(HSO_3)_2NO_2 + H_2O$$

（2，4-酚二磺酸）　　　　　　　　　　（6-硝基酚-2，4-二磺酸）

$$C_6H_2OH(HSO_3)_2NO_2 + 3NH_3 \cdot nH_2O = C_6H_2ONH_4(NH_4SO_3)_2NO_2$$

（黄色）

[2]浸出液含 Cl^- 多时，蒸干加酚二磺酸后，HNO_3 可能与 HCl 反应而损失：

$$HNO_3 + 3HCl \longrightarrow NOCl + Cl_2 + 2H_2O$$
$$(亚硝酰氯)$$

NO_2^- 也能与酚二磺酸生成黄色溶液。

[3]样品风干易引起 NO_3^-—N 的变化,故用新鲜土样测定,因此需要同时测定水分含量,以便将新鲜土样重量换算成烘干土量,再计算结果。

[4]如果滤液因有机质呈现黄色时,可立即加入少量活性炭,摇匀,再过滤。如果土壤含 Cl^- 超过 15 mg/L,浸出液须用 Ag_2SO_4 处理,除去 Cl^-。每 100 mL 浸出液加 0.1 g Ag_2SO_4,振荡 15 min,再加入 0.2 g $Ca(OH)_2$ 和 0.5 g $MgCO_3$ 以沉淀过剩的 Ag^+,振荡 5 min,过滤。如果浸出液中 NO_2^-—N 超过 1 mg/L,可加少许尿素加以破坏,一般每 10 mL 浸出液中加入 20 mg 尿素,放置过夜即可。

[5]如有沉淀,则定容后过滤,取清液测定。

3. 土壤无机氮 Nmin 的测定——0.01 mol/L CaCl₂ 浸提-连续流动分析仪

近年来,根据养分资源管理策略,农业生产中对于氮肥的指导多依据土壤无机氮 Nmin 的测定结果,即根据土壤剖面中残留的无机氮总量(NH_4^+—N 和 NO_3^-—N 含量之和)情况调整氮肥施用量。为提高准确性,一般采集新鲜土样尽快进行测定,同时测定水分含量,以便将新鲜土样重量换算成烘干土量,再计算结果。

(1)方法原理 从田间采回的新鲜土样,加入一定量的 0.01 mol/L CaCl₂ 溶液浸提,可同时将土壤中的 NH_4^+—N 和 NO_3^-—N 提取出来,所得滤液中的硝态氮在碱性条件下,在铜的催化作用下,被硫酸肼还原成亚硝态氮,然后在显色剂的作用下,生成粉红色化合物,在连续流动分析仪 550 nm 波长下,检测出 NO_3^-—N 的浓度。滤液中的铵态氮和水杨酸钠以及次氯酸钠反应,在硝普钠(亚硝基铁氰化钠)的催化下生成蓝色化合物,在连续流动分析仪 660 nm 波长下测定出 NH_4^+—N 的浓度,同时需要测定水分含量,计算结果以干土重表示。

(2)主要仪器设备 往复式振荡机、烘箱、AA3 型连续流动分析仪。

(3)试剂配制

①0.01 mol/L CaCl₂ 溶液。

称取 1.11 g 无水 CaCl₂(分析纯)或 1.47 g CaCl₂·2H₂O(分析纯)溶于去离子水,稀释至 1 L。

②铵态氮反应试剂。

A. 缓冲溶液。40.00 g 柠檬酸三钠($C_6H_5Na_3O_7·2H_2O$,分析纯)溶于去离子水,定容至 1 L,再加入 2 mL Brij-35 润滑剂,混匀。

B. 水杨酸钠溶液。40.00 g 水杨酸钠($C_7H_5NaO_3$,分析纯)和 1.00 g 硝普钠[$Na_2Fe(CN)_5$·NO·2H₂O,分析纯],溶于去离子水,定容至 1 L。

C. 碱性次氯酸钠溶液。10.00 g 氢氧化钠(分析纯)和 10.00 mL 次氯酸钠溶液(NaClO,分析纯),溶于去离子水,定容至 1 L。

③硝态氮反应试剂。

A. 氢氧化钠溶液。10.00 g 氢氧化钠(分析纯)和 3.00 mL 磷酸(浓度 85%,分析纯)溶于去离子水,定容至 1 L,再加入 2 mL Brij-35 润滑剂,混匀。

B. 硫酸肼还原剂。

a. 硫酸铜贮备液:1.00 g 硫酸铜($CuSO_4·5H_2O$,分析纯)溶于去离子水,定容至 1 L。

b. 硫酸锌贮备液：10.00 g 硫酸锌（分析纯）溶于去离子水，定容至 1 L。

c. 硫酸肼贮备液：10.00 g 硫酸肼（$N_2H_4 \cdot H_2SO_4$，分析纯）溶于去离子水，定容至 1 L。

分别吸取 10.00 mL 硫酸铜贮备液、10.00 mL 硫酸锌贮备液，用量筒量取 100 mL 硫酸肼贮备液，于 1 L 容量瓶中，用去离子水定容，摇匀后备用。

C. 硝态氮显色剂。称 10.00 g 磺胺（$C_6H_8N_2O_2S$，分析纯）和 0.50 g 盐酸萘乙二胺（$C_{12}H_{14}N_2 \cdot 2HCl$，分析纯），量取 100 mL 磷酸（浓度 85%，分析纯），溶于去离子水，定容至 1 L。

④1 000 mg/L 铵态氮标准贮备液[$\rho(N) = 1\,000$ mg/L]。4.717 g 干燥的硫酸铵（分析纯）溶于去离子水，定容至 1 L。

⑤1 000 mg/L 硝态氮标准贮备液[$\rho(N) = 1\,000$ mg/L]。7.218 g 干燥的硝酸钾（分析纯）溶于去离子水，定容至 1 L。

⑥100 mg/L 铵态氮和硝态氮混合标准工作液[$\rho(N) = 100$ mg/L]。分别吸取 1 000 mg/L 铵态氮和硝态氮标准贮备液各 10.00 mL 于 100 mL 容量瓶中，用 0.01 mol/L $CaCl_2$ 溶液定容，摇匀后备用。

（4）操作步骤

将从田间采回的新鲜土壤样品过 3 mm 土筛，混合均匀[注1]。称取 12.×× g（精度至 0.01 g）新鲜土样，放入 200 mL 或 250 mL 塑料瓶中，用量筒或分液器加入 100 mL 0.01 mol/L $CaCl_2$ 溶液浸提，放入往复式振荡机中振荡 1 h。

取出后用定性滤纸（无铵滤纸）过滤到 10 mL 离心管中，得清亮滤液[注2]，可直接上流动分析仪测定。

AA3 型连续流动分析仪开机后预热 0.5 h，然后分别进去离子水和反应试剂（铵态氮反应试剂、硝态氮反应试剂）[注3]各 15 min，待仪器基线稳定后，开始先测定标准曲线，然后再进行未知样品测定。双通道连续流动分析仪可以分别在 660 nm 和 550 nm 下测定滤液中 NH_4^+—N 和 NO_3^-—N 的浓度。每批土样需做 2～3 个空白试验。

如不能及时测定，可将土壤浸出液冷冻保存于 −18℃ 冰箱中。在上机测定前需要提前将滤液解冻，混匀后备测。测定过程中如样品 NH_4^+—N 和 NO_3^-—N 浓度过高，则需要用 0.01 mol/L $CaCl_2$ 溶液准确稀释一定倍数后重新测定。

另外，需要同时测定新鲜土样的水分含量。即先称取铝盒重量并做好记录，再称取新鲜土样 20.×× g 装入铝盒中。在 105℃ 下烘干 24 h 后，称取铝盒与烘干土样的总重，计算土壤含水量，并对土壤 NH_4^+—N 和 NO_3^-—N 的测试结果进行校正，以烘干土样中的 NH_4^+—N 和 NO_3^-—N 含量表示。

校准曲线或回归方程。准确吸取 $\rho(N) = 100$ mg/L 的 NH_4^+—N 和 NO_3^-—N 混合标准工作溶液 0 mL、0.25 mL、0.50 mL、1.00 mL、2.00 mL、4.00 mL、6.00 mL，分别放入 100 mL 容量瓶中，用 0.01 mol/L $CaCl_2$ 溶液定容，即为 0 mg/L、0.25 mg/L、0.5 mg/L、1.0 mg/L、2.0 mg/L、4.0 mg/L、6.0 mg/L NH_4^+—N 和 NO_3^-—N 混合标准系列溶液。

（5）结果计算

$$\omega(NH_4^+—N) = \rho(NH_4^+—N) \times (V/m) \times f$$
$$\omega(NO_3^-—N) = \rho(NO_3^-—N) \times (V/m) \times f$$
$$\omega(Nmin) = \omega(NH_4^+—N) + \omega(NO_3^-—N)$$

式中：ω（NH_4^+—N）——土壤 NH_4^+—N 的质量分数/(mg/kg)；ρ（NH_4^+—N）——连续流动分析仪测得土壤浸出液中 NH_4^+—N 浓度/(mg/L)；ω（NO_3^-—N）——土壤 NO_3^-—N 的质量分数/(mg/kg)；ρ（NO_3^-—N）——连续流动分析仪测得土壤浸出液中 NO_3^-—N 浓度/(mg/L)；ω（N min）——土壤无机氮 Nmin 的质量分数/(mg/kg)；V——浸提液体积/mL；m——烘干土样质量/g（应扣除水分）；f——稀释倍数。

（6）注释

[1]从田间采集回来的新鲜土壤样品必须全部过 3 mm 土筛，充分混合均匀后再取样测定，以保证测试样品具有高度的代表性。

[2]土壤浸出液必须清亮、无混浊颗粒物，以免堵塞连续流动分析仪的进样系统。

[3]配制的铵态氮反应试剂和硝态氮反应试剂可在冰箱中存放 1 周。

（二）土壤碱解氮的测定——1 mol/L NaOH 碱解扩散法

1. 方法原理

在扩散皿中，利用 1 mol/L NaOH 与土样在一定条件下作用，使土壤中容易水解的有机态氮水解转化成氨，连同土壤中原有的 NH_4^+—N[注1]一起扩散后为 H_3BO_3 所吸收，再用标准酸滴定 H_3BO_3 吸收液中的 NH_3，由此计算碱解氮的含量。

碱的种类和浓度、土液比、水解作用的温度和时间等因素对测定值的高低都有影响。为了取得可以互相比较的结果，必须严格按照指定的条件进行测定。

碱解扩散法的有机氮水解、氨的扩散和吸收等各反应同时进行，操作简便，省工、省试剂，大批土样的分析速度快，结果的再现性较好。此法不受石灰性土壤 $CaCO_3$ 的干扰。测定结果与作物需氮的情况有一定的相关性，可作为土壤有效氮的指标。

2. 主要仪器设备

扩散皿、培养箱。

3. 试剂配制

①1 mol/L NaOH 溶液。40.0 g NaOH（分析纯）溶于水，冷却后，稀释至 1 L。

②碱性甘油。最简单的配法是在甘油中溶解几小粒固体 NaOH 即成。

黏结性较好的碱性甘油（又称碱性胶液）可用下法配制：40 g 阿拉伯胶和 60 mL 水在烧杯中混合，在超声波清洗机中温热至 70～80℃，搅拌促溶，约 1 h 后放冷。加入 20 mL 甘油和 20 mL 饱和 K_2CO_3 水溶液，搅匀，放冷。最好离心除去泡沫和不溶物，将清液贮于玻璃瓶中。

③甲基红-溴甲酚绿混合指示剂。同土壤全氮测定部分。

④2% H_3BO_3-指示剂溶液。同土壤全氮测定部分。

⑤标准酸[c(HCl 或 1/2 H_2SO_4) = 0.01 或 0.005 mol/L]。每升水中注入 9 mL 浓 HCl（分析纯）或 3 mL 浓 H_2SO_4（分析纯），冷却，充分混匀，即为约 0.1 mol/L 酸溶液，用 Na_2CO_3 或硼砂标定其准确浓度[注2]。将上述已标定准确浓度的酸液，用煮沸并冷却的、纯度能满足分析要求的水准确稀释 10 倍或 20 倍，即为 0.01 mol/L 或 0.005 mol/L 的标准酸（保留 4 位有效数字）。如水质较差，则应将稀释后的酸液直接用 Na_2CO_3 或硼砂标定。也可用标准 NH_4^+—N 溶液标定它的准确滴定度[注3]。

4. 操作步骤

称取风干土样(1 mm 或 2 mm)2.00 g,于扩散皿外室,轻轻地旋转扩散皿,使样品铺平,均匀地分布于外室中。

取 2 mL H_3BO_3——指示剂溶液放在扩散皿内室,然后在扩散皿的毛玻璃磨面边缘涂上碱性甘油[注4],盖上毛玻璃。从毛玻璃上的小孔注入 10.00 mL 1 mol/L NaOH 溶液,立即盖严,再用橡皮筋圈紧,使毛玻璃固定。随后放入(40±1)℃恒温箱中,碱解扩散(24±0.5)h 后取出。用标准酸溶液滴定内室 H_3BO_3 液吸收的 NH_3,边滴边用小玻棒小心搅动[注5]直至呈现紫红色(终点的颜色应和空白试验滴定终点相同)。

在样品测定的同时进行空白试验,校正试剂和滴定误差。

5. 结果计算

$$\omega(N) = [(V - V_0) \times c \times 14.0/m] \times 10^3$$

式中:$\omega(N)$——土壤碱解氮的质量分数/(mg/kg);V——滴定试样所消耗标准酸溶液的体积/mL;V_0——滴定空白试验所消耗标准酸溶液的体积/mL;c——标准酸溶液的浓度/(mol/L);14.0——氮的摩尔质量/(g/mol);10^3——改算成 mg/kg 的因数;m——风干土样的质量/g。

6. 注释

[1]如果要包括 NO_3^-—N,则测定时需于外室加入 0.2 g 代氏合金(Devarda),使 NO_3^- 还原成 NH_4^+。因代氏合金本身要消耗部分 NaOH,故须将 NaOH 浓度提高。

[2]用 Na_2CO_3 或硼砂标定 0.1 mol/L 酸溶液浓度的方法详见土壤全氮测定部分。

[3]用标准 NH_4^+—N 溶液标定的手续如下:

①吸取 2.50 mL 100 mg/L NH_4^+—N 标准溶液(含 NH_4^+—N 0.25 mg),于扩散皿外室,按照测定土样的同一手续测定。

②滴定消耗标准酸溶液的体积为 V mL,则

$$滴定度,\quad N\,(g/mL) = 0.000\,250/V$$

$$或 \quad c\,(mol/L) = 0.000\,250/(V \times 0.014\,0)$$

[4]当室温较低时,毛玻璃下常有水汽小凝滴吸收 NH_3,产生负误差。为避免这一误差,事先应将毛玻璃内面皿圈范围内全部涂一薄层碱性甘油,使水凝滴碱化不吸收 NH_3。但要防止碱液污染内室。

[5]在滴定时,切不可摇动扩散皿。接近终点时,用玻棒在滴定管尖端蘸取少许标准酸溶液后搅拌内室,以防滴过终点。

(三)土壤矿化氮的测定

1. 嫌气培养——靛酚蓝分光光度法

(1)方法原理 将土样在淹水条件下培养一定时间,利用土壤嫌气微生物在一定温度下将有机态氮矿化成 NH_4^+—N,然用 4 mol/L KCl 浸提——靛酚蓝分光光度法测定 NH_4^+—N 量减去土壤原有的无机 NH_4^+—N 即为矿化氮量。

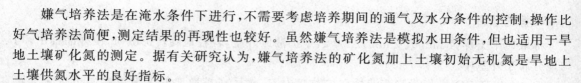

嫌气培养法是在淹水条件下进行,不需要考虑培养期间的通气及水分条件的控制,操作比好气培养法简便,测定结果的再现性也较好。虽然嫌气培养法是模拟水田条件,但也适用于旱地土壤矿化氮的测定。据有关研究认为,嫌气培养法的矿化氮加上土壤初始无机氮是旱地上土壤供氮水平的良好指标。

(2)主要仪器设备 培养箱。

(3)试剂配制

①4 mol/L KCl 溶液。称取 298.2 g KCl(分析纯)溶于水,稀释至 1 L。

②其余试剂同土壤铵态氮的测定。

(4)操作步骤

称取 5.00 g 风干土样(1 mm 或 2 mm),置于已盛有 12.5 mL 水的 16×150 mm 试管中,用塞塞紧[注1],放入 40℃的恒温箱中培养。7 d 后取出,摇动试管 0.5 min,将培养物倒入 150 mL 三角瓶中,用 4 mol/L KCl 溶液洗涤试管 3～4 次(共用 4 mol/L KCl 溶液 12.5 mL[注2]);用塞塞紧,振荡 30 min,过滤。

吸取滤液 1.00～5.00 mL(V 含 NH_4^+—N 2～25 μg)于 50 mL 容量瓶中,按照土壤铵态氮测定的操作步骤,用靛酚蓝分光光度法测定 NH_4^+—N 含量。

(5)结果计算

①计算公式同土壤铵态氮测定的计算公式。

②土壤矿化氮(mg/kg)= 土壤培养后 NH_4^+—N 含量－培养前土壤无机 NH_4^+—N 含量。

(6)注释

[1]应使培养处于密闭、嫌气条件下,避免生成 NO_3^-—N 而通过反硝化作用使氮损失。因此常用小容器培养并塞紧,或在试液上滴加几滴液体石蜡,既隔绝了空气,又可使培养过程中产生的气体能逸出。

[2]相当于用 25 mL 2 mol/L KCl 溶液浸提土壤 NH_4^+—N(V_1)。

2. 好气培养——紫外分光光度法

(1)方法原理 将土样置于好气条件下培养一定时间,利用土壤好气微生物,在一定温度下将有机态氮矿化成 NH_4^+—N,并进而转化成 NO_3^-—N,然后用 1 mol/L NaCl 溶液浸提,用紫外分光度法测定 NO_3^-—N 含量,必要时还需用靛酚蓝分光光度法测定 NH_4^+—N 含量。培养前后无机态氮量之差即为矿化氮。

(2)主要仪器设备 培养箱。

(3)试剂配制 1 mol/L NaCl 溶液和其他试剂,见紫外分光光度法和靛酚蓝分光光度法相关部分。

(4)操作步骤

10.0 g 土样(1 mm 或 2 mm)于 100 mL 烧杯中,加入 30.0 g 石英砂(过 30～60 目筛,已预先洗净),充分混匀后移入盛有 6 mL 水的 250 mL 三角瓶中,移入时注意使砂土混合物均匀地分布于瓶底,轻击瓶壁使土面大致水平。用单孔橡皮塞盖好,以防水分蒸发但仍能通气。

置于 30℃的培养箱中培养 14 d 后,取出加入 100 mL 1 mol/L NaCl 溶液,用塞塞紧,振荡 30 min,过滤。按照紫外分光光度法和靛酚蓝分光光度法分别测定 NO_3^-—N 和 NH_4^+—N 含量。

(5)结果计算 同土壤矿化氮的测定中嫌气培养——靛酚蓝分光光度法。

？思考与讨论

    1.什么是土壤有效养分？

    2.进行土壤无机氮测定时，常用的浸提剂有哪些？

    3.试述靛酚蓝分光光度法测定土壤铵态氮的方法原理及条件。

    4.利用紫外分光光度法测定土壤硝态氮时，锌还原法和校正因数法定量的方法原理是什么？

    5.试述土壤无机氮 Nmin 的测定方法。

    6.试述土壤碱解氮测定的方法原理与反应条件。

    7.进行土壤矿化氮测定时，常用的方法有哪些？简述其原理。

九、土壤全磷的测定

——H₂SO₄-HClO₄消煮-钼锑抗分光光度法

▶目的◀

1. 熟悉土壤全磷测定的样品分解方法。
2. 掌握 H_2SO_4-$HClO_4$ 法测定石灰性土壤全磷的方法原理。
3. 掌握钼锑抗分光光度法测定磷的方法原理及测定条件。

土壤中的磷可分为有机磷与无机磷两大类,有机态磷占土壤全磷量的 20%~50%,其中主要包括核酸、植素、磷脂等含磷化合物,有机磷在土壤全磷量中所占的比例随着土壤的培肥或有机质含量的增加而增加。土壤无机态磷通常以钙、铁、铝等难溶态的磷酸盐存在,它们在土壤中的相对含量受土壤 pH 的影响很大。土壤中能被作物吸收利用的有效磷含量很低,测定土壤全磷的含量,对于了解土壤磷素供应的状况有一定的帮助,但全磷量只能说明土壤中磷的总贮量。土壤全磷含量高并不一定能说明有足够多的有效磷供应当季作物生长的需要。因此从研究作物的营养和施肥的角度来看,除了测定土壤全磷含量外,还应该测定土壤有效磷的含量,这样才能较全面地了解土壤磷素供应的状况。

土壤全磷的测定分为样品的分解和待测液中磷的测定 2 个部分。全磷测定的样品分解方法一般有碱熔法和酸溶法 2 类。在碱熔法中,以 Na_2CO_3 熔融法分解最为完全,测定结果准确,但由于该法操作手续较繁,熔融时需用昂贵的铂坩埚,因此,在常规分析中很少采用。在酸溶法中,以 H_2SO_4-$HClO_4$ 法较好,操作简便,不需用铂坩埚。此法对钙质土壤分解率较高,而对富含氧化铁、铝的酸性土壤分解不易完全,结果往往偏低。

待测液中磷的测定一般采用钼蓝比色法,该法所用的还原剂有氯化亚锡、抗坏血酸、1,2,4-氨基萘酚磺酸等。其中,以用抗坏血酸作还原剂的钼锑抗比色法操作简便、颜色稳定、干扰离子允许存在的浓度较大,目前此法应用极为广泛。

(一)方法原理

1. 样品分解

$HClO_4$ 是一种强酸又是一种强氧化剂,能分解矿物质、氧化有机质,而且 $HClO_4$ 的脱水作用很强,有助于胶状硅的脱水,并能与 Fe^{3+} 形成配合物,在磷的比色测定中抑制了硅和铁的干扰。H_2SO_4 的存在可提高消煮液的温度,防止消煮液蒸干,以利于分解作用的进行。此法对石灰性土壤的分解较完全,可达 Na_2CO_3 熔融法的 97%~98%,但对含 Al—P、Fe—P 较多的酸性土壤分解率仅为 95%。

2. 溶液中磷的测定

在酸性溶液中,正磷酸与钼配合而形成钼磷酸,其反应式为:

$$H_3PO_4 + 12H_2MoO_4 = H_3[P(Mo_3O_{10})_4] + 12H_2O$$

钼磷酸是杂多酸,它的铵盐难溶于水,磷较多时即生成黄色沉淀钼磷酸铵$(NH_4)_3$ $[P(M_{O_3}O_{10})_4]$;磷很少时并不生成沉淀,甚至溶液也不现黄色。在一定的酸和钼酸铵浓度下,加入适当的还原剂后,钼磷酸中的一部分+6价的钼被还原成+5价或+3价,生成一种称为"钼蓝"的物质,这是钼蓝比色法中的基础。从溶液蓝色的深浅可以进行磷的定量,蓝色产生的速度、强度、稳定性和其他离子的干扰程度,与所用还原剂和酸的种类、试剂的适宜浓度,特别是酸度有关[注1]。

酸度和试剂的适宜浓度是指比色液中酸和钼酸铵的最终浓度及它们的比例,在测定时必须严格控制。一般地说,钼酸铵的浓度越高,要求的酸浓度也越高,而适宜的酸浓度范围则越窄。如果酸浓度太低,则溶液中可能存在的硅和钼酸铵本身也会形成蓝色物质而使磷的测定结果偏高。如果酸浓度太高,则钼蓝的生成延滞而致蓝色显著降低,甚至不显蓝色。此外,还原剂的用量也须控制在一定范围之内。

还原剂的种类很多,常用的有$SnCl_2$和抗坏血酸等。20 世纪 60 年代创用的"钼锑抗法"是一种改进的抗坏血酸法,它在钼酸铵试剂中添加了催化剂酒石酸氧锑钾,这样既具有原法的优点,又能加速显色反应,在常温下就能迅速显色,且锑还参与"钼蓝"配合物的组成,能增强蓝色,提高灵敏度。此法特别适用于含Fe^{3+}多的土壤全磷消煮液中磷的测定。此外,钼锑抗试剂是由钼酸铵、酒石酸氧锑钾、抗坏血酸和硫酸组成的一个混合试剂,可以简化操作手续,有利于分析方法的自动化。

(二)主要仪器设备

分析天平(感量为 0.000 1 g)、100 mL 消煮管、消煮炉、分光光度计。

(三)试剂配制

①浓 H_2SO_4(相对密度 1.84,分析纯)。

②$HClO_4$(70%~72%,分析纯)。

③2,6-二硝基酚或 2,4-二硝基酚指示剂溶液。0.25 g 二硝基酚($C_6H_4N_2O_5$,分析纯)溶于 100 mL 水中(此指示剂的变色点约为 pH 3,酸性时无色,碱性时呈黄色)。

④4 mol/L NaOH 溶液。16 g NaOH(分析纯)溶于 100 mL 水中。

⑤2 mol/L (1/2 H_2SO_4)。6 mL 浓 H_2SO_4(分析纯)注入水中,加水至 100 mL。

⑥钼锑抗试剂。0.5 g 酒石酸氧锑钾($KSbC_4H_4O_7 \cdot 1/2 H_2O$,分析纯)溶于 100 mL 水中,配制成 0.5%的溶液。另将 10.0 g 钼酸铵$[(NH_4)_6Mo_7O_{24} \cdot 4H_2O$,分析纯]溶于 450 mL 水中,慢慢加入 153 mL 浓 H_2SO_4,边加边搅动。再将 100 mL 0.5%酒石酸氧锑钾溶液加入钼酸铵溶液中,最后加水稀释至 1 L,充分摇匀,贮于棕色瓶中,此为钼锑贮备液。

临用前(当天),称取1.50 g 左旋抗坏血酸(即维生素 C,分析纯),溶于 100 mL 钼锑贮备液中,混匀,此为钼锑抗试剂,有效期 24 h,建议现用现配。此钼锑抗试剂中的 H_2SO_4 浓度为5.5 mol/L(1/2 H_2SO_4),钼酸铵浓度为 1%,酒石酸氧锑钾浓度为 0.05%,抗坏血酸浓度为1.5%。

⑦P 标准贮备液[ρ(P) = 50 mg/L]。0.219 5 g 105℃烘干 2 h 的 KH_2PO_4(分析纯),置于 400 mL 水中,加入 5 mL 浓 H_2SO_4(防长霉菌,可使溶液长期保存),转入 1 L 容量瓶中,用水定容。此溶液为 ρ(P) = 50 mg/L P 标准贮备液。

⑧P 标准工作溶液[ρ（P）= 5 mg/L]。准确吸取 ρ（P）= 50 mg/L P 标准贮备液 25.00 mL，放入 250 mL 容量瓶中，用水稀释 10 倍，即得 ρ（P）= 5 mg/L P 标准工作溶液（此稀溶液不宜久存）。

（四）操作步骤

1. 样品分解

准确称取通过 0.25 mm 筛孔的风干土样 1.××××～2.×××× g（含 P 约 1 mg，精度为 0.000 1 g），置于 100 mL 消煮管中。加入 8 mL 浓 H_2SO_4，摇匀，再加入 70%～72% $HClO_4$ 10 滴，摇匀，置于已升温至 360℃ 的消煮炉上加热消煮。当消煮管中溶液开始转为灰白色，再继续消煮 20 min。全部消煮时间为 30～40 min。在样品消煮的同时，做 2 个空白试验，操作同上，但不加土样。

将冷却后的消煮液转入 100 mL 容量瓶中（容量瓶中先加水 30～40 mL），用蒸馏水多次冲洗消煮管，并稀释至刻度，充分摇匀。当样品较多时，也可直接在消煮管中定容至 75 mL 或 100 mL[注2]。静置过夜，小心吸取上层澄清液进行磷的测定，或用干的无 P 滤纸[注3]过滤，滤液收集在干燥的三角瓶中。

2. 磷的定量

准确吸取澄清液或滤液 1.00 mL（含 P<25 μg）[注4]，放入 50 mL 容量瓶中，用水稀释至约 30 mL，加入二硝基酚指示剂 3 滴，滴加 4 mol/L NaOH 直至溶液刚转为黄色[注5]，再加入 2 mol/L（1/2 H_2SO_4）1 滴，使溶液的黄色刚刚退去。然后加入钼锑抗试剂 5.00 mL，用水定容，摇匀。在室温高于 15℃ 的条件下显色 30 min，然后在分光光度计上用 700 nm 波长和 1 cm 光径的比色杯进行比色测定。以空白试验的显色液为参比，调节光度计零点，读记吸光度 A 值。

工作曲线。准确吸取 ρ（P）= 5 mg/L P 标准工作溶液 0 mL、0.50 mL、1.00 mL、2.00 mL、4.00 mL、6.00 mL、8.00 mL，分别放入 50 mL 容量瓶中，加水至约 30 mL，再分别加入空白试验定容后的消煮液 1.00 mL，然后同上调节溶液的 pH 和显色，比色测定后绘制曲线或计算直线回归方程。标准系列溶液的 P 浓度分别为 0 mg/L、0.05 mg/L、0.1 mg/L、0.2 mg/L、0.4 mg/L、0.6 mg/L、0.8 mg/L。

（五）结果计算

$$\omega（P）=\frac{\rho（P）\times V\times f}{m}\times 10^{-3}$$

式中：ω（P）——土壤全磷的质量分数/（g/kg）；ρ（P）——待测液中磷的浓度/（mg/L）；V——显色液体积/50 mL；f——分取倍数，消煮液定容体积（mL）/吸取消煮液体积（mL）；m——土样质量/g；10^{-3}——将 mg/L 数换算为 g/kg 的乘数。

（六）注释

[1]几种常用钼蓝法的工作曲线范围和各种试剂在比色液中的终浓度见表 1-20。

表 1-20　3 种钼蓝法的工作曲线范围和各试剂的终浓度

特征	所用的还原剂和酸介质		
	氯化亚锡		抗坏血酸（钼锑抗）
	H_2SO_4	HCl	H_2SO_4，HCl，$HClO_4$ 或 HNO_3
工作曲线范围/mg/L	0.01~0.6	0.02~1	0.01~0.6
比色液中酸的终浓度 /[mol/L (1/2 H_2SO_4)]，或（mol/L HCl）	H_2SO_4 0.39	HCl 0.7	H_2SO_4 0.45~0.65
钼酸铵/%	0.1	0.3	0.12
酸与钼酸铵的比值	3.9	2.3	约 4.5
还原剂等/%	$SnCl_2 \cdot 2H_2O$ 0.007	$SnCl_2 \cdot 2H_2O$ 0.012	抗坏血酸 0.15 酒石酸氧锑钾 0.005
显色所需时间/min	5~15	5~15	30
显色后稳定时间	15 min	20 min	24 h

[2]如果直接在消煮管中定容，待稍冷却后，可先加入少量去离子水，注意边加水边摇动，防止溶液溅出，然后慢慢加水至刻度线下约 1 cm 时停止，放入冷水中冷却。待溶液冷却至室温后，再定容至刻度线，摇匀，待测。

[3]如果滤纸含磷，必须先行洗去，方法如下：取 9 cm 或 7 cm 的定性滤纸 200 张，置于大烧杯中，加入（1+2）HCl 溶液 300 mL，浸泡 3 h；取出后分成 2 份，分别用蒸馏水漂洗 3~5 次，再用（1+2）HCl 溶液 300 mL 浸泡 3 h，然后叠放在布氏漏斗上，用蒸馏水冲洗至中性，取出晾干备用。

[4]吸取澄清液的体积应根据样品磷含量的高低而调整。如待测液中磷浓度过高或低时，可减少或增加待测液的吸取量，以含 P 量在 5~25 μg 为宜。

[5]若待测液中锰的含量较高时，宜用 Na_2CO_3 溶液来调节 pH，以免产生氢氧化锰沉淀后，酸化时也难以再溶解。此外，为了避免每次测定时调节待测液 pH 之烦，也可先计算出待测液中由消煮液带来的 H_2SO_4 量，适当减少钼锑抗试剂中的 H_2SO_4 浓度，使最终显色液的酸浓度为 0.55 mol/L（1/2 H_2SO_4）即可。

❓思考与讨论

1. 土壤全磷的测定主要包括哪两部分？

2. 土壤全磷测定的样品分解方法有哪些？它们各有什么优点和缺点？

3. 在土壤样品中，最常用的磷的定量方法是什么？

4. 钼锑抗试剂的组成有什么？为什么需要现用现配？

5. 在绘制磷工作曲线时，在每一点均需要加入等体积的空白消煮液，其目的是什么？

6. 分取倍数是什么？本实验中如何计算分取倍数？

7. 试计算 H_2SO_4-$HClO_4$ 消煮-钼锑抗分光光度法测定土壤全磷时比色用终溶液的酸度。

十、土壤有效磷的测定

——0.5 mol/L NaHCO$_3$浸提-钼锑抗分光光度法

▶目的◀

1. 熟悉土壤有效磷测定的常用方法及适用范围。

2. 掌握 Olsen 法测定土壤有效磷的方法原理及测定条件。

　　化学浸提方法测定的土壤有效磷含量是土壤供磷能力高低的相对指标，它是合理施用磷肥的主要依据之一。曾经研究和使用的土壤有效磷的浸提剂种类很多，近 30 年来各国渐趋于集中或统一使用少数几种浸提剂，以利于测定结果的比较和交流。

　　目前，我国使用得最广的浸提剂是 0.5 mol/L NaHCO$_3$溶液（Olsen 法），它不仅适用于石灰性土壤，也适用于碱性、中性土壤和酸性水稻土。也有使用 0.03 mol/L NH$_4$F-0.025 mol/L HCl 溶液（Bray Ⅰ法）为浸提剂，它适用于酸性土壤和强酸性土壤有效磷的测定。

　　本实验将详细介绍 0.5 mol/L NaHCO$_3$浸提-钼锑抗分光光度法。此法是农业农村部推荐的土壤有效磷测定的标准方法（NY/T 1121.7—2014）中的一部分。

(一)方法原理

　　0.5 mol/L NaHCO$_3$溶液浸提土壤时，由于它能抑制 Ca^{2+} 的活性，所以能使某些活性较大的 Ca-P 被浸提出来；它也能使比较活性的 Fe-P 和 Al-P 起水解作用而被浸提出来。同时它还能防止浸提时磷发生次生沉淀。许多生物试验结果表明，在石灰性土壤、碱性、中性土壤和酸性水稻土上，0.5 mol/L NaHCO$_3$溶液浸出的磷量与作物对磷的反应有良好的相关性。但浸提时的温度、振荡的时间和速率、土液比例甚至浸提容器的大小与形状等对磷的浸出量都有不同程度的影响，因此，必须注意测定方法的标准化。

　　浸出液中磷的浓度较低，须用钼蓝分光光度法测定。本实验选用手续简便、颜色稳定、灵敏度较高的钼锑抗分光光度法。浸出液中有机质颜色较深时，会影响吸光度或使滤液显色后浑浊而干扰测定，可在浸提振荡后过滤之前，向土壤悬液中加入活性炭脱色或在分光光度计 880 nm 波长处测定而消除。

(二)主要仪器设备

　　往复式振荡机、分光光度计。

(三)试剂配制

　　①0.5 mol/L NaHCO$_3$浸提剂（pH 8.5）。称取 42.0 g NaHCO$_3$（分析纯）溶于约 800 mL 水中，稀释至 1 L，用 50%氢氧化钠（m/V）溶液调节至 pH 8.5（用 pH 计测定）。贮存于聚乙烯

或玻璃瓶中,用塞塞紧。此溶液久置因失去 CO_2 而使 pH 增高。如贮存期超过 20 d,使用时必须重新检查并校准 pH。

②无磷活性炭。如果活性炭含磷,应先用盐酸溶液(1+1)浸泡 12 h 以上,然后移放在平板漏斗上抽气过滤,用水淋洗 4~5 次,再用 0.5 mol/L $NaHCO_3$ 溶液浸泡 12 h 以上,在平板漏斗上抽气过滤,用水洗尽 $NaHCO_3$,并至无磷为止,烘干备用。

③钼锑贮备液。称取 10.0 g 钼酸铵[$(NH_4)_6Mo_7O_{24}\cdot4H_2O$,分析纯]溶于 300 mL 约 60℃ 的水中,冷却。另取 181 mL 浓硫酸(分析纯)缓缓注入约 800 mL 水中,搅匀,冷却。然后将稀硫酸注入钼酸铵溶液中,随时搅匀。再加入 100 mL 0.30%(m/V)酒石酸氧锑钾溶液($KSbC_4H_4O_7\cdot1/2H_2O$,分析纯)。最后用水稀释至 2 L,盛于棕色瓶。此贮备液中钼酸铵浓度为 0.5%,酸浓度为 3.26 mol/L (1/2 H_2SO_4)。

④钼锑抗显色剂。称取 0.50 g 抗坏血酸(分析纯)溶于 100 mL 钼锑贮备液中。此试剂有效期在室温下为 24 h,在 2~8℃ 冰箱中可贮存 7 d。建议现用现配。

⑤磷标准贮备液[$\rho(P) = 100$ mg/L]。称取 105℃ 干燥的 KH_2PO_4(分析纯)0.439 4 g,溶于约 200 mL 水中,加入 5 mL 浓 H_2SO_4(分析纯),转入 1 L 容量瓶中,用水定容、摇匀。此贮备液可以长期保存。

⑥磷标准工作溶液[$\rho(P) = 5$ mg/L]。将磷标准贮备液[$\rho(P) = 100$ mg/L]用 0.5 mol/L $NaHCO_3$ 溶液准确稀释 20 倍,即得磷标准工作溶液[$\rho(P) = 5$ mg/L]。此工作溶液不宜久存。

(四)操作步骤

称取风干土样(1 mm 或 2 mm)2.50 g,置于干燥的 150 mL 三角瓶或 200 mL 塑料瓶中,用量筒或分液器加入(25±1)℃ 的 0.5 mol/L $NaHCO_3$ 溶液 50 mL,用橡皮塞塞紧或加盖,在(25±1)℃ 的恒温下[注1],于往复式振荡机[注2]上振荡(30±1) min,立即用无磷滤纸[注3]过滤到干燥的 150 mL 三角瓶中。如果发现滤出液的颜色较深,应向土壤悬浊液中加入 0.3~0.5 g 无磷活性炭粉[注4],摇匀 1~2 min 后立即过滤[注5]。

在浸提土样的当天,准确吸取滤出液 10.00 mL[注6](含 1~25 μgP),放入干燥的 50 mL 三角瓶中。加入钼锑抗显色剂 5.00 mL,慢慢摇动,使 CO_2 逸出。再加入 10.00 mL 水,充分摇匀,逐尽 CO_2。在室温高于 15℃ 处放置 30 min 后,用 1 cm 光径比色槽[注7]在 660~720 nm 波长(多选用 700 nm)(或红色滤光片)[注8]处测读吸光度,以空白溶液(10.00 mL 0.5 mol/L $NaHCO_3$ 溶液代替土壤滤出液,同上处理[注9])为参比液,调节分光光度计的零点。

标准曲线或直线回归方程。在测定土样的同时,准确吸取磷标准工作溶液[$\rho(P) = 5$ mg/L] 0 mL、2.50 mL、5.00 mL、10.00 mL、15.00 mL、20.00 mL、25.00 mL,分别放入 50 mL 容量瓶中,并用 0.5 mol/L $NaHCO_3$ 溶液定容。此标准系列溶液中磷的浓度依次为 0 mg/L、0.25 mg/L、0.50 mg/L、1.00 mg/L、1.50 mg/L、2.00 mg/L、2.50 mg/L。吸取标准系列溶液各 10.00 mL 同上处理显色,测读系列溶液的吸光度,然后以上述标准系列溶液的磷浓度为横坐标,相应的吸光度为纵坐标绘制校准曲线或计算 2 个变量的直线回归方程。

（五）结果计算

$$\omega(P)^{[注10]} = \rho(P) \times 20^{[注11]}$$

式中：$\omega(P)$——土壤有效磷的质量分数/(mg/kg)；$\rho(P)$——从校准曲线或回归方程求得土壤滤出液中磷的浓度/(mg/L)；20——浸提时的土液比。

平行测定的允许绝对差值如下：

测定值 $\omega(P)$ <10 mg/kg 时，允许绝对相差≤0.5 mg/kg ；

　　　　　　10～20 mg/kg 时，允许绝对相差≤1.0 mg/kg；

　　　　　　>20 mg/kg 时，允许相对相差≤5％。

（六）注释

［1］温度对 Olsen-P 的影响较大。据北京地区土样的测定结果表明，温度每升高 1℃，磷的相对增量约 2％。因此，统一规定在(25±1)℃的恒温条件下浸提，可选用恒温往复式振荡机，也可使用普通往复式振荡机及(25±1)℃的恒温室。

［2］浸提时振荡频率最好控制在 180～200 r/min，但在 150～250 r/min 的振荡机也都可使用。

［3］若滤纸含磷，应除去磷后使用，方法与活性炭相同。

［4］测定中不要使用颗粒状活性炭进行脱色，最好选用粉末状活性炭，因颗粒细小，比表面积大，吸附能力强，脱色效果好。新购买的活性炭样品应先检查是否含磷，如含磷，则在使用前必须经酸洗涤，制备成无磷活性炭后方可使用。

［5］土壤样品浸提后，如滤出液颜色呈现较为明显的黄色或深棕色时，需要加入一定量的无磷活性炭，摇匀 1～2 min，放置 2～3 min，让活性炭起到吸附作用，然后再进行过滤，这样可以保证获得无色的滤出液。

［6］如果土壤有效磷含量较高，应改吸取较少量的滤出液，并加 0.5 mol/L NaHCO$_3$ 溶液补足至 10.00 mL 后显色，以保持显色液中酸的终浓度为 0.45 mol/L(1/2 H$_2$SO$_4$)。比如：样品吸取 2.00 mL 滤出液时，需要另吸取 8.00 mL 0.5 mol/L NaHCO$_3$ 溶液，再加 5.00 mL 钼锑抗显色剂和 10.00 mL 水显色。

［7］显色液中磷浓度很低时，可与标准系列显色液一起改用 2 cm 或 3 cm 光径比色槽测定。

［8］钼锑抗法磷显色液在波长为 882 nm 处有一个最大吸收峰，在波长为 710～720 nm 处还有一个略低的吸收峰。因此，最好选择在 882 nm 处测定，此时灵敏度高，且有机质的黄色不干扰测定。若所用的分光光度计无 882 nm 波长，则可选在波长为 660～720 nm 处（多选用 700 nm）或用红色滤光片测定，此时浸出液中有机质的颜色干扰较大，需在过滤前用活性炭脱色后再显色测定。

［9］调节仪器零点所用的参比溶液即为工作曲线的零点溶液。

［10］Olsen 法测定结果的评价标准参考　以华北平原冬小麦-夏玉米体系为例，如表 1-21 所列。应注意不同作物、不同区域的评价标准会有所区别。

表 1-21　华北平原冬小麦-夏玉米体系的土壤 Olsen-P 评价标准

Olsen-P/(mg/kg)	土壤供磷水平
<7	极低
7～14	低
14～30	中等
30～40	高
>40	极高

[11]当土壤有效磷含量较高时,应吸取较少量的滤出液,此时结果可按下式计算:

$$\omega(P) = \rho(P) \times 20 \times f$$

式中:f——10.00/吸取滤出液体积。

思考与讨论

1. 土壤有效磷测定的常用方法有哪些? 其适用范围如何?

2. 石灰性土壤有效磷测定的国家标准方法是什么?

3. Olsen 法测定土壤有效磷时,为什么选用 0.5 mol/L NaHCO₃ 溶液做浸提剂?

4. Olsen 法测定土壤有效磷的浸提条件有哪些?

5. Olsen 法测定中使用的钼锑抗试剂与土壤全磷测定的有何不同?

6. Olsen 法测定土壤有效磷时,在定量过程中最主要的干扰物质是什么? 如何消除其影响?

十一、土壤全钾的测定

——NaOH 熔融-火焰光度法

▶**目的**◀

1. 熟悉土壤全钾测定的样品分解方法。
2. 掌握土壤溶液中钾的定量方法-火焰光度法的方法原理与测定条件。

土壤中矿物态钾是指存在于矿物晶格内的钾（如长石、云母、蒙脱石和蛭石等含钾矿物），主要存在于铝硅酸盐矿物。这类钾的含量占土壤全钾量的 98% 左右。土壤矿物态钾一般不易溶解和被溶液中阳离子交换出来，因而也不易被作物吸收作用。非交换态钾主要指层状硅酸盐矿物层间和颗粒边缘的那一部分钾，在一定程度下能够被植物利用，属于缓效性钾。这部分钾释放的难易，在植物的钾素营养中具有重要的意义。土壤交换态钾和土壤溶液中的钾，对作物是速效的，但含量很低，仅占土壤全钾量的 1%～2%。因此土壤全钾量高只能表明土壤中钾的总贮量高[注1]，而作物仍可能缺乏钾。在某些情况下，测定土壤全钾量对于评价土壤肥力的等级，有一定的参考价值。而土壤黏粒部分的全钾含量则是鉴定伊利石类矿物的一项重要指标，因为其他的黏土矿物含钾量都很低。

由于土壤全量钾中绝大部分是以难分解的矿物态存在，因此，土壤全钾的测定需分两步进行，即样品的分解和待测液中钾的测定。

土壤全钾测定的样品分解方法有很多，早期广泛使用的 $CaCO_3$-NH_4Cl 熔融法（又称史密斯法），成本低，但操作手续烦琐，熔剂纯度要求高，若测定条件控制不好，测定结果将不够稳定，此法目前较少采用。Na_2CO_3 碱熔法和 HF-$HClO_4$ 酸溶法，对样品分解完全，试液可以测定多种元素，但前者需用昂贵的铂坩埚，且操作较繁。HF-$HClO_4$ 酸溶法可用聚四氟乙烯坩埚，并被定为我国国家标准方法。当不具备 HF-$HClO_4$ 酸解法条件时，可用 NaOH 熔融法，此法操作简便，分解比较完全，熔融时可用银（或镍）坩埚代替铂坩埚，适于一般实验室分析。

待测液中钾的测定方法可选用重量法、滴定法、比色法、比浊法和火焰光度法等。其中，火焰光度法是最为理想的方法，该法既快速、操作方便，又能得到准确的测定结果。

(一)方法原理

土样用 NaOH 在高温下（720℃左右）熔融，使难溶的铝硅酸盐矿物分解成为易溶于水和酸的盐类。熔块用酸溶解后，可以不经脱硅和除去铁铝的手续，将溶液稀释后，直接用火焰光度法测定试液中的钾。

待测液用压缩空气喷成雾状，在火焰高温的激发下，使待测元素基态原子的外层电子跃迁至更高能级的位置（激发态）。当这些激发的电子返回或部分回到稳定的或过渡状态时将原先吸收的能量以光（光子）的形式重新发射出来，这就产生了发射光谱（线光谱），各种元素都具有它特定的线光谱。

火焰所供给的能量比电弧或电火花的小得多，它只能激发电离能较低的元素（主要是碱金属和碱土金属），使之产生发射光谱（高温火焰要激发 30 种以上的元素产生火焰光谱）。当待测元素(如 K、Na)在火焰中被激发后,光线通过滤光片或其他波长选择装置(单色器),让该元素特有波长的光照射到光电池上,光电池产生的光电流通过一系列放大线路,用检流计测量其强度。如果激发条件(包括燃料气体和压缩空气的供应速度、样品溶液的流速、溶液中其他物质的含量等)保持一定时,则检测计读数与待测元素的浓度成正比,因此可以进行定量测定。

火焰光度计有各种不同型号,但都包括 3 个主要部分。

①光源:它包括气体供应、喷雾器、喷灯等,使待测液分散在压缩空气中成为雾状,再与燃料气体如乙炔、煤气、液化石油、苯、汽、油气等混合,在喷灯上燃烧。

②单色器:简单的是滤光片,复杂的是利用石英等棱镜与细缝来选择一定波长的光线。

③光度计:它包括光电池、检流计、调节电阻等,与光电比色计的测量光度部分一样。

在使用火焰光度计前,必须熟悉该仪器的各部分结构和操作技术,并在管理人员的指导下使用。

用火焰光度计定量待测液中某元素时,也要用一系列标准溶液同时测定,并绘制浓度与检流计读数关系的工作曲线。测得待测液的读数后,即可以从工作曲线上查得元素的浓度。测定各元素的适宜的浓度范围随元素种类和仪器型号而异,在确定方法时必须加以考虑。

影响火焰光度法测定结果准确度的因素主要有 3 个方面。

①激发情况的稳定性:如气体压力和喷雾情况的改变会严重影响火焰的稳定,喷雾器没有保持十分洁净时也会引起不小的误差。在测定过程中,如激发情况发生变化,应及时校正压缩空气及燃料气体的压力,并重新测读标准系列及试样。

②分析溶液组成改变的影响:必须使标准溶液与待测溶液都有几乎相同的组成,如酸浓度和其他离子浓度要力求相近。

③光度计部分(光电池、电流计)的稳定性:如光电池连续使用很久后会发生"疲劳"现象,应停止测定一段时间,待其恢复效能后再用。

多数火焰光度计在分析适当浓度的纯盐溶液时,准确度很高,误差仅 1%～3%。在分析土壤、肥料、植物样品待测液时,一些元素,如 K、Na 等,测定的误差为 3%～8%可满足一般生产上要求的准确度。

实验证明,待测液的酸含量(不论是 H_2SO_4、HNO_3 或 HCl)为 0.02 mol/L 时对测定几乎无影响,但太高时往往使结果偏低。若浸提剂的盐浓度过高,测定时易发生喷灯灯头被盐霜堵塞,使结果准确度大大降低,应及时停火清洗。此外,K、Na 彼此的含量对测定也互有影响。为了免除这项误差,可加入相应的"缓冲溶液",例如,在测 K 时加入 NaCl 的饱和溶液,测 Na 时加入 KCl 的饱和溶液。

(二)主要仪器设备

分析天平(感量为 0.000 1 g)、银坩埚(30 mL)、高温电炉、火焰光度计。

(三)试剂配制

①NaOH(分析纯,粒状)。

②无水乙醇(分析纯)。

③(1+1)HCl。将浓 HCl(分析纯)与水等体积混合。

④0.4 mol/L (1/2 H_2SO_4)。11 mL 浓 H_2SO_4(分析纯)溶于 1 L 水中,混合均匀。

⑤9 mol/L（1/2 H₂SO₄）。取浓 H₂SO₄（分析纯）1 份体积,缓缓注入 3 份体积的水。

⑥钾标准溶液[ρ（K）＝ 100 mg/L]。称取 0.190 7 g KCl(分析纯,110℃烘 2 h)溶于水中,定容至 1 L,即为 ρ（K）＝ 100 mg/L K 标准溶液,贮于塑料瓶中。

(四)操作步骤

称取烘干土样(0.15 mm 或 0.25 mm)约 0.25××g(精确至 0.000 1 g)于银坩埚底部,加几滴无水乙醇湿润之,然后加入 2.0 g[注2]固体粒状 NaOH,平铺于土样表面,暂放在干燥器中,以防吸湿。

待一批样品加完 NaOH 后,将坩埚放入高温电炉中,使炉温升至 400℃ 时,关闭电源 15 min,以防坩埚内容物溢出。再继续升温至 720℃并保持 15 min,关闭电源,打开炉门,待炉温降至 400℃以下时,取出坩埚[注3]。加入温度约 80℃的水约 10 mL,放置冷却,使熔块分散。将分散物用水转入 50 mL 容量瓶中,用少量 0.4 mol/L （1/2 H₂SO₄）溶液清洗数次,一起倒入容量瓶中,使总体积至约 40 mL。再加入(1+1)HCl 溶液 5 滴和 9 mol/L （1/2 H₂SO₄）溶液 5 mL[注4],用水定容,过滤。此待测液可供磷和钾测定用。按照上述同样方法制备空白溶液。

吸取上述滤液 5.00～10.00 mL 于 50 mL 容量瓶中(钾的浓度以 10～30 μg/mL 为宜),用水定容后,按仪器使用说明书进行测定。用系列标准溶液中钾浓度为零的溶液调节仪器零点,记录检流计的读数,然后从校准曲线查出来或从直线回归方程计算出试液中钾的浓度,进而求得土样中含钾量。

标准曲线或回归方程。分别吸取钾标准溶液[ρ（K）＝ 100 mg/L] 0 mL、1.00 mL、2.50 mL、5.00 mL、10.00 mL、15.00 mL、20.00 mL 于 50 mL 容量瓶中,分别加入与待测液相同体积的空白液,用水定容至刻度,摇匀。此系列标准溶液中的钾浓度分别为 0 mg/L、2 mg/L、5 mg/L、10 mg/L、20 mg/L、30 mg/L、40 mg/L。按照与试液相同的测定方法进行,并绘制校准曲线或计算直线回归方程。

(五)结果计算

$$\omega（K）= \frac{\rho（K）\times V \times f}{m} \times 10^{-3}$$

式中:ω（K）——土壤全钾的质量分数/(g/kg);ρ（K）——从工作曲线查得溶液中钾的浓度/(mg/L);V——测读液定容体积/50 mL;f——分取倍数,待测液定容体积(mL)/吸取试液体积(mL);m——土样质量/g;10^{-3}——将 mg/L 数换算为 g/kg 的乘数。

(六)注释

[1]土壤中全钾含量(K_2O)为 2%左右,高的可达 3%～4%,低的可至 0.1%～0.4%。不同地区、不同土类和气候条件下,全钾量相差很大。华北平原除盐渍化土壤外,全钾(K_2O)含量为 2.0%～2.6%。

[2]土样加入助熔剂 NaOH 的量,比例为 1:8。当土样用量增加时,NaOH 用量也需相应的增加。在测定样品的同时,需取与加入样品中等量的 NaOH 熔融进行空白测定,以消除试剂等误差。

[3]应稍冷后观察熔块,若呈淡蓝色或蓝绿色则为样品分解完全;若呈棕黑色,表示样品分

解不完全,必须再熔 1 次。

　　[4]加入 H_2SO_4 的量视 NaOH 用量的多少而定,目的是中和多余的 NaOH,使溶液呈酸性[酸的浓度约达 0.3 mol/L(1/2 H_2SO_4)]而使硅得以沉淀下来。

思考与讨论

　　1.在土壤中,钾的存在形态有哪几种?

　　2.土壤全钾测定的样品分解方法有哪些? 各自的特点是什么?

　　3.土壤溶液中钾的定量最常用的方法是什么? 试述其原理。

　　4.影响火焰光度法测定结果准确度的因素有哪些?

十二、土壤有效钾的测定

▶▶目的◀◀

1. 了解土壤有效钾的形态。
2. 掌握 $1.0\ mol/L\ NH_4OAc$ 法测定土壤速效钾的方法原理与测定条件。
3. 掌握 $1.0\ mol/L\ HNO_3$ 煮沸法测定土壤缓效钾的方法原理与测定条件。

作物从土壤所吸收的钾中，除来源于速效性钾外，还来源于缓效性钾。缓效性钾是速效性钾的贮备，它能逐渐转化为速效性钾。因此，评价土壤钾的供应水平，最好同时测定土壤速效钾和缓效钾含量。

土壤速效钾测定常用的浸提剂是 $1.0\ mol/L\ NH_4OAc$ 溶液。但为了与其他营养元素一起浸提，或在没有火焰光度计或原子吸收分光光度计设备的实验室测定钾，也可选用其他浸提剂。不同的浸提剂测定速效钾的结果是不一致的，解释测定结果时，须采用不同的评价标准。缓效钾的测定常用 $1.0\ mol/L\ HNO_3$ 煮沸浸提法。

（一）土壤速效钾的测定

1. $1.0\ mol/L\ NH_4OAc$ 浸提-火焰光度法

（1）方法原理　土壤速效钾包括交换性钾和水溶性钾。以中性 $1.0\ mol/L\ NH_4OAc$ 溶液浸提土壤时，NH_4^+ 与土壤胶体表面吸附的 K^+ 进行交换，使交换性钾与水溶性钾一起被浸出。浸出液中的 K^+ 可直接用火焰光度计测定。

NH_4^+ 与 K^+ 的半径相近，所以以 NH_4^+ 取代交换性 K^+ 时，能将土壤交换性钾与黏土矿物晶格层间的非交换性钾分开，不因淋洗次数或浸提时间增加而显著增加浸出量，所得结果比较稳定，重现性好。因此 $1.0\ mol/L\ NH_4OAc$ 溶液是速效钾测定最普遍采用的浸提剂。

（2）主要仪器设备　往复式振荡机、火焰光度计。

（3）试剂配制

① $1.0\ mol/L$ 中性 NH_4OAc（pH 7）溶液。称取 $77.08\ g\ NH_4OAc$（分析纯）溶于约 $950\ mL$ 水中，用约 $3\ mol/L$ 的 HOAc 或 NH_4OH 调节至 pH 7.0（用 pH 计测定），加水至 $1\ L$。

② 钾标准贮备液 $[\rho\ (K) = 100\ mg/L]$。称取 $0.190\ 7\ g\ KCl$（分析纯，$105\sim110℃$ 干燥 $2\ h$）溶于 $1.0\ mol/L\ NH_4OAc$ 溶液中，并用它定容至 $1\ L$，摇匀。

（4）操作步骤

称取风干土样（1 mm 或 2 mm）$5.00\ g$ 于 $150\ mL$ 三角瓶或 $200\ mL$ 塑料瓶中，用量筒或分液器加入 $1.0\ mol/L\ NH_4OAc$ 溶液 $50\ mL$，用塞塞紧，振荡 $30\ min$，用干滤纸过滤。滤出液[注1]直接用火焰光度计测定钾的浓度[注2]。

校准曲线或回归方程。准确吸取钾标准贮备液 $[\rho\ (K) = 100\ mg/L]$ $0\ mL$、$1.00\ mL$、$2.50\ mL$、$5.00\ mL$、$10.00\ mL$、$15.00\ mL$、$20.00\ mL$，分别放入 $50\ mL$ 容量瓶中，用 $1.0\ mol/L$

NH_4OAc 溶液定容,即得 0 mg/L、2 mg/L、5 mg/L、10 mg/L、20 mg/L、30 mg/L、40 mg/L 标准系列溶液。

将上述钾标准系列溶液,以浓度最大一个定到火焰光度计上检流计的近满度(例如,90格),然后从低至高依次进行测定,记录检流计的读数。以检流计读数(格)为纵坐标,钾浓度(mg/L)为横坐标,绘制校准曲线或计算直线回归方程。

(5)结果计算

$$\omega(K)^{[注3]} = \rho(K) \times V/m$$

式中:$\omega(K)$——土壤速效钾的质量分数/(mg/kg);$\rho(K)$——从校准曲线或回归方程求得的待测液钾浓度/(mg/L);V——浸提剂体积/mL;m——土样质量/g。

如果浸出液经稀释后测定,则测定结果须乘上稀释倍数。

(6)注释

[1]浸出液和含 NH_4OAc 的标准溶液不宜久放,以免长霉,影响测定结果的准确度。

[2]若浸出液中钾的浓度超过校准曲线的测定范围,应用 1.0 mol/L NH_4OAc 稀释后再测定。

[3]1.0 mol/L NH_4OAc 法测定结果的评价标准参考 以华北平原冬小麦-夏玉米体系为例,如表 1-22 所列。

表 1-22 华北平原冬小麦-夏玉米体系 1.0 mol/L NH_4OAc 法测定结果的评价标准

NH_4OAc-K/(mg/kg)	土壤供钾水平
<90	低
90~120	中等
120~150	高
>150	极高

2. 1.0 mol/L NaNO₃浸提-四苯硼钠比浊法[注1]

(1)方法原理 本法用 1.0 mol/L $NaNO_3$ 溶液浸提土壤速效钾。浸出液中的 K^+,在微碱性介质中与四苯硼钠反应,生成微小颗粒的四苯硼钾白色沉淀。

根据溶液的浑浊度,可用比浊法测定钾量。待测液中含 K 量在 3~20 mg/L 范围内,符合比耳定律。待测液中如有 NH_4^+ 存在,将生成四苯硼铵白色沉淀,这种干扰可在碱性条件下用甲醛掩蔽。浸出液中的 Ca^{2+}、Mg^{2+} 等金属离子,在碱性溶液中会形成碳酸盐或氢氧化物沉淀,可加 EDTA 掩蔽。

(2)主要仪器设备 往复式振荡机、分光光度计。

(3)试剂配制

①1.0 mol/L $NaNO_3$ 溶液。85.0 g $NaNO_3$(分析纯)溶于水中,稀释至 1 L。

②甲醛-EDTA 掩蔽剂。2.50 g EDTA 二钠盐($C_{10}H_{14}O_8 \cdot N_2Na_2 \cdot 2H_2O$,分析纯)溶于 20 mL 0.05 mol/L 硼砂溶液(19.07 g $Na_2B_4O_7 \cdot 10H_2O/L$)中,加入 80 mL 37% 的甲醛溶液(HCHO,分析纯),混匀后即成 pH 9.2 的掩蔽剂。配好后须用 3% 四苯硼钠做空白检查,应无浑浊生成。

③3％四苯硼钠溶液[注2]。3.00 g 四苯硼钠{Na[B(C₆H₅)₄],分析纯}溶于 100 mL 水中,加 10 滴 0.2 mol/L NaOH 溶液,放置过夜,滤清后贮于棕色瓶中。

④钾标准贮备液[ρ (K) = 100 mg/L]。0.190 7 g KCl(分析纯,105～110℃干燥 2h)溶于 1.0 mol/L NaNO₃ 溶液中,并用它定容至 1 L。

(4)操作步骤

称取风干土(1 mm 或 2 mm)5.00 g 于 150 mL 三角瓶或 200 mL 塑料瓶中,用量筒或分液器加入 25 mL 1.0 mol/L NaNO₃ 溶液,在 20～25℃下振荡 5 min,过滤。

吸取浸出液 8.00 mL[注3],放入 25 mL 三角瓶中,加入 1.00 mL 甲醛-EDAT 掩蔽剂[注4],摇匀。用移液管沿壁加入 1.00 mL 3％四苯硼钠溶液,立即摇匀,放置 15～30 min。比浊时再次摇匀,用 1 cm 比色槽,在波长 420 nm 处(或用紫蓝色滤光片)比浊,以水为参比调节仪器零点[注5][注6]。

校准曲线或回归方程。准确吸取钾标准贮备液[ρ (K) = 100 mg/L] 0 mL、1.50 mL、2.50 mL、5.00 mL、7.50 mL、10.00 mL、12.50 mL 分别于 50 mL 容量瓶中,用 1.0 mol/L NaNO₃ 溶液定容,即得 0 mg/L、3 mg/L、5 mg/L、10 mg/L、15 mg/L、20 mg/L、25 mg/L K 标准系列溶液。

分别吸取 8.00 mL 上述 0～25 mg/L K 的标准系列溶液,同上显浊后测读吸光度。以吸光度为纵坐标,钾标准系列溶液浓度(mg/L)为横坐标,绘制校准曲线或计算求回归方程。

(5)结果计算

$$\omega (K)^{[注7]} = \rho (K) \times V/m$$

式中:ω (K)——土壤速效钾的质量分数/(mg/kg);ρ (K)——从校准曲线或回归方程求得的待测液钾浓度/(mg/L);V——浸提剂体积/mL;m——土样质量/g。

(6)注释

[1]比浊法精密度较差,供无火焰光度计、原子吸收分光光度计设备或在田间测定时用。

[2]批号、瓶装、贮存时间不同的四苯硼钠试剂以及配制好而贮存时间不同的四苯硼钠溶液,同样操作时的浊度常常差别很大。因此,使用前必须用标准钾检查试剂的质量,每批样品测定的同时,都须用同一四苯硼钠溶液做校准曲线。

[3]土壤含钾量高时,应吸取较少量的浸出液进行测定,此时需用 1.0 mol/L NaNO₃ 溶液补足至 8.00 mL。计算结果时,应乘上稀释倍数。

[4]加掩蔽剂后,最后比浊液中的 EDTA 浓度为 0.25％,甲醛为 3％。此时比浊液中如有 20 mg/L Ca、100 mg/L Mg、1 000 mg/L Na 和 2 mg/L NH₄⁺—N,对钾的测定均无干扰。

[5]土壤浸出液有时呈浅黄色或微浊,可用校正吸光度法消除,即在测读试样浊度时,同时测读空白溶液(8.00 mL 土壤浸出液加 1.00 mL 掩蔽剂和 1.00 mL 水)的吸光度。2 个吸光度之差为校正吸光度。

[6]比浊法要取得良好结果,必须严格按照操作规程进行。试剂的用量、加入的方法和速度、放置时间和比浊时须再次摇匀等都要求一致,这样才能取得良好的再现性。

[7]本法由于浸提的液土比较小,浸提时间短,测定结果比 1.0 mol/L NH₄OAc 法低。测定值的评价标准如表 1-23 所列。

表 1-23　1.0 mol/L NaNO$_3$ 法测定结果的评价标准

NaNO$_3$—K/(mg/kg)	土壤供钾丰缺程度
<20	缺
20~50	中等
>50	足够

(二)土壤缓效钾的测定

1. 1.0 mol/L HNO$_3$ 煮沸浸提-火焰光度法

(1)方法原理　土壤缓效钾是指非交换性钾中比较容易转化成速效性钾的那一部分,主要存在于层状硅酸盐矿物层间和颗粒边缘。用 1.0 mol/L HNO$_3$ 溶液和土样共煮沸 10 min,所浸出的酸溶性钾减去速效性钾所得的钾量,用来衡量土壤缓效钾的高低。它是反映土壤钾供应潜力的较好指标。

(2)主要仪器设备　调温电炉、火焰光度计。

(3)试剂配制

①1.0 mol/L HNO$_3$ 溶液[注1]。62.5 mL 浓 HNO$_3$(分析纯,相对密度 1.42)用水稀释至 1 L。

②0.1 mol/L HNO$_3$ 溶液。将 1.0 mol/L HNO$_3$ 溶液稀释 10 倍而成。

③钾标准贮备液[ρ(K) = 100 mg/L]。0.190 7 g KCl(分析纯,105~110℃干燥 2 h)溶于水中,定容至 1 L,贮于塑料瓶中。

(4)操作步骤

称取风干土样(1 mm 或 2 mm)2.50 g,放入 100 mL 三角瓶或大的硬质试管中,用量筒或分液器加入 1.0 mol/L HNO$_3$ 溶液 25 mL,在瓶口插一弯颈小漏斗,在调温电炉上或放入油浴或磷酸浴[注2]中加热煮沸 10 min(从沸腾开始准确计时)[注3]。取下后趁热过滤到 100 mL 容量瓶中,用0.1 mol/L HNO$_3$ 溶液洗涤 4~5 次,每次用量约为 15 mL,冷却后加水定容、摇匀。此液[注4]可直接用火焰光度计测定钾的浓度。

校准曲线或直线回归方程。准确吸取钾标准贮备液[ρ(K) = 100 mg/L] 0 mL、1.00 mL、2.50 mL、5.00 mL、10.00 mL、15.00 mL、20.00 mL,分别放入 50 mL 容量瓶中,各加入 1.0 mol/L HNO$_3$ 溶液 12.5 mL,用水定容、摇匀,即得 0 mg/L、2 mg/L、5 mg/L、10 mg/L、20 mg/L、30 mg/L、40 mg/L K 标准系列溶液。

在测定未知样品的同时测定 K 标准系列溶液,绘制校准曲线或计算直线回归方程。

(5)结果计算

$$\omega(K) = \rho(K) \times V/m$$

式中:ω(K)——土壤酸溶性钾的质量分数/(mg/kg);ρ(K)——从校准曲线或回归方程求得的待测液钾浓度/(mg/L);V——钾液定容体积/mL;m——土样质量/g。

$$土壤缓效钾[注5] = 土壤酸溶性钾 - 土壤速效钾$$

如果酸溶性钾含量高,应稀释后再测定,则酸溶性钾测定结果须乘上稀释倍数。

(6)注释

[1]如浓 HNO_3 的浓度不足 16 mol/L,则需先配制浓度大于 1 mol/L 的 HNO_3 溶液,经标定后再准确稀释至 1.0 mol/L。

[2]也可在电热板上直接加热,即将土样和酸置于 100 mL 三角瓶或 100 mL 高形烧杯中,用漏斗或表面皿盖好,在电热板沙浴上加热至微沸,注意控制温度,勿使水分大量蒸发掉。

[3]煮沸时间要严格掌握,必须保持微沸 10 min。碳酸盐土壤消煮时有大量 CO_2 气泡发生,不要误认为沸腾。注意补充蒸发损失的水分。

[4]如果土壤缓效钾含量很高,可用 0.25 mol/L HNO_3 溶液将试液稀释后再测定。

[5]1.0 mol/L HNO_3 测定的土壤缓效钾的评价标准如表 1-24 所列。

表 1-24　1.0 mol/L HNO_3 测定的土壤缓效钾的评价标准

土壤缓效钾含量/(mg/kg)	供钾水平
<300	低
300~600	中等
>600	高

2. 2.0 mol/L HNO_3 冷浸提-火焰光度法

(1)方法原理　本法采用 2.0 mol/L HNO_3 溶液与土样在室温下振荡 30 min 浸提土壤缓效性钾。操作简便、结果的再现性好。据研究认为,测定结果与水稻总吸钾量有极好相关性。

(2)主要仪器设备　往复式振荡机、火焰光度计。

(3)试剂配制

①2.0 mol/L HNO_3 溶液。125 mL 浓 HNO_3(分析纯,比重 1.42)用水稀释至 1 L。

②钾标准贮备液。同土壤缓效钾的测定,1.0 mol/L HNO_3 煮沸浸提—火焰光度法。

(4)操作步骤

称取风干土样(1 mm 或 2 mm)2.50 g,放入 150 mL 三角瓶或 200 mL 塑料瓶中,加入 50 mL 2.0 mol/L HNO_3 溶液,塞紧,振荡 30 min,过滤。用火焰光度法测定滤液中钾量,必要时,稀释后再测定。

工作曲线的配制同 1.0 mol/L HNO_3 煮沸浸提—火焰光度法。但注意使 HNO_3 浓度与试样溶液相同。

(5)结果计算　同土壤缓效钾的测定,1.0 mol/L HNO_3 煮沸浸提—火焰光度法。

❓思考与讨论

1.土壤有效钾包括哪些形态?

2.土壤速效钾测定最常用的方法是什么?试述其测定条件。

3.土壤缓效钾测定最常用的方法是什么?试述其测定条件。

4.测定土壤速效钾与缓效钾时,工作曲线配制上有何不同?

十三、土壤有效硼的测定

▶目的◀

1. 了解土壤有效硼的形态。
2. 掌握土壤有效硼测定的浸提方法及条件。
3. 掌握比色法测定土壤有效硼的方法原理及测定条件。

　　土壤中全硼含量在 0～500 mg/kg,主要以无机态形式存在于电气石的矿物结构中,其对植物无效;而有机态硼的有效性不高,只有少量的硼盐或吸附态硼对植物是有效的。土壤中的有效态硼含量在 0～5.0 mg/kg,多数在 0.2～1 mg/kg,通常以沸水能溶解的硼来表征。沸水溶性硼一般含量低,最好的定量方法是使用电感耦合等离子体发射光谱仪(ICP-AES)。此外,也可采用分光光度法测定,较常用的显色剂有姜黄素、甲亚胺和四羟基蒽醌等。其中,以姜黄素法灵敏度最高,它是测定土壤有效硼的国家标准方法。虽然甲亚胺法灵敏度不够高,但是在水溶液中显色,且操作简便,适用于自动化分析,应用也较广。本实验主要介绍甲亚胺法和姜黄素法。

(一)沸水浸提-甲亚胺分光光度法

1. 方法原理

　　土壤经沸水浸提,浸出液中的硼在微酸介质中与甲亚胺可生成水溶性的黄色配合物[注1],在波长 415 nm 处测定吸光度。

　　甲亚胺与硼的反应受 pH、温度和试剂浓度的影响,因此,试液与标准系列溶液应尽量在相同条件下显色。铁、铝、铜等离子有干扰,需加入 EDTA 或 NTA(氨三乙酸)掩蔽。少量 NH_4^+ 使结果偏高的干扰,可加入氨缓冲溶液使影响恒定而消除,有机质的颜色干扰可通过扣除本底的方法或碱化后的灼烧除去。

2. 主要仪器设备

　　调温电炉、分光光度计。

3. 试剂配制

　　①10%硫酸镁溶液。10.0 g $MgSO_4 \cdot 7H_2O$(分析纯)溶于 100 mL 水中。

　　②0.8%甲亚胺溶液[注2]。0.8 g 甲亚胺和 2.0 g 抗坏血酸(分析纯)溶解于 100 mL 水中,水浴上加热(<50℃)助溶。使用当天配制(在冰箱中可保存 2～3 d)。

　　③缓冲-掩蔽剂。250 g 醋酸铵(分析纯)和 15 g EDTA 二钠(分析纯)溶解于 400 mL 水中,然后缓缓加入 125 mL 冰醋酸(分析纯)。

　　④硼标准贮备溶液[ρ(B) = 100 mg/L]。0.571 6 g H_3BO_3(优级纯或分析纯,预先在浓硫酸干燥器内至少干燥 24 h)溶于水,定容至 1 L,贮存于塑料瓶中。

　　⑤硼标准工作溶液[ρ(B) = 10 mg/L]。将上述硼标准贮备溶液[ρ(B) = 100 mg/L]准确稀释 10 倍。

4. 操作步骤

称取风干土样(1 mm 或 2 mm)20.00 g,置于 250 mL 三角瓶中[注3],用量筒或分液器加入 40 mL 水并轻轻摇动,连接回流冷凝器[注4],在可控温电炉上加热至微沸 5 min(以液面普遍冒小泡开始计时)后立即移去热源,冷却 5 min。取下三角瓶,加入 2 滴 10%硫酸镁溶液[注5],摇匀后立即过滤。将土壤悬液一次倾入滤纸上,用塑料瓶承接滤液。同时进行空白试验,纠正试剂和仪器误差。

准确吸取冷却后的滤液 5.00 mL 于 10 mL 或 15 mL 塑料管中,加入缓冲—掩蔽剂 2.00 mL,摇匀,再加入 0.8%甲亚胺溶液 2.00 mL,摇匀,放置 30 min 后,用 1 cm 或 2 cm 光径比色槽在 415 nm 波长处测定吸光度(A_1),以试剂空白调节仪器零点。

若浸出液有颜色,应另取滤液 5.00 mL,加入缓冲—掩蔽剂 2.00 mL 和水 2.00 mL,摇匀,以 2.00 mL 缓冲—掩蔽剂和 7.00 mL 水的混合液为参比调节仪器零点,测定吸光度(A_2)。硼显色液校正后的吸光度为 $\Delta A = A_1 - A_2$。

校准曲线或直线回归方程　准确吸取硼标准工作溶液[$\rho(B) = 10$ mg/L] 0 mL、0.50 mL、1.00 mL、2.00 mL、3.00 mL、4.00 mL、5.00 mL,分别放入 50 mL 容量瓶中,加水定容,即得 0 mg/L、0.1 mg/L、0.2 mg/L、0.4 mg/L、0.6 mg/L、0.8 mg/L、1.0 mg/L 标准系列溶液。各吸取 5.00 mL 按照上述操作步骤显色和测定吸光度,然后绘制校准曲线或求直线回归方程。

5. 结果计算

$$\omega(B)^{[注6]} = \rho(B) \times V/m$$

式中:$\omega(B)$——土壤有效硼的质量分数/(mg/kg);$\rho(B)$——从校准曲线或回归方程求得的待测液中硼浓度/(mg/L);V——浸提液体积/mL;m——土样质量/g。

若用玻璃三角瓶浸提,应从结果中减去空白试验的硼量。

6. 注释

[1]甲亚胺与 B 的可能反应示意如下:

[2]甲亚胺可以自己制备。方法如下:将 18 g H 酸[1-氨基-8-萘酸-3,6-二磺酸,$C_{10}H_4NH_2OH(SO_3H)_2$]或 20.8 g H 酸钠溶解于约 500 mL 温水中,必要时过滤,用 10%(m/V)

KOH 溶液调节至约 pH 7,然后用浓 HCl 调节 pH 至 1.5。在温度约 60℃,不断搅拌下加入 20 mL 水杨醛($C_5H_4OH\cdot CHO$,为无色液体),保温约 1 h,同时不断搅拌或振荡 1 h,静置过夜。弃去上层澄清液,用平板漏斗抽滤,用无水乙醇淋洗 4~5 次。在 100℃ 下干燥 3 h,即得橘黄色的甲亚胺-H,产品易吸湿,应在玛瑙研钵中研细,混均,保存于干燥处。

[3]最好使用石英器皿浸提,以免玻璃含 B 污染。若使用玻璃器皿,应先用稀 HCl 浸泡或加热浸泡,然后洗净。每批样品尽量使用同一批器皿,并做空白试验。

[4]也可在三角瓶上盖一小漏斗代替回流冷凝器。此时,最好在加热前先称量三角瓶等的质量,加热后再称量质量,并补充蒸发损失的水量,以控制土液比维持 1:2。

[5]加 $MgSO_4$ 的目的是加速澄清,有利于过滤得到清亮滤液。也可滴加 2 滴 1 mol/L $CaCl_2$ 溶液,或用 0.01 mol/L $CaCl_2$ 溶液代替水为浸提剂。

[6]沸水溶性硼测定结果的评价标准,随土壤、作物而异,一般以 0.5 mg/kg B 为临界值。

(二)沸水浸提-姜黄素分光光度法

1. 方法原理

土样经沸水浸提,浸出液中的硼在草酸存在下与姜黄素在蒸发和干燥过程中形成玫瑰红色配合物即玫瑰花青苷[注1]。用乙醇溶解后在 550 nm 波长处测定吸光度。

姜黄素与硼需在无水条件下形成玫瑰花青苷。影响蒸发和干燥的物理条件,如加热的温度和时间、空气的湿度、温度和流动速度等对显色都有一定的影响,因此必须严格控制在同一条件下进行,否则再现性差。室温下玫瑰花青苷(在 95% 乙醇中)可稳定 2~3 h,超过 3 h 会逐渐水解使红色减退。

土壤沸水浸出液的主要干扰离子是 NO_3^-,它能氧化姜黄素。待测液中 NO_3^- 浓度超过 20 mg/L 时,应碱化后灼烧除去[注2]。

2. 主要仪器设备

调温电炉、分光光度计、恒温水浴。

3. 试剂配制

①10% 硫酸镁溶液。10.0 g $MgSO_4\cdot 7H_2O$(分析纯)溶于 100 mL 水中。

②95% 乙醇(分析纯)。

③姜黄素—草酸溶液。0.040 g 姜黄素(分析纯)和 5.0 g 草酸(分析纯)溶于 100 mL 95% 乙醇中,贮存于塑料瓶中,放在阴凉避光处(若于冰箱中可稳定 1 周)。

④硼标准贮备溶液[$\rho(B) = 100$ mg/L]和硼标准工作溶液[$\rho(B) = 10$ mg/L]。同沸水浸提-甲亚胺分光光度法。

4. 操作步骤

土样的浸提方法同沸水浸提-甲亚胺分光光度法的操作步骤。

吸取 1.00 mL 清亮滤液于 50 mL 蒸发皿[注3]内,加入 4.00 mL 姜黄素-草酸溶液,在恒温水浴上(55±3)℃ 蒸发至干[注4]。继续在此温度烘焙 15 min[注5],以去除残存的水分。取下待皿冷却后加入 20.00 mL 95% 乙醇[注6],并用橡皮头玻棒研磨皿内壁,使内容物完全溶解后,过滤到另一干燥的 50 mL 三角瓶中,塞紧以防乙醇蒸发。用 1 cm 光径比色槽,在波长 550 nm 处测定吸光度[注7],以 95% 乙醇为参比调节仪器零点。与浸提土样同时,做空白试验。

校准曲线或直线回归方程　　准确吸取硼标准工作溶液[$\rho(B) = 10$ mg/L] 0 mL、

0.50 mL、1.00 mL、2.00 mL、3.00 mL、4.00 mL、5.00 mL,分别放入 50 mL 容量瓶中,加水定容,即得 0 mg/L、0.1 mg/L、0.2 mg/L、0.4 mg/L、0.6 mg/L、0.8 mg/L、1.0 mg/L 标准系列溶液。各吸取1.00 mL 按上述测样步骤显色和测定吸光度,然后绘制校准曲线或求直线回归方程。

5. 结果计算

$$\omega(B) = \rho(B) \times V/m$$

式中:$\omega(B)$——土壤有效硼的质量分数/(mg/kg);$\rho(B)$——从校准曲线或回归方程求得的待测液中硼浓度/(mg/L);V——浸提液体积/mL;m——土样质量/g。

平行测定允许绝对差值如表 1-25 所列。

表 1-25　土壤有效硼平行测定结果允许的绝对差值　　　　　　　　　　　　mg/kg

土壤有效硼含量	绝对差值
<0.2	0.02～0.03
0.2～0.5	0.04～0.05
>0.5	0.06

6. 注释

[1]反应示意如下:

(酮型)

(烯醇型)

[2]若 NO_3^- 浓度超过 20 mg/L,对硼比色测定有干扰。可准确吸取一定量浸出液于蒸发

皿中,加入少许饱和 $Ca(OH)_2$ 溶液碱化,在水浴上蒸干,再慢慢灼烧以破坏硝酸盐,再用一定量的 0.1 mol/L HCl 溶液溶解残渣,吸取 1.00 mL 溶液进行显色。由于待测液的酸度对显色有影响,所以标准系列也应按照同样步骤处理。

[3]为使蒸发条件一致,瓷蒸发皿要经过挑选,以保证其形状、大小、厚薄尽可能一致。

[4]恒温水浴要完全敞开,将瓷蒸发皿直接漂浮在水面上。水面应尽可能高,使蒸发皿不致被水浴的四壁挡住而影响空气的流动,以保证蒸发速度一致。

[5]以皿内显色物呈现红色时计时,有水残存会使颜色强度降低。蒸发和干燥后不应长时间暴露在空气中,以免玫瑰花青苷吸收空气中的水分而水解,应立即将蒸发皿从水浴中取出擦干,放入干燥器内,待比色时再随时取出。

[6]硼含量低时,可加 10.00 mL 95％乙醇。

[7]应在 3 h 内测定。

❓ 思考与讨论

1. 土壤有效硼测定的浸提方法是什么？浸提条件有什么？
2. 比色法测定土壤有效硼的常用方法有哪两种？试述其原理。
3. 甲亚胺法测试土壤有效硼的干扰物质有哪些？如何消除其影响？

十四、土壤有效铁、锰、铜和锌的测定
——DTPA 浸提-原子吸收分光光度法

▶▶目的◀◀

1. 熟悉土壤有效微量元素测定的浸提方法。
2. 掌握石灰性土壤有效铁、锰、铜、锌测定的浸提方法、原理及条件。
3. 掌握土壤溶液中微量元素的定量方法。

农业生产中微量元素肥料的施用多是根据土壤有效微量元素含量的高低来决定的。测定土壤有效铁、锰、铜和锌的浸提剂种类很多,检验浸提剂对某地区土壤的适应性,主要通过生物试验来决定。目前,锰常用的浸提剂有 $1\ mol/L\ NH_4OAc$ 溶液(交换性锰)和 0.2% 对苯二酚-$1\ mol/L\ NH_4OAc$ 溶液(易还原锰)。酸性土壤和中性土壤的有效锌和铜常用 $0.1\ mol/L\ HCl$ 溶液为浸提剂;而石灰性土壤和中性土壤常用的浸提剂为 DTPA 溶液,它也适用于有效铁、锰的浸提,但以锌的浸出量与作物反应的相关性最佳,铁次之,锰、铜又次之。

浸出液中铁、锰、铜和锌的定量方法有分光光度法、原子吸收分光光度法和电感耦合等离子体发射光谱法(ICP-AES)等。本实验选用 DTPA 溶液浸提-原子吸收分光光度法定量。

(一)方法原理

DTPA 浸提剂是 pH 7.30 的 $0.005\ mol/L$ DTPA(二乙三胺五乙酸)-$0.01\ mol/L\ CaCl_2$-$0.1\ mol/L$ TEA(三乙醇胺)溶液。

DTPA 与金属离子的螯合能力较强,在 pH 7.30 时,仍能与 Fe、Mn、Cu、Zn 等离子螯合,因此,在浸提土壤过程中,DTPA 能与溶液中游离的金属养分离子形成可溶性螯合物,降低了溶液中养分离子的浓度,使土壤固相上对植物有效性较高的养分离子转入溶液中而被浸提。TEA 使浸提剂为微碱性,并使其具有较强的缓冲性,在 pH 7.30 时,TEA 约有 3/4 质子化,能使土壤中的交换性离子被交换下来。适量浓度的 Ca^{2+}($0.01\ mol/L\ CaCl_2$)能抑制土壤中 $CaCO_3$ 的溶解,避免有效性低的闭蓄态养分的溶解。

浸出液中铁、锰、铜和锌的定量,可直接采用简便、快速的原子吸收分光光度法测定。

(二)主要仪器设备

往复式振荡机、原子吸收分光光度计。

(三)试剂配制

(1)DTPA 浸提剂($0.005\ mol/L$ DTPA-$0.01\ mol/L\ CaCl_2$-$0.1\ mol/L$TEA,pH 7.30)

1.967 g DTPA{二乙三胺五乙酸,[$(HOCOCH_2)_2NCH_2 \cdot CH_2]_2 \cdot NCH_2COOH$,分析纯},溶于 14.92 g TEA[三乙醇胺,$(HOCH_2CH_2)_3 \cdot N$,分析纯]和少量水中;再将 1.47 g $CaCl_2 \cdot$

$2H_2O$(分析纯)溶于水后,一并转入 1 L 的容量瓶中,加水至约 950 mL;在 pH 计上用(1+1)HCl 溶液调节 pH 至 7.30[每升浸提剂约需加(1+1)HCl 溶液 8.5 mL],最后用水定容。贮于塑料瓶中,几个月内不会变质(注意 DTPA 必须是酸式)。

(2)标准贮备液(任选下列方法之一配制)

①标准溶液[ρ(Fe,Mn,Cu,Zn)= 100 mg/L]。分别称取 0.100 0 g 纯金属铁、铜和锌(光谱纯),1.582 4 g 二氧化锰(分析纯)溶解于 5~10 mL 浓 HCl 中,蒸发至近干,用水溶解并定容至 1 L。

②铁标准溶液[ρ(Fe)= 100 mg/L]。0.702 3 g $Fe(NH_4)_2(SO_4)_2 \cdot 6H_2O$(分析纯)溶于 20 mL 0.6 mol/L HCl 溶液中,转移至 1 L 容量瓶中,用水定容。

锰标准溶液[ρ(Mn)= 100 mg/L]。0.274 9 g 无水 $MnSO_4$[$MnSO_4 \cdot 7H_2O$(分析纯)在 150℃下烘干,移入高温电炉中 400℃下灼烧 2 h,即为无水 $MnSO_4$]溶于水中,加入 1 mL 浓 H_2SO_4,用水定容至 1 L。

铜标准溶液[ρ(Cu)= 100 mg/L]。0.392 8 g $CuSO_4 \cdot 5H_2O$(分析纯,未风化的)溶于 1 mol/L(1/2 H_2SO_4)溶液中,用 1 mol/L(1/2 H_2SO_4)溶液定容至 1 L。

锌标准溶液[ρ(Zn)= 100 mg/L]。0.439 8 g $ZnSO_4 \cdot 7H_2O$(分析纯,未风化的)溶于水中,加几滴 HCl 酸化,用水定容至 1 L。

③也可直接购买铁、锰、铜、锌标准溶液(ρ= 1 000 mg/L) 准确稀释 10 倍后制得,可混配在一起。

(四)操作步骤[注1]

土壤风干后,用塑料棒在塑料板上将土样压碎,通过 1 mm 或 2 mm 筛孔的尼龙筛[注2],充分混匀。称取土样 10.00 g 于酸浸泡洗净后干燥的 150 mL 三角瓶或 200 mL 塑料瓶中,用移液管准确加入 20.00 mL DTPA 浸提剂,在 20~25℃下振荡 2h[注3],过滤,得澄清滤出液。每批样品测定时,需要同时做 2~3 个空白测定。用原子吸收分光光度计测定滤出液中铁、锰、铜和锌的浓度[注4]。

校准曲线或直线回归方程。用 DTPA 浸提剂将上述标准贮备液[ρ(Fe、Mn、Cu、Zn)= 100 mg/L]准确稀释 10 倍,并用 DTPA 浸提剂定容,即得铁、锰、铜和锌的标准工作溶液[ρ(Fe、Mn、Cu、Zn)= 10 mg/L]。

用 DTPA 浸提剂配制如下标准系列溶液[注5]:铁为 1~20 mg/L;锰为 0.5~5 mg/L;铜为 0.1~4 mg/L;锌为 0.1~1 mg/L。

直接在原子吸收分光分光度计上测读吸光度后绘制校准曲线或求直线回归方程,测定条件应与土样测定时相同。

(五)结果计算

$$\omega(Fe、Mn、Cu、Zn)^{[注6]} = \rho(Fe、Mn、Cu、Zn) \times V/m$$

式中:ω(Fe、Mn、Cu、Zn)——土壤有效铁、锰、铜和锌的质量分数/(mg/kg);ρ(Fe、Mn、Cu、Zn)——从校准曲线或回归方程求得浸出液中微量元素的浓度/(mg/L);V——浸提液体积/mL;m——土样质量/g。

(六)注释

[1]操作必须小心,注意防止污染。在采样和样品制备过程中应尽量避免使用金属制品,最好用塑料制品。所用的玻璃器皿应选用不含锌的硬质玻璃制品,除按照一般方法洗净外,还应用8%～10% HCl溶液浸泡过夜,再用纯水彻底洗去酸。纯水最好用硬质玻璃蒸馏器重蒸馏,或用离子交换纯水器提纯。试剂也应注意检验和纯化。

[2]样品磨细程度会改变DTPA浸提剂提取的微量元素数量,特别是铁。目前国际上常用通过1 mm或2 mm筛孔的土样进行测定,注意各批次测试样品的一致性。

[3]振荡2 h的条件下,土壤与浸提剂间的反应并未达到平衡,所以影响土壤与浸提剂间反应速率的因素,都会影响所浸出的金属离子数量。因此,浸提条件例如振荡时间、振荡强度、温度等都必须标准化,否则各批次测定结果无法相互比较。

[4]如有条件,滤出液中铁、锰、铜、锌的浓度也可采用电感耦合等离子体发射光谱仪(ICP-AES)进行测定。

[5]由于使用的原子吸收分光光度计型号不同,各元素校准曲线的范围会略有不同。

[6]DTPA浸提法测定土壤有效铁、锰、铜和锌结果的参考缺乏临界值分别为:铁2.5～4.5 mg/kg;锰1.0 mg/kg;铜0.2 mg/kg;锌0.5～1.0 mg/kg。

 思考与讨论

1.进行土壤有效铁、锰、铜、锌测定时,常用的浸提剂有哪些?

2.石灰性土壤有效铁、锰、铜、锌测定最常用的浸提剂是什么? 试述其浸提原理与浸提条件。

3.DTPA法测定石灰性土壤有效铁、锰、铜、锌时,哪个元素的测定结果与植物反应的相关性最好? 哪个相关性不好?

4.测定土壤溶液中铁、锰、铜、锌的浓度时,常用的定量方法有哪些?

十五、Mehlich 3 方法测定土壤有效养分

——土壤有效磷、钾、钙、镁、铁、锰、铜、锌的联合测定

▶目的◀

1. 熟悉 Mehlich 3 方法作为通用浸提剂的优点。

2. 掌握 Mehlich 3 方法测定土壤有效养分的浸提原理及条件。

3. 掌握 Mehlich 3 方法测定土壤有效养分的定量方法。

几十年来,国内外开展了大量有关土壤通用浸提剂的应用研究,即用同一种浸提剂可以同时从土壤中浸提出多种元素或离子的方法,如 Mehlich 3 法(1984 年)、AB-DTPA 法(1977年)、0.01 mol/L $CaCl_2$ 法(1986 年)。通用浸提剂的优点是可以同时提取多种元素,包括某些大量元素(P、K、Ca、Mg)和某些微量元素(Fe、Mn、Cu、Zn、B 等);能够适应仪器分析的需要,如电感耦合等离子体发射光谱法(ICP-AES)、原子吸收光谱法(AAS)、自动流动注射仪法等;与常规分析方法相比,能够提高测试效率、节省人力和物力。

目前,这些方法已在许多国家如美国、加拿大、英国、德国等被广泛应用与研究。从 20 世纪 80 年代后期,我国部分地区也陆续开展了 Mehlich 3 方法的相关研究,但由于地域辽阔,土壤类型众多,在各地应用中受到了一定限制。2005 年,在农业部开展的测土配方施肥工作中,重又在全国大范围内系统地开展 Mehlich 3 方法的可行性和适用性研究,该方法近年来已逐渐被广泛接受。本实验将详细介绍 Mehlich 3 方法测定土壤有效养分。

(一)方法原理

Mehlich 3 浸提剂的组成:0.2 mol/L HOAc-0.25 mol/L NH_4NO_3-0.015 mol/L NH_4F-0.013 mol/L HNO_3-0.001 mol/L EDTA [pH (2.5±0.1)]。

Mehlich 3 浸提剂中的 0.2 mol/L HOAc-0.25 mol/L NH_4NO_3 形成了 pH 2.5 的强缓冲体系,可浸提出交换性—K、Ca、Mg、Fe、Mn、Cu、Zn 等阳离子;0.015 mol/L NH_4F-0.013 mol/L HNO_3 可调控 P 从 Ca、Al、Fe 无机磷源中的解吸;0.001 mol/L EDTA 可浸出螯合态 Cu、Zn、Mn、Fe 等。因此,Mehlich 3 浸提剂可同时提取土壤中有效态磷、钾、钙、镁、铁、锰、铜、锌、硼等多种养分。

(二)主要仪器设备

分析天平(感量为 0.01 g)、分液器(0～100 mL 可调)、加样枪(0～5 mL 可调)、往复式振荡机(可放置 50～100 个样品同时振荡,转速 0～220 r/min)、分光光度计、火焰光度计、原子吸收分光光度计(AAS)、电感耦合等离子体发射光谱仪(ICP-AES)。

(三)土壤浸出液的制备

1. 试剂配制

硝酸铵（NH_4NO_3，分析纯）、氟化铵（NH_4F，分析纯）、冰乙酸（CH_3COOH，99.5%，分析纯）、硝酸（HNO_3，68%～70%，分析纯）、乙二胺四乙酸[$(HOOCCH_2)_2NCH_2CH_2N(CH_2-COOH)_2$，即 EDTA，分析纯]。

①Mehlich 3 贮备液[$c(NH_4F) = 3.75$ mol/L $+ c(EDTA) = 0.25$ mol/L]。称取氟化铵（分析纯）138.9 g 溶于约 600 mL 去离子水中，摇动，再加入乙二胺四乙酸（EDTA）73.1 g，溶解后用去离子水定容至 1 000 mL，充分混匀后贮存于塑料瓶中（在冰箱内可长期使用），可供 5 000 个样次使用。如工作量不大，可按比例减小贮备液数量。

②Mehlich 3 浸提剂（简称 M3 浸提剂）。用 1 000 mL 或 2 000 mL 量筒量取 2 000 mL 去离子水，加入 5 000 mL 塑料桶中（在 5 000 mL 处有标记），称取硝酸铵 100.0 g，使之溶解，加入 20 mL Mehlich 3 贮备液，再加入冰乙酸（即 17.4 mol/L）57.5 mL 和浓硝酸 4.1 mL，用量筒加水稀释至 5 000 mL，充分混合均匀。此液 pH 应为（2.5±0.1），贮存于塑料瓶中备用[注1]。

③清洗液[$\rho(AlCl_3) = 2$ g/L]。玻璃和自来水中微量 Cu、Zn 可能污染浸提液，故一切试剂和浸提液、标准溶液都不能用玻璃瓶盛放，一切用具、滤纸用前都要先用 $AlCl_3$ 清洗液（2 g $AlCl_3$ 溶于 1 000 mL 蒸馏水中）清洗 3 遍后，再用蒸馏水清洗。如果需要同时测定微量元素，所有器皿也可用约 5% HCl 或 HNO_3 溶液浸泡过夜，洗净后备用。

2. 操作步骤

称取 5.00 g 风干土壤样品（过 2 mm 尼龙筛），于 200 mL 塑料瓶[注2]中，用量筒或分液器准确加入 50 mL Mehlich 3 浸提剂，盖严后于往复振荡机（振荡强度为 180～200 r/min）上振荡 5 min。然后干滤纸过滤，收集清亮的滤液[注3]于 50 mL 塑料瓶中。整个浸提过程应在恒温条件下进行，温度控制在（25±1）℃[注4]。

(四)浸出液中磷的测定

1. 试剂配制

①钼锑抗试剂。称取酒石酸氧锑钾（$KSbC_4H_4O_7 \cdot 1/2 H_2O$，分析纯）0.5 g 溶于 100 mL 去离子水中，配制成 0.5% 的溶液。另称取钼酸铵[$(NH_4)_6Mo_7O_{24} \cdot 4H_2O$，分析纯]10.0 g 溶于 450 mL 水中，慢慢地加入 153 mL 浓 H_2SO_4（分析纯），边加边搅动。再将 100 mL 0.5% 酒石酸氧锑钾溶液加入钼酸铵溶液中，最后加水稀释至 1 000 mL，充分摇匀，贮存于棕色瓶中，此为钼锑贮备液。

临用前（当天），称取抗坏血酸（即维生素 C，分析纯）1.50 g，溶于 100 mL 钼锑贮备液中，混匀，此为钼锑抗试剂，有效期 24 h。建议现用现配。此配好的钼锑抗试剂中 H_2SO_4 的浓度为 5.5 mol/L（$1/2 H_2SO_4$），钼酸铵浓度为 1%，酒石酸氧锑钾浓度为 0.05%，抗坏血酸浓度为 1.5%。

②磷标准贮备液[$\rho(P) = 50$ mg/L]。称取磷酸二氢钾（KH_2PO_4，分析纯，105℃烘干 2 h）0.219 5 g，置于 400 mL 去离子水中，加入浓 H_2SO_4 5 mL（防长霉菌，可使溶液长期保存），转入 1 000 mL 容量瓶中，用水定容。

③磷标准工作溶液[ρ（P）＝ 5 mg/L]。准确吸取磷标准贮备液[ρ（P）＝ 50 mg/L] 25.00 mL，稀释定容至 250 mL，即为磷标准工作溶液[ρ（P）＝ 5 mg/L]（此稀溶液不宜久存）。

2. 操作步骤

以下 2 种方法任选其一。

方法一：用移液管或加样枪准确吸取 1.00～10.00 mL 土壤浸出液（依肥力水平而异）于 50 mL 容量瓶中，加水至约 30 mL，加入 5.00 mL 钼锑抗试剂显色，用水定容摇匀[注5]。显色 30 min 后，在 880 nm 处比色。如冬季气温较低时，注意保持显色时温度在 15℃以上，最好在恒温室内显色，以加快显色速度。测定的同时做空白校正[注6]。

方法二：用移液管或加样枪准确吸取 1.00 mL 土壤浸出液于 50 mL 塑料瓶中，用分液器准确加水 17.0 mL，用加样枪准确加入 2.00 mL 钼锑抗试剂显色，摇匀。显色 30 min 后，在 880 nm 处比色。冬季气温低时，保温措施同方法一。测定的同时做空白校正。

工作曲线。准确吸取磷标准工作溶液[ρ（P）＝ 5 mg/L] 0 mL、0.50 mL、1.00 mL、2.00 mL、4.00 mL、6.00 mL，分别放入 50 mL 容量瓶中，加水至约 30 mL，加入 5.00 mL 钼锑抗试剂显色，用水定容摇匀，即得 0 mg/L、0.05 mg/L、0.1 mg/L、0.2 mg/L、0.4 mg/L、0.6 mg/L 磷标准系列溶液。显色 30 min 后，在 880 nm 处比色，绘制工作曲线。

3. 结果计算

方法一：

$$\omega（P）＝\frac{\rho（P）\times V\times f}{m}$$

式中：ω（P）——土壤有效磷（M3-P）的质量分数/（mg/kg）；ρ（P）——待测液中磷浓度/（mg/L）；V——显色液体积/mL；f——分取倍数，浸出液体积/吸取滤液体积；m——风干土样质量/g。

方法二：简化计算公式为：　　　ω（P）＝ρ（P）×200

（五）浸出液中钾的测定

1. 试剂配制

钾标准贮备液[ρ（K）＝ 100 mg/L]。准确称取氯化钾（KCl，105℃干燥 4 h，分析纯）0.190 7 g，溶于去离子水中，定容至 1 L。

2. 操作步骤

Mehlich 3 浸出液[注7]中的钾可直接用火焰光度计测定。同时做空白测定，以校正 Mehlich 3 浸提剂的误差。

工作曲线　准确吸取钾标准贮备液[ρ（K）＝ 100 mg/L] 0 mL、1.00 mL、2.50 mL、5.00 mL、10.00 mL、15.00 mL、20.00 mL，分别放入 50 mL 容量瓶中，用水定容，摇匀，即得 0 mg/L、2 mg/L、5 mg/L、10 mg/L、20 mg/L、30 mg/L、40 mg/L K 标准系列溶液。

3. 结果计算

$$\omega（K）＝\frac{\rho（K）\times V}{m}$$

式中:ω(K)——土壤有效钾(M3-K)的质量分数/(mg/kg);ρ(K)——待测液中钾浓度/(mg/L);V——浸提剂体积/mL;m——风干土样质量/g。

或简化计算公式为:ω(K) = ρ(K)×10

(六)浸出液中钙、镁的测定

1. 试剂配制

①钙标准贮备液[ρ(Ca) = 100 mg/L]。准确称取碳酸钙(CaCO$_3$,110℃干燥 4 h,分析纯)0.249 7 g,溶于 1.0 mol/L HCl 溶液中,煮沸赶去 CO$_2$,用去离子水洗入 1 L 容量瓶中,定容。

②镁标准贮备液[ρ(Mg) = 100 mg/L]。准确称取 0.100 0 g 金属镁(光谱纯)溶于少量 6 mol/L HCl 溶液中,用去离子水洗入 1 L 容量瓶中,定容。

③也可直接购买 ρ(Ca) = 1 000 mg/L、ρ(Mg) = 1 000 mg/L 标准溶液。

2. 操作步骤

Mehlich 3 浸出液适当稀释后[注8]可直接用原子吸收分光光度计(AAS)[注9]测定。同时做空白测定,以校正 Mehlich 3 浸提剂的误差。

工作曲线[注10]。

钙标准系列溶液的浓度范围:0~20 mg/L,用水定容;测定波长:422.67 nm。

镁标准系列溶液的浓度范围:0~5 mg/L,用水定容;测定波长:285.21 nm。

3. 结果计算

$$\omega(\text{Ca 或 Mg}) = \frac{\rho(\text{Ca 或 Mg}) \times V \times f}{m}$$

式中:ω(Ca 或 Mg)——土壤有效钙或镁(M3-Ca 或 M3-Mg)的质量分数/(mg/kg);ρ(Ca 或 Mg)——待测液中 Ca 或 Mg 的浓度/(mg/L);V——浸提剂体积/mL;f——稀释倍数;m——风干土样质量/g。

(七)浸出液中铁、锰、铜、锌的测定

1. 试剂配制

①铁标准贮备液[ρ(Fe) = 100 mg/L]。准确称取硫酸亚铁铵[Fe(NH$_4$)$_2$(SO$_4$)$_2$·6H$_2$O]0.702 3 g,溶于 20 mL 0.6 mol/L HCl 溶液中,必要时加热使之溶解,转入 1 L 容量瓶中,用去离子水定容。

②锰标准贮备液[ρ(Mn) = 100 mg/L]。将 MnSO$_4$·7H$_2$O 于 150℃下烘干,移入高温电炉中于 400℃灼烧 6 h 后成为无水 MnSO$_4$。准确称取无水 MnSO$_4$ 0.247 9 g,溶于水中,加入 1 mL 浓硫酸,用去离子水定容至 1 L。

③铜标准贮备液[ρ(Cu) = 100 mg/L]。准确称取 CuSO$_4$·5H$_2$O(分析纯,未风化的)0.392 8 g,溶于 1.0 mol/L (1/2H$_2$SO$_4$) 溶液中,并用 1.0 mol/L (1/2 H$_2$SO$_4$) 溶液定容至 1 L。

④锌标准贮备液[ρ(Zn) = 100 mg/L]。取少许金属锌粒(分析纯)于表面皿上,用 10%

HCl 将其表面的氧化物溶去，再用去离子水将 HCl 洗净，最后用无水乙醇（分析纯）洗 2～3次，放在干燥器（氯化钙作干燥剂）中干燥 24 h。准确称取 0.100 0 g 金属锌，放入 1 L 容量瓶中，加 50 mL 去离子水和 1 mL 浓 H_2SO_4 溶解，加水定容。或准确称取 $ZnSO_4 \cdot 7H_2O$（分析纯，未风化的）0.439 8 g，溶于去离子水中，加几滴 HCl 酸化，定容至 1 L。

⑤也可直接购买上述各种元素的标准溶液，如 ρ（Fe）＝1 000 mg/L，ρ（Mn）＝1 000 mg/L，ρ（Cu）＝1 000 mg/L，ρ（Zn）＝1 000 mg/L。

2. 操作步骤[注11]

Mehlich 3 浸出液适当稀释[注12]后可直接用原子吸收分光光度计（AAS）测定。同时做空白测定，以校正 Mehlich 3 浸提剂的误差。

工作曲线。

铁标准系列溶液的浓度范围：0～10 mg/L，用水定容；测定波长：248.3 nm。

锰标准系列溶液的浓度范围：0～5 mg/L，用水定容；测定波长：279.5 nm。

铜标准系列溶液的浓度范围：0～4 mg/L，用水定容；测定波长：324.8 nm。

锌标准系列溶液的浓度范围：0～1 mg/L，用水定容；测定波长：213.8 nm。

3. 结果计算

$$\omega\,(Fe、Mn、Cu、Zn)=\frac{\rho\,(Fe、Mn、Cu、Zn)\times V\times f}{m}$$

式中：ω（Fe、Mn、Cu、Zn）——土壤有效铁、锰、铜、锌（M3-Fe、M3-Mn、M3-Cu、M3-Zn）的质量分数/（mg/kg）；ρ（Fe、Mn、Cu、Zn）——待测液中铁、锰、铜、锌的浓度/（mg/L）；V——浸提剂体积/mL；f——稀释倍数；m——风干土样质量/g。

（八）ICP 法测定 Mehlich 3—P、K、Ca、Mg、Na、Fe、Mn、Cu、Zn、B 的含量

1. 试剂配制

①磷标准溶液[ρ（P）＝ 100 mg/L]。

②钾标准溶液[ρ（K）＝ 100 mg/L]。

③钙标准溶液[ρ（Ca）＝ 100 mg/L]。

④镁标准溶液[ρ（Mg）＝ 100 mg/L]。

⑤铁标准溶液[ρ（Fe）＝ 10 mg/L]。

⑥锰标准溶液[ρ（Mn）＝ 6 mg/L]。

⑦铜标准溶液[ρ（Cu）＝ 4 mg/L]。

⑧锌标准溶液[ρ（Zn）＝ 6 mg/L]。

⑨钠标准溶液[ρ（Na）＝ 100 mg/L]。准确称取氯化钠（NaCl，105℃干燥 4 h，分析纯）0.254 2 g，溶于去离子水中，定容至 1 L。

⑩硼标准溶液[ρ（B）＝ 2 mg/L]。准确称取干燥的硼酸（H_3BO_3，优级纯）0.571 6 g，溶于去离子水中，定容至 1 L。摇匀后将溶液转入塑料瓶中保存，即得硼标准贮备液[ρ（B）＝ 100 mg/L]。将硼标准贮备液[ρ（B）＝ 100 mg/L]准确稀释 50 倍，即得硼标准溶液[ρ（B）＝ 2 mg/L]。

上述各标准溶液可通过购买、稀释后获得，也可自行配制（参见本实验中相关内容）。各实

验室可根据条件加以选择。上述各标准溶液中,K、Na、Ca、Mg 可混配在一起,Fe、Mn、Cu、Zn、B 可混配在一起。

2. 操作步骤

制备好的 Mehlich 3 浸出液[注13]直接用电感耦合等离子体发射光谱仪(ICP-AES)测定各个元素的浓度。同时做 2～3 个空白测定,以校正 Mehlich 3 浸提剂的误差。

3. 结果计算

$$\omega = \frac{\rho \times V}{m} \text{ 或简化计算公式:} \omega = \rho \times 10$$

式中:ω——土壤某元素的质量分数/(mg/kg);ρ——待测液中某元素的浓度/(mg/L);V——浸提剂体积/mL;m——风干土样质量/g。

(九)注释

[1]为了避免 F^- 以 CaF_2 形态沉淀和对磷的再吸附,应将 Mehlich 3 浸提剂的 pH 控制在 2.9 以下。配制 Mehlich 3 浸提剂时应尽量准确,这样可不必每次都测定 pH。因为溶液中的 F^- 容易对玻璃电极或复合电极造成损坏。

[2]玻璃器皿会造成对 B 的污染,橡皮塞尤其是新塞子会严重引起 Zn 的污染,建议最好使用塑料瓶振荡、接收滤液等。如果同时测定大量与微量元素,玻璃与塑料器皿最好事先用 0.2% $AlCl_3$ 或 5%～10% HCl、5%～10% HNO_3 溶液浸泡过夜,洗净后备用,以防微量元素的污染。

[3]应保证滤出液清亮,无浑浊颗粒,以免在定量过程中堵塞大型分析仪器的进样系统。此外,Mehlich 3 法的土壤浸出液常带颜色,有粉红色、淡黄色或橙黄色,深浅不一,因土而异。粉红色可能与 Mn 含量高或浸提出的某些有机物质有关,黄色可能与 Fe 含量高或有机物质有关。溶液颜色可加入活性 C 脱色,但会对 Zn 造成污染,故以不加活性 C 为宜。

[4]注意浸提温度的控制。冬季气温较低时,可采取一些保温措施。

[5]比色液中 NH_4^+ 和 EDTA 终浓度高时对 P 比色均有干扰,NH_4^+ 多时生成蓝色沉淀,EDTA 多时不显色或生成白色沉淀(EDTA 酸)。试验表明,在一般钼锑抗比色法的条件下 NH_4^+ 浓度不得大于 0.01 mol/L,EDTA 浓度不得大于 1 mmol/L。

[6]研究发现,若在工作曲线中分别加入一定量的 Mehlich 3 浸提剂,显色后很快会在较高 P 浓度的各点出现沉淀,从而影响测定结果的准确性。故选用空白校正的方法消除试剂的误差,即根据未知样品吸取浸出液的体积数,相应地做空白测定,再从未知样品的结果中扣除掉空白值。比如,未知样品吸取 2.00 mL 测定,则空白测定时,同样吸取 2.00 mL Mehlich 3 浸提剂于50 mL 容量瓶中,加水至约 30 mL,加入 5.00 mL 钼锑抗试剂显色,定容摇匀,显色 30 min 后测定,记录吸光值(A_{CK}),从未知样品测得的吸光值中减去此 A_{CK} 值后再根据工作曲线计算 M3-P 含量。

[7]若浸出液中钾的浓度超过工作曲线测定范围,应用 Mehlich 3 浸提剂稀释后再测定。

[8]使用 AAS 法测定土壤有效 Ca、Mg 时,浸出液需要用 Mehlich 3 浸提剂适当稀释 1～20 倍后方可上机测定,可根据具体情况确定稀释倍数。

[9]如果条件具备,可直接用电感耦合等离子体发射光谱仪(ICP-AES)进行测定,而不需

要稀释；而且在同一浸出液中可同时测定 P、K、Na、Ca、Mg、Fe、Mn、Cu、Zn、B 等多种元素。

[10]用水配制钙、镁标准系列溶液较好，但此时需要同时进行空白测定，以校正试剂误差。使用 Mehlich 3 浸提剂配制标准系列溶液也可，但是在使用 AAS 法定量时因试剂组成多样，容易影响曲线的线性关系。

[11]应特别注意浸提过程的规范化。同时应进行空白测定。

[12]使用 AAS 法测定有效微量元素 Fe、Mn、Cu、Zn 时，浸出液需要用 Mehlich 3 浸提剂适当稀释后方可测定。一般测 Fe 时，可能稀释 1～10 倍；测 Mn 时，可能稀释 2～10 倍；测 Cu、Zn 时一般不需要稀释。可根据具体情况确定稀释倍数，也可直接用 ICP 同时测定 4 种元素。

[13]浸出液应清亮，混浊溶液易堵塞 ICP 进样管道，影响测定结果的准确度。

思考与讨论

1. 土壤有效养分测定常见的通用浸提剂有什么？

2. Mehlich 3 作为土壤有效养分测定的通用浸提剂，有什么优点？

3. Mehlich 3 浸提剂的组成是什么？

4. 试述 Mehlich 3 法测定土壤有效养分的方法原理。

5. Mehlich 3 法测定土壤有效养分时，溶液中各种养分的定量方法有哪些？

6. Mehlich 3 法测定土壤有效养分时，对于同一种养分，不同定量方法的测定结果会相同吗？

十六、土壤阳离子交换量的测定

▶**目的**◀

1. 了解土壤阳离子交换性能的分析项目及其选择依据。
2. 熟悉土壤阳离子交换性能测定时常用的交换方法及其优缺点。
3. 掌握石灰性土壤阳离子交换量的测定方法。
4. 掌握酸性、中性土壤阳离子交换量的测定方法。

　　土壤交换性能是指土壤胶粒(吸收性复合体)与所接触的溶液之间的离子交换性能。在一定的 pH 条件下,土壤与其接触的溶液之间,能发生阳离子交换反应的最大量(土壤胶粒所载之负电荷总量)称为阳离子交换量(CEC)。其数量以每千克土壤所含交换性阳离子的厘摩尔数[cmol/kg(+)]表示。

　　土壤阳离子交换量不是一个恒定值,其数值大小受土壤 pH、有机质含量、质地等因素的影响,含有不同类型黏土矿物(2∶1型或1∶1型)的土壤其交换量差异也很大。因此,土壤交换量不仅与土壤的保肥供肥能力、土壤的理化性状有密切的关系,同时也是表征土壤特性的一项重要指标。土壤交换量的测定可以为评价土壤保肥能力、合理施肥以及研究土壤的发生分类提供参考。

　　土壤阳离子交换量测定的方法有很多,大致分为 5 类:求和法、过剩盐洗去法(或称三步法)、校正法(或称两步法)、一次平衡快速法和同位素交换法。其中,校正法系土样用交换剂的指示离子饱和后,免去洗涤过剩的交换剂,而直接用置换剂(置换离子)将土样吸附的指示离子置换下来,然后测定置换提取液中指示离子的总量,从中扣除在交换饱和步骤中少量残留的非交换性的指示离子,以求得该土壤阳离子交换量。此类方法的优点在于省略了烦琐的洗涤过剩交换剂的操作,同时避免了由于洗涤而带来的误差以及土壤胶粒的损失,并简化了操作步骤。因此,校正法在测定各类土壤的阳离子交换量中得到广泛应用。

　　土壤交换性能的测定是根据离子交换的规律进行的。离子交换是按照反应的等物质量规则进行的可逆反应。交换速度很大,几乎不受温度的影响。土壤交换复合体交换位点上的任何离子,在适当条件下可以被其他离子交换到溶液中去。然而要使交换趋于完全,必须根据平衡移动的规律,用交换剂将土壤多次淋洗,把交换出来的离子从溶液中不断移去。在快速方法中,为了缩短时间,往往采取一次平衡交换法,这样只能得到近似的结果,但此方法简便、快速,结果仍有一定的准确性。

　　对于交换剂的选择,酸性或中性土壤通常选用 1 mol/L NH_4OAc(pH 7)作交换剂。这种交换剂对石灰质的溶解较强,不能直接用于石灰性土壤。石灰性土壤在大气 CO_2 分压下的pH 接近 8.2,因此,在 pH 8.2 时,许多交换剂对石灰质的溶解量很低,所以往往采用 pH 8.2～8.5 的缓冲液作为石灰性土壤的交换剂。比如,1 mol/L NaOAc(pH 8.2)、1 mol/L NH_4Cl(pH 8.5)和 $BaCl_2$-三乙醇胺(pH 8.2)等。近年来,更多地采用将这类交换剂配制成60%～70%的乙醇溶液使用,其抑制石灰溶解的效果更好。在快速的一次平衡交换法中,选用能抑制石灰溶解及降低平衡溶液中 Ca^{2+} 浓度的交换剂,如 $Na_2C_2O_4$-NaF、$(NH_4)_2C_2O_4$-NH_4Cl 等,以促使交换反应进行完全。

(一)中性、酸性土壤阳离子交换量的测定——乙酸铵交换法

1. 方法原理

用 1 mol/L 中性乙酸铵溶液反复处理土壤,使土壤为 NH_4^+ 饱和。过量的乙酸铵用乙醇洗除,加入氧化镁蒸馏,蒸馏出的氨被硼酸溶液吸收,通过盐酸标准溶液滴定氨量后,计算土壤阳离子交换量。

2. 主要仪器设备

离心机、定氮仪。

3. 试剂配制

①1 mol/L 乙酸铵溶液。称取 77.09 g 乙酸铵(分析纯)溶于近 1 L 水中,以稀乙酸或 (1+1)氨水调节 pH 至 7.0,用水稀释至 1 L。

②95%乙醇(分析纯)。

③氧化镁。将氧化镁在高温电炉中经 600℃灼烧 0.5 h,冷却后贮存于密闭的玻璃瓶中。

④0.05 mol/L 盐酸标准溶液。吸取浓盐酸 4.17 mL,加水稀释至 1 L,充分摇匀,进行标定。

⑤pH 10 缓冲溶液。称取氯化铵(分析纯)33.75 g,溶于无 CO_2 水中,加新开瓶的浓氨水(分析纯)285 mL,用水稀释至 500 mL。

⑥钙镁混合指示剂(K-B 指示剂)。称取 0.5 g 酸性铬蓝 K 与 1.0 g 萘酚绿 B,加 100 g 氯化钠,在研钵中充分研磨混匀,贮于棕色瓶中备用。

⑦2%硼酸溶液。同土壤全氮测定部分。

⑧甲基红-溴甲酚绿混合指示剂。同土壤全氮测定部分。

⑨纳氏试剂。134 g KOH(分析纯)溶于 460 mL 水中;20 g KI(分析纯)溶于 50 mL 水中,加入大约 32 g HgI_2(分析纯),使溶解至饱和状态,然后将两种溶液混合即成。

4. 操作步骤

称取通过 1 mm 或 2 mm 孔径筛的风干试样 2.00 g(精确至 0.01 g,如需测定交换性盐基含量,称 5.00 g),放入 100 mL 离心管中,加入少量 1 mol/L 乙酸铵溶液,用玻棒搅拌样品使成均匀泥浆状,再加 1 mol/L 乙酸铵溶液至总体积约 60 mL,用玻棒充分搅拌,然后用 1 mol/L 乙酸铵溶液洗净橡皮头玻璃棒与离心管壁,将溶液收入离心管内。

将离心管成对地放在百分之一天平上称重,加入乙酸铵溶液使之平衡(二者重量之差小于 1 g),再对称地放入离心机中离心 3～5 min,转速 3 000～4 000 r/min,弃去离心管中清液,对样品按上述离心处理步骤反复进行 3～5 次[注1],直至检查提取液中无钙离子存在为止[注2]。如需测定交换性盐基,每次离心后清液应收集于 250 mL 容量瓶中,用 1 mol/L 乙酸铵溶液定容,作为测定交换性盐基的待测液[注3]。

向载有样品的离心管中加入少量 95%乙醇,用玻棒充分搅拌,使土样成均匀泥浆状,再加 95%乙醇至约 60 mL,用玻棒充分搅匀,将离心管成对地放于粗天平两盘上,加乙醇使之平衡,再对称地放入离心机中离心 3～5 min,转速 3 000～4 000 r/min,弃去乙醇清液,如此反复 3～

4 次,洗至无铵离子为止(以纳氏试剂检查)。

向离心管内加入少量水,用玻棒将铵离子饱和土样搅拌成糊状,并无损洗入 250 mL 消煮管中,洗入总体积控制在 60 mL 左右。在蒸馏前向消煮管内加入 1 g 氧化镁[注4],立即将管置于蒸馏装置上。

向 250 mL 三角瓶中加入 10 mL 2%硼酸与甲基红-溴甲酚绿指示剂的混合溶液[注5],放到定氮仪装置上,接通冷凝水,收集蒸馏馏出液约 150 mL。必要时需要检查蒸馏是否完全,即在冷凝管下端取 1 滴馏出液于白色瓷板上,加纳氏试剂 1 滴,如无黄色,表示蒸馏已完全,否则应继续蒸馏,直至蒸馏完全为止。蒸馏完毕,用少量蒸馏水冲洗管道,洗液收入三角瓶内,以盐酸标准溶液滴定。同时做空白试验。

5. 结果计算

$$S(\text{CEC}) = \frac{c \times (V - V_0)}{m \times 10} \times 1\,000$$

式中:$S(\text{CEC})$——土壤中阳离子交换量的厘摩尔质量/[cmol/kg(+)];c——盐酸标准溶液的浓度/(mol/L);V——滴定样品待测液所用盐酸标准溶液的体积/mL;V_0——空白滴定所用盐酸标准溶液的体积/mL;m——风干样品质量/g。

平行测定结果用算术平均值表示,保留小数点后 1 位。测定结果的允许误差范围见表 1-26。

表 1-26　阳离子交换量平行测定结果的允许绝对相差　　　　　　　　　　　cmol/kg

测定值	允许绝对相差
>50	≤5.0
30～50	1.5～2.5
10～30	0.5～1.5
<10	≤0.5

6. 注释

[1]用乙醇洗剩余的铵离子时,一般 3 次即可,但洗涤个别样品时可能出现混浊现象,应增大离心机转速,使其澄清。

[2]检查钙离子的方法:取澄清液 20 mL 左右,放入 50 mL 三角瓶中,加入 pH 10 缓冲液 3.5 mL,摇匀,再加少许钙镁指示剂混合,如呈蓝色,表示无钙离子;如呈紫红色,表示有钙离子存在。

[3]本法离心交换后的清液可用作交换性盐基钙、镁、钾、钠测定的待测液。

[4]蒸馏时使用氧化镁而不用氢氧化钠,因后者碱性强,能水解土壤中部分有机氮成铵态氮,致使结果偏高。

[5]配制硼酸-指示剂混合溶液的方法详见土壤全氮的测定部分,也可采取以下方法:在 250 mL 三角瓶中先加入 10 mL 2%硼酸溶液,再滴入 2 滴甲基红-溴甲酚绿指示剂,混合均匀,然后进行蒸馏。

(二)石灰性土壤阳离子交换量的测定

1. 1 mol/L NaOAc 法

(1)方法原理　用 pH 8.2 的 1 mol/L NaOAc 交换剂处理土样,使其为 Na^+ 饱和,洗去多余的 NaOAc 后,再用 NH_4^+ 将交换位点上的 Na^+ 交换下来,测定 Na^+ 的浓度,计算该土样的阳离子交换量。

此交换剂由于 pH 较高,能较好地抑制土壤石灰质的溶解;而 Na^+ 又不为黏土矿物晶层所固定。但在操作过程中,用醇洗涤多余的 NaOAc 时,交换性 Na^+ 倾向于水解而进入溶液损失。试验证明,若将多余的 NaOAc 淋洗完全,则交换量测定结果偏低,若减少淋洗次数,交换量结果又偏高。为得到良好的结果,用醇洗涤 3 次一般可使误差达到最低值。目前这是国内广泛用于石灰性土壤和盐碱土壤阳离子交换量测定的常规方法。

(2)主要仪器设备　振荡机、离心机、火焰光度计。

(3)试剂配制

①1 mol/L NaOAc 溶液(pH 8.2)。称取 136 g 乙酸钠($CH_3COONa \cdot 3H_2O$,分析纯)溶于水,稀释至 1 L。此溶液的 pH 应为 8.2,否则须用 HOAc 或 NaOH 调节之。

②1 mol/L NH_4OAc 溶液。称取 77.09 g 乙酸铵(CH_3COONH_4,分析纯),用水溶解,稀释至近 1 L,用(1+1)NH_4OH 或稀 HOAc 调节至 pH 7.0 后,加水至 1 L。

③钠标准贮备液[$\rho(Na) = 1\ 000$ mg/L]。2.542 1 g NaCl(105℃烘干,分析纯),用 pH 7.0 的 1 mol/L NH_4OAc 为溶剂,溶解后定容至 1 L。

④钠标准工作溶液[$\rho(Na) = 100$ mg/L]。用 1 mol/L NH_4OAc 溶液准确稀释钠标准贮备液[$\rho(Na) = 1\ 000$ mg/L] 10 倍,即得钠标准工作溶液[$\rho(Na) = 100$ mg/L],贮于塑料瓶中。将钠标准工作溶液[$\rho(Na) = 100$ mg/L]准确稀释成 0 mg/L、2 mg/L、5 mg/L、10 mg/L、15 mg/L、20 mg/L、30 mg/L、50 mg/L 标准溶液系列,并用 1 mol/L NH_4OAc 溶液定容。

(4)操作步骤

称取风干土样(1 mm 或 2 mm)4.00～6.00 g(黏土 4.00 g,沙土 6.00 g),置于 50 mL 离心管中,加入 33 mL pH 8.2 的 1 mol/L NaOAc 溶液,使各管重量一致,塞住管口,振荡 5 min 后,在转速 3 000～4 000 r/min 下离心 5 min,弃去清液[注1]。重复用 NaOAc 再提取 3 次[注2]。然后以同样方法用异丙醇或 80%乙醇洗涤样品 3 次,最后一次尽量除尽洗涤液。

将上述 Na^+ 饱和的土样加入 33 mL 中性 1 mol/L NH_4OAc 溶液,振荡 5 min,离心。

将上清液小心倾入 100 mL 容量瓶中,按同样方法用 NH_4OAc 溶液再交换 2 次,收集的清液最后用 NH_4OAc 溶液定容至 100 mL。用火焰光度计测定溶液中的 Na^+ 浓度。

(5)结果计算

$$S(CEC) = \frac{\rho(Na) \times V}{m} \times \frac{100}{0.023}$$

式中:$S(CEC)$——土壤阳离子交换量的厘摩尔质量/[cmol/kg(+)];$\rho(Na)$——待测液中 Na^+ 的浓度/(mg/L);V——待测液定容的体积/mL;100——换算为 cmol/kg 土的系数;0.023——Na^+ 的摩尔质量/(kg/mol);m——干土样质量/g。

（6）注释

[1]使用本方法测定盐碱土样品时,由于盐碱土既含有石灰质,又含有可溶性盐,在交换前必须除去可溶性盐。具体方法是:在装入土样的离心管中加入 50℃左右的 50%乙醇溶液数毫升,搅拌样品,离心弃去清液,反复数次至用 $BaCl_2$ 检查待测清液时仅有微量 SO_4^{2-} 为止,说明 Na_2SO_4 洗净,仅剩 $CaSO_4$ 对测定无影响。

[2]一共用 NaOAc 提取 4 次,第 4 次提取的钙和镁已很少,第 4 次提取液的 pH 为 7.9~8.2 表示提取过程已基本完成。

2.（NH₄）₂C₂O₄-NH₄Cl 快速法

（1）方法原理　当用 $(NH_4)_2C_2O_4$ 交换剂处理石灰性土壤时,将进行下列交换反应:

$$\boxed{土壤}\ Ca^{2+} + (NH_4)_2C_2O_4 \longrightarrow \boxed{土壤}\ 2NH_4^+ + CaC_2O_4 \downarrow$$

交换剂的 $C_2O_4^{2-}$ 与溶液中 Ca^{2+} 能生成难溶的 CaC_2O_4 沉淀,可使交换平衡溶液中的 Ca^{2+} 浓度降低,促使平衡向右进行,使土壤迅速被 NH_4^+ 饱和而将全部阳离子（主要是 Ca^{2+}）交换下来,然后测定交换剂在处理土壤前后的 NH_4^+ 浓度的差数,便可计算土壤交换量。交换剂中添加 NH_4Cl 的目的是提高电解质的浓度,防止土壤黏粒分散,以便于过滤等操作。由于本法的结果是由 2 个大数之差计算而得的,所以容易产生误差,但其优点是快速、简便,具有能满足一般工作要求的准确性,尤其适用于石灰性土壤（有机质含量 5%以下）交换量的测定。

试液中的 NH_4^+ 可以用蒸馏法、扩散法、甲醛法测定。其中,甲醛法较快速,操作简便,不需用特殊仪器,适于基层实验室应用。甲醛法测定 NH_4^+ 的原理如下:

甲醛能与溶液中的 NH_4^+ 生成六亚甲基四胺和等量的无机酸。

$$4NH_4^+ + 6HCOH = (CH_2)_6N_4 + 4H^+ + 6H_2O$$

用标准碱滴定生成的酸即可求得 NH_4^+ 的含量。滴定时须选用酚酞指示剂,甲醛中如有游离酸要事先用 0.5 mol/L NaOH 中和除去（以酚酞为指示剂）。由于溶液中加入了甲基红和酚酞两种指示剂,滴定时溶液颜色变化如下所示:

红色　——　橙色　　黄色　——　橙色（终点）——　微红
pH ＜4.4　　　5.7　　　＞6.2　　　　8.6　　　　　＞10

←甲基红的颜色变化→　　←酚酞在黄色液中的变化→

（2）试剂配制　除需用 0.05 mol/L NaOH 标准溶液、0.05 mol/L HCl 标准溶液、0.1%甲基红指示剂、1%酚酞指示剂以外,尚需配制下列试剂。

①0.05 mol/L [1/2 (NH₄)₂C₂O₄]-0.025 mol/L NH₄Cl 溶液。3.55 g $(NH_4)_2C_2O_4 \cdot H_2O$（分析纯）和 1.34 g NH₄Cl（分析纯）溶于水中,稀释至 1 L,pH 约为 7。

②37%甲醛。临用前加入酚酞指示剂,用 0.5 mol/L NaOH 溶液调至微显红色（必要时过滤取其清液）。

（3）操作步骤

称取风干土样（1 mm 或 2 mm）2.00 g,放入 100 mL 三角瓶中,加入 25.00 mL 0.05 mol/L [1/2 (NH₄)₂C₂O₄]-0.025 mol/L NH₄Cl 交换剂溶液,加塞、振荡 2 min,放置10 min,再振荡

2 min(或在振荡机上连续振荡 10 min),用干滤纸过滤。在过滤过程中,三角瓶和漏斗都需加盖,以减少因滤出液 pH 升高而引起 NH_3 的逸失。

吸取 10.00 mL 滤液,用 0.05 mol/L HCl 标准溶液中和滤液至甲基红变为红色,再加少许过量的酸(共 8 mL 左右),煮沸 2~3 min,以除尽 CO_2。冷却后,用 0.05 mol/L NaOH 标准溶液中和过量的酸至溶液显橙黄色为止(以上所用酸、碱均不计量)。

加入中和好的 37% 甲醛 3 mL,酚酞指示剂 2 滴,用 0.05 mol/L NaOH 标准溶液滴定试液至明显的红色,再多加 0.5~1 mL NaOH 溶液,然后用 0.05 mol/L HCl 标准溶液回滴至黄色,再用碱标准溶液滴定至微红色为止。分别记录酸、碱标准溶液的用量,以求得碱标准溶液的净用量。

另取原交换剂 10.00 mL,同上述操作步骤,标定其 NH_4^+ 的浓度。由标定和测定两者净用 NaOH 标准溶液的体积(mL)之差,计算交换量。

(4)结果计算

$$S(CEC) = \frac{(V_标 - V_土) \times c \times f}{m} \times 100$$

式中:$S(CEC)$——土壤阳离子交换量的厘摩尔质量/[cmol/kg(+)];c——NaOH 标准溶液的浓度/(mol/L);$V_标$——标定交换剂时净用 NaOH 标准溶液的体积/mL;$V_土$——测定土样时净用 NaOH 标准溶液的体积/mL;f——分取倍数,从 25 mL 提取液中吸取 10 mL 试液(25/10);m——土样质量/g。

(三)盐碱土阳离子交换量的测定——NaOAc-NaCl 法

盐碱土是盐基饱和的土壤,多数是既含石灰又含易溶盐,在干旱地区的盐渍土中还含有石膏。因此在测定时不仅需要避免和减少石灰的溶解,还应除去易溶性盐类,同样也应抑制石膏的溶解。按各种交换剂对石膏的溶解能力来看,Polemio 和 Rhoades(1977 年)提出的用 pH 8.2 的 0.4 mol/L NaOAc-0.1 mol/L NaCl 的 60% 乙醇溶液作交换剂,对石膏的溶解量很低,该法特别适用于干旱地区含石膏的盐碱土交换量的测定。

1. 方法原理

用 pH 8.2 NaOAc-NaCl 的乙醇溶液淋洗土壤,使土壤中交换性阳离子被 Na^+ 交换下来,使土壤呈 Na^+ 饱和状态。省去洗净多余交换剂的步骤,用 $Mg(NO_3)_2$ 直接提取交换性 Na^+,提取液中交换性 Na^+ 是以总 Na^+ 量减去饱和步骤所残留下来的可溶性 Na^+(不包括交换性 Na^+)计算而得。

2. 主要仪器设备

淋滤管、离心机、定氮仪、氯电极、电位计。

3. 试剂配制

①0.4 mol/L NaOAc-0.1 mol/L NaCl 的 60% 乙醇溶液(pH 8.2)。称取 54.4 g $CH_3COONa \cdot 3H_2O$(分析纯)和 5.8 g NaCl(分析纯),溶于 1 L 60% 乙醇溶液,用 6 mol/L NaOH 调节溶液至 pH 8.2。

②1 mol/L [1/2 $Mg(NO_3)_2$]溶液。74 g $Mg(NO_3)_2$(分析纯)溶于水,稀释至 1 L。

③钠标准贮备液[ρ(Na) = 500 mg/L]和钠标准工作溶液[ρ(Na) = 100 mg/L]。1.271 7 g烘干NaCl(分析纯),溶于1 mol/L [1/2 Mg(NO$_3$)$_2$]溶液中,定容至1 L,即得钠标准贮备液[ρ(Na) = 500 mg/L]。

吸取钠标准贮备液[ρ(Na) = 500 mg/L]50.00 mL,用1 mol/L [1/2 Mg(NO$_3$)$_2$]溶液稀释定容至250 mL,即得钠标准工作溶液[ρ(Na) = 100 mg/L]。

(4)Cl$^-$标准溶液。称取5.84 g烘干NaCl(分析纯),定容于1 L容量瓶中,即得0.1 mol/L NaCl标准溶液。再用此溶液逐级稀释配成10^{-1} mol/L、10^{-2} mol/L、10^{-3} mol/L和10^{-4} mol/L Cl$^-$系列标准溶液。

(5)0.1 mol/L Al$_2$(SO$_4$)$_3$溶液。同土壤水溶性盐中火焰光度法测定Na$^+$相关内容。

4. 操作步骤

(1)交换方法(两种方法,任选其一)

①自动淋滤交换。称取风干土样(1 mm或2 mm)3.00~4.00 g与4~6 g石英砂混合均匀,装入下口塞有玻璃棉或脱脂棉的淋滤管中(若含盐量高、电导率>2 dS/m时,可先用30 mL水淋洗),用130 mL pH 8.2的0.4 mol/L NaOAc-0.1 mol/L NaCl的乙醇溶液淋洗土样。

淋滤速度最好控制在每分钟流出淋洗液1 mL,最后的交换液NaOAc-NaCl要尽量滤干。再用1 mol/L [1/2 Mg(NO$_3$)$_2$]置换液如同上法淋洗土样,淋滤液用100 mL容量瓶接纳,最后尽量滤干,用1 mol/L [1/2 Mg(NO$_3$)$_2$]溶液定容,充分摇匀,以供Na$^+$和Cl$^-$浓度的测定。

②离心交换。称取4.00 g风干土样(1 mm或2 mm),放入50 mL离心管中(若含盐量高、测得电导率>2 dS/m时,可用蒸馏水洗一次),加入pH 8.2的0.4 mol/L NaOAc-0.1 mol/L NaCl的乙醇溶液33 mL,并在天秤上用交换剂调节各管,使重量一致,搅拌2 min,放置5 min后,以3 000~4 000 r/min速度离心5 min,倾去上部清液,加入新交换液,如此重复处理4次,最后一次尽量除尽上清液。

用1 mol/L [1/2 Mg(NO$_3$)$_2$]溶液同上法处理土样3次,用100 mL容量瓶收集倾出的洗涤液后,用1 mol/L [1/2 Mg(NO$_3$)$_2$]溶液定容至刻度,充分摇匀。此提取液供Na$^+$及Cl$^-$浓度的测定。

(2)提取液中Na$^+$的测定——火焰光度法

吸取提取液5.00 mL于50 mL容量瓶中,加入1 mL 0.1 mol/L Al$_2$(SO$_4$)$_3$溶液,用水定容,摇匀。将此液在火焰光度计上测定提取液中Na$^+$的读数。由工作曲线中,查得Na$^+$的浓度(mg/L)。

Na$^+$工作曲线的绘制。将钠标准工作溶液[ρ(Na) = 100 mg/L]准确稀释成0 mg/L、2 mg/L、5 mg/L、10 mg/L、15 mg/L、20 mg/L、30 mg/L、50 mg/L标准溶液系列,其中各50 mL容量瓶中分别加入1 mol/L [1/2 Mg(NO$_3$)$_2$]溶液5.00 mL,用水定容。

在测定样品提取液的同时,在火焰光度计上测得工作曲线各点的读数。以Na$^+$的浓度(mg/L)及火焰光度计的读数值,绘制工作曲线。将测定样品中Na$^+$的浓度(mg/L)换算成mmol/L表示。

(3)提取液中Cl$^-$的测定——电极法[注1](标准添加法)

吸取土样提取液20.00 mL于50 mL烧杯中,将指示电极与参比电极一齐插入试液,将电极引线接在高阻抗毫伏计的插口处,按仪器操作步骤,读取平衡时的mV数为E_1值。再加入

0.5 mol/L Cl⁻ 标准溶液 1 mL，搅匀后，同上测读 mV 数为 E_2 值。

②根据用 10^{-1} mol/L、10^{-2} mol/L、10^{-3} mol/L、10^{-4} mol/L Cl⁻ 标准溶液实测的电极常数 R 值[注2]，计算出置换提取液中 Cl⁻ 的浓度(mol/L)。

（4）交换剂 NaOAc-NaCl 溶液中 Na⁺ 与 Cl⁻ 浓度比值的测定

吸取交换剂 5.00 mL 于 100 mL 容量瓶中，用水定容，摇匀后，再取此液 5.00 mL 于 50 mL 容量瓶中，加入 5.00 mL 1 mol/L [1/2 Mg(NO₃)₂]溶液，用水定容(稀释 200 倍)，摇匀后在火焰光度计上测定，由上述工作曲线查得 Na⁺ 的浓度(mg/L)，并换算成 mmol/L 数。

取交换剂 20.00 mL 于 50 mL 小烧杯中，同上用电极法(标准添加法)测得交换剂中 Cl⁻ 的浓度(mol/L)。

5. 结果计算

（1）交换剂中 Na⁺ 与 Cl⁻ 浓度比值(F)的计算

$$c(\text{Na}^+) = \frac{\rho(\text{Na}^+) \times 200}{23 \times 1\,000}$$

$$c(\text{Cl}^-) = \frac{\Delta c}{(anti\,log\,\dfrac{E_2 - E_1}{R}) - 1}$$

式中：$c(\text{Na}^+)$——测得交换剂中 Na⁺ 的浓度/mol/L；$c(\text{Cl}^-)$——测得交换剂中 Cl⁻ 的浓度/mol/L；$\rho(\text{Na}^+)$——由工作曲线查得交换剂中 Na⁺ 的浓度/mg/L；200——稀释倍数；23——Na⁺ 的摩尔质量/(g/mol)；1 000——将 mmol/L Na⁺ 变为 mol/L 的除数；Δc——添加标准溶液后，试液中 Cl⁻ 的浓度变化($\Delta c = c_标 \times V_标 / V_试$)；$E_1$——土壤提取液平衡时的电动势 mV 数值；$E_2$——土壤提取液加入 0.5 mol/L Cl⁻ 标准溶液后测得的电动势 mV 数值；R——根据不同浓度 Cl⁻ 标准溶液实测的电极常数 R 值。

$$\text{Na}^+ \text{ 与 Cl}^- \text{ 浓度的比值}(F) = \frac{c(\text{Na}^+)}{c(\text{Cl}^-)}$$

（2）土壤样品提取液中 Na⁺ 及 Cl⁻ 浓度的计算

$$c(\text{Na}^+) = \frac{\rho(\text{Na}^+) \times 10}{23 \times 1\,000}$$

$$c(\text{Cl}^-) = \frac{\Delta c}{(anti\,log\,\dfrac{E_2 - E_1}{R}) - 1}$$

式中：$c(\text{Na}^+)$——测得土壤提取液中 Na⁺ 的浓度/(mol/L)；$c(\text{Cl}^-)$——测得土壤提取液中 Cl⁻ 的浓度/(mol/L)；$\rho(\text{Na}^+)$——由工作曲线查得土壤提取液中 Na⁺ 的浓度/(mg/L)；10——稀释倍数。

（3）土壤阳离子交换量的计算

$$S(\text{CEC}) = \frac{\{c(\text{土 Na}^+) - [c(\text{土 Cl}^-) \times F]\}}{m} \times 100$$

式中：$S(\text{CEC})$——土壤阳离子交换量的厘摩尔质量/[cmol/kg（＋）]；$c(\text{土 Na}^+)$——测

得土壤提取液中 Na^+ 的总浓度/(mol/L);c(土 Cl^-)——测得土壤提取液中 Cl^-(残留)的浓度/(mol/L);F——交换剂中 Na^+ 与 Cl^- 浓度(mol/L)的比值;100——置换提取液的体积/mL;m——土样质量/g。

6. 注释

[1]氯电极在使用前应置于 0.01 mol/L KCl 溶液中浸泡 1~2 h。电极不可长期泡在较浓的 KCl 溶液中,否则电极很难洗至"空白电位",甚至使电极失效。

[2]电极常数 R 的理论值为 2.302 RT/nF,25℃ 时为 59.1 mV,实际测量时即为每改变 1 pCl 的电位差/mV。通常可以取 10^{-1} mol/L、10^{-2} mol/L、10^{-3} mol/L、10^{-4} mol/L Cl 标准溶液 10 mL,分别加入离子强度固定液 10 mL 后,用氯电极分别测定 E 值,各级之差(mV 数)即为 R 实测值。

(四)碱化土交换性钠的测定——石膏法

测定盐碱土交换性钠的方法,除了准确度较高,但操作冗长的盖德罗伊茨的 $Ca(HCO_3)_2$ 方法以外,还有石灰法(高德林法)和石膏法(安梯保夫—克拉塔也夫法)。其中,石膏法是以饱和石膏溶液作交换剂的一次平衡交换法,适用于含石膏、石灰的盐碱土交换性钠的测定。此法快速、简便,有一定的准确性;但由于其结果计算是 2 个大数之差而得,这是产生误差的主要原因。本实验介绍石膏法。

1. 方法原理

土壤除去易溶盐后,用一定量几乎饱和的石膏溶液处理(此交换剂能抑制土壤中石膏和石灰的溶解),土壤交换性 Na^+ 被 Ca^{2+} 交换出来,浸提液中所减少的 Ca^{2+} 量即为交换性 Na^+ 量。浸出液或原交换剂中的 Ca^{2+} 和 Mg^{2+} 可用 EDTA 法测定。由二者之差计算 cmol/kg(Na^+)。

2. 主要仪器设备

离心机。

3. 试剂配制

除需用 80% 和 50% 的乙醇、0.1 mol/L $AgNO_3$、氨缓冲液试剂外,尚需配制下列试剂:

①饱和石膏溶液。纯石膏 3~4 g,溶于 1 L 加热至 40~50℃ 的水中,经常摇动,放置 1 d 后,过滤,滤液必须澄清。

②0.025 mol/L EDTA 标准溶液。9.300 g EDTA 二钠盐(分析纯)溶于水中,定容至 1 L。必要时用 Zn 粒配制标准溶液标定其浓度(具体方法详见土壤水溶性盐分的测定)。

③0.000 25 mol/L $MgCl_2$ 溶液。称取 $MgCl_2 \cdot 6H_2O$(分析纯)0.051 g,溶于 1 L 水中。

④铬黑 T 或 K-B 指示剂。详见土壤水溶性盐分的测定。

4. 操作步骤

称取风干土样(1 mm 或 2 mm)5.00 g,放入 50 mL 小烧杯中,加入 80% 乙醇 25 mL,搅拌 3 min,全部无损地转入放好滤纸的小漏斗中(用皮头玻棒擦洗小烧杯转入漏斗),再继续用 50% 乙醇淋洗土壤至滤液中无 Ca^{2+}(检查方法:取少量洗出液,加 2~3 滴氨缓冲液和铬黑 T 或 K—B 指示剂,如滤液呈蓝色即表示无 Ca^{2+})及仅含痕量 Cl^- 为止(用 0.1 mol/L $AgNO_3$ 检查)。

将洗净盐分的土样连同滤纸放入 250 mL 三角瓶中,加入 100 mL 饱和石膏溶液,摇荡 3 min,放置 1～2 d,间歇摇荡 5～6 次,过滤。

吸取 20.00 mL 滤液于 150 mL 三角瓶中,加入 0.000 25 mol/L $MgCl_2$ 溶液 5 mL,氨缓冲液 5 mL 和铬黑 T(或 K-B 指示剂)少许,用 0.025 mol/L EDTA 标准溶液滴定至溶液由酒红色变为纯蓝色。

吸取原石膏交换剂 20.00 mL,用同样操作标定饱和石膏溶液的 Ca^{2+} 浓度。由空白交换剂和样品提取液测定时所用 EDTA 标准溶液的毫升之差,计算交换性 Na^+ 的含量。

5. 结果计算

$$S(Na^+) = \frac{2 \times c \times (V_{标} - V_{土}) \times f}{m} \times 100$$

式中:$S(Na^+)$——土壤交换性 Na^+ 的厘摩尔质量/[cmol/kg(Na^+)];c——EDTA 标准溶液的浓度/(mol/L);$V_{标}$——滴定交换剂时所用 EDTA 标准溶液的体积/mL;$V_{土}$——滴定提取液时所用 EDTA 标准溶液的体积/mL;f——分取倍数,滴定时从 100 mL 提取液中吸取 20 mL 试液(100/20);m——土样质量/g。

❓ 思考与讨论

1. 什么是土壤阳离子交换量? 影响土壤阳离子交换量大小的因素有哪些?

2. 在测定土壤阳离子交换量,选择交换剂时,石灰性土壤上存在的主要问题是什么? 如何解决?

3. 在酸性或中性土壤上测定土壤阳离子交换量时,常用的交换剂是什么? 试述其测定原理。

4. 石灰性土壤上阳离子交换量测定的方法有哪些? 试述其测定原理。

5. 在盐碱土上测定阳离子交换量时,应注意哪些问题?

第二部分
植物分析

一、植物样品的采集和制备

▶目的◀

1.掌握植物样品采集的原则与方法。

2.掌握不同植物样品的制备方法。

植物分析按照其目的可分为 2 类:一类是为了了解植物营养状况的分析;另一类是品质鉴定分析。前者的样品多为植株的茎叶等组织,后者多为籽粒和瓜果等,它们的采样和制备方法各不相同,分述于下。

(一)植物组织样品的采集和制备

1. 植株样品的采集

植物体内各种物质的浓度在植株的各个器官(如根、茎、叶、花和果等)和部位(上、中、下)以及同一器官或部位的不同生育期有所不同。在植物群体中,植株间也存在差异。因此,植物组织样品的采集必须首先根据采样分析目的来决定采样的器官和部位以及时期,然后根据植株间的变异性以及要求的精密度,按照"多点、随机"的原则采集代表性的样品。这是分析结果能否应用的关键之一。

为营养诊断用的样品,选择取样器官和部位的原则是所选的器官和部位要具有最大的指示意义,也就是说要采取的器官和部位在该生育期对某种养分的丰缺最敏感。这样的器官和部位随作物种类、生育期以及营养元素的种类不同而不同,它是从大量的试验研究和生产实践中总结出来的。例如,大田作物,苗期常用整个地上部分(主要是叶);在生殖生长开始时期,常采取主茎或主枝顶部新长成的健壮叶或功能叶;开始结实后,营养体中的养分变化很大,不宜采集营养诊断用的样品。蔬菜以及果树、林木类,最常选用的器官和部位是最新近成熟的叶片以及叶柄、叶脉(中脉)等。

如果为了了解施肥等措施对产品品质的影响,则要在成熟期采取茎秆、籽粒、果实和块茎、块根等样品;如果为了了解植株在生长过程中吸收养分的动向,则应在不同的生育期分别采样。

植物群体的植株间是存在差异的,为了使样株具有代表性,通常也像采集土样一样,按照一定路线在采样区内随机、多点选择样株取样,由各点相同数量的植株组成混合样品。组成混合样品的样株的数目,应以群体大小、作物种类、种植密度、株形大小、株间的变异以及要求的精密度而定。一般大田作物和蔬菜作物苗期为 20~100 株,生长中、后期 10~30 株,果树、林木类通常选择 8~10 代表株,每株采约 10 片叶子。选择的样株要注意长相、长势、生育期等条件一致;株体过大、过小或受病虫害或机械损伤的以及田边路旁的植株都不应采集。如果为了某一特定目的(如缺素或毒害诊断)而采样时,则应注意样株的典型性,并要同时采取附近有对比意义的正常典型植株作为对照,使分析结果能够在互比情况下说明问题。

2. 植株样品的制备

测定植物体内易起变化的成分(如硝态氮、铵态氮、氰、无机磷、水溶性糖、维生素等)须用新鲜样品,测定不易起变化的成分可用干燥样品。

(1)新鲜样品的制备　采回的植物样品如需要分不同器官(如叶片、叶鞘或叶柄、茎、果实等)测定,须立即将其剪开,以免养分运转。植物样品常带有泥土、灰尘、或沾有施用的肥料、农药等,故需要洗涤,这对微量元素(如铁、锰等)的分析尤为重要。植物组织样品应在尚未萎蔫时刷洗,否则某些易溶养分(如钾、钙、水溶性糖等)会从已死的组织中被洗出。洗涤方法一般可用湿布或毛刷仔细擦净表面沾污物;也可用水冲洗或放入含 0.1%～0.3%洗涤剂的水中洗涤(约 0.5 min),取出后立即冲掉洗涤剂,再用蒸馏水洗净,尽快擦干,即可用于测定。如需短期保存,须在冰箱中(−5℃)冷藏,以抑制其生物化学变化。

(2)干燥样品的制备[注1]　采回的植物样品经与新鲜样品制备的相同步骤处理后,必须尽快干燥[注2]。通常须分 2 步干燥,即先将鲜样在 80～90℃或 100℃鼓风干燥中烘 15～30 min(松软组织烘 15 min,致密坚实组织烘 30 min),然后降温至 70～75℃,逐尽水分。高温的目的是杀酶,以阻止样品中成分发生生物化学变化,但温度也不能过高,以防止组织外部结成干壳而阻碍内部水分的蒸发和可能引起组织的热分解或焦化。干燥时间视鲜样水分含量而定,通常为 12～24 h。

干燥的样品用研钵或带刀片的磨样机进行粉碎,并使其全部过筛[注3]。测定微量元素用的样品,磨样和过筛时要特别注意避免使样品受到沾污。测定铁、锰的样品,不要用铁器研磨过筛,测定铜、锌的样品,不要用黄铜器械;一般以用玛瑙球磨粉碎为好,特制的不锈钢磨或瓷研钵也可选用,过筛可用尼龙筛。样品过筛后须充分混匀,保存于磨口的广口瓶中。

(二)籽粒样品的采集和制备

1.籽粒样品的采集

(1)从个别植株上采样　谷类或豆类作物从个别植株上采取种子样品时,应考虑栽培条件的一致性。种子脱粒后,去杂、混匀、按照四分法缩分为平均样品,数量一般不少于 25 g。

(2)从试验小区或大田采样　可按照植株组织样品的采样方法,选定样株收获后脱粒,混匀,用四分法缩分,取得约 250 g 样品。大粒种子,如花生、大豆、蓖麻、棉籽、向日葵等可取约 500 g。采样时应选取完全成熟的种子,因为不成熟的种子其化学成分有明显的差异。

(3)从成批收获物中取样　在保证样品有代表性的原则下,在散装堆中设点随机取样,或从袋装籽粒中随机确定若干袋[注4],用取样器从每袋的上、中、下部位取样,混匀,用四分法缩分,取得约 500 g 样品。

2.籽粒样品的制备

将采取的籽粒样品风干,去杂和挑去不完善粒,用磨样机或研钵磨碎,使之全部通过 0.5～1 mm 筛,贮于广口瓶中备用。

(三)瓜果样品的采集和制备

1.瓜果样品的采集

所谓"瓜果",这里是泛指果实、浆果和块根、块茎等。瓜果的成熟期延续时间较长,一般在主要成熟期取样,必要时也可在成熟过程中取 2～3 次样品。每次应在试验区或地块中随机采取 10 株以上簇位相同、成熟度一致的瓜果组成平均样品。平均样品的果数,较小的瓜果如青椒之类为不少于 40 个;番茄、洋葱、马铃薯等不少于 20 个;黄瓜、茄子、胡萝卜、小萝卜等不少于 15 个；较大的瓜果如西瓜、大萝卜等不少于 10 个。数量多时，可切取果实的 1/4 组成平均样品，总量以 1 kg 左右为宜。

果树果实的采样株，要注意挑选品种特征典型，树龄、株型、生长势、载果量等较一致的正常株，老、幼和旺长的树株都缺乏代表性。在同一果园同一品种的果树中选 3～5 株（或 5～10 株浆果作物）为代表株，从每株的全部收获物中选取大、中、小和向阳及背阴的果实共 10～15 个组成平均样品；一般总量不少于 1.5 kg。

2.瓜果样品的制备

瓜果样品的分析通常都用新鲜样品。采回的样品应刷洗、擦干。大的瓜果或样品数量多时，可均匀地切取其中一部分，但要使所取部分中各种组织的比例与全部样品相当。将样品切小块，用高速组织捣碎机（或研钵）打成匀浆，多点匀取称样。

瓜果样品水分含量多，容易腐烂，最好采样后立即进行分析。否则应用冷藏法或酒精浸泡法[注5]保存，也可制成干样保存，但必须快速干燥，减少样品成分的变化。快速干燥的方法是将样品打碎或切碎，先在 110～120℃ 的鼓风干燥箱中烘 20～30 min，或将完整的瓜果样品放在剧烈沸腾的蒸锅上用蒸汽加热 20～30 min，以杀酶。然后在 70～75℃ 下烘 5～10 h，烘干的时间不宜太长。如无鼓风干燥箱，可用普通干燥箱代替，初期将干燥箱门打开，以利于水分逸出。如用真空干燥箱则更好。干燥的样品经磨细、过筛，保存于广口瓶中。

(四)注释

[1]干燥样品的分析结果如需换算为鲜样的含量时，鲜样经洗净、擦干后应立即称其鲜重，干燥后再称其干重。

[2]若不能马上干燥，可将样品放在空气流通处晾干，不要阳光照射。如需长距离运输，包装要松散些，包装袋要透风，以免样品因包装过紧而发热增强呼吸作用。

[3]分析样品的细度依称量而定，一般可用孔径为 1 或 0.5 mm 筛，称样小于 1 g 时须过 0.25 mm 筛。

[4]从一批袋装籽粒中取样时，一般取样的袋数为总袋数的平方根，但不要少于 10 袋。例如 225 袋中选取 15 袋取样。

[5]将已称量的新鲜样品加入足够量的沸热的中性 95％ 酒精，使其最后浓度达（80±2）％，再在水浴上回流 30 min。

？思考与讨论

1.用于植物营养状况诊断或农产品品质鉴定的样品，在采集过程中有何区别？

2.植物组织样品采集过程中应注意哪些问题？

3.植物组织样品采集后如何进行制备？

4.籽粒样品和瓜果样品在采集与制备上应注意哪些问题？二者有何区别？

二、植物水分的测定

▶▶目的◀◀

1. 了解植物水分测定的目的和常用方法。

2. 掌握植物水分测定常用方法的原理与适用范围。

测定植物水分的目的有两个：一是为了要确定植物体实际含水情况或干物质含量；二是为了要以全干样品为基础来计算各成分的百分含量。

测定植物水分的方法很多，例如，常压加热干燥法、减压加热干燥法、共沸蒸馏法和卡尔·费休法等，应根据样品特性、分析准确度和精密度的要求、设备条件等适当选择。本实验介绍常压和减压加热干燥法以及共沸蒸馏法。

(一)常压加热干燥法

1. 方法原理

将制备好的植物样品在常压下于 $105℃$ 或 $130℃$ 恒温干燥箱中烘干一定时间，样品的烘干失重即为其水分含量。

样品在高温烘烤时，可能有部分易焦化、分解或挥发的成分损失，也可能有部分油脂等被氧化而增重造成误差。但在严格控制操作条件的情况下，对多数植物样品来说，本法仍是测定植物水分最常用的较准确的方法。

常压加热干燥法适用于不含有易热解和易挥发成分的植物样品。

2. 操作步骤

(1)样品制备

①新鲜植物样品。新鲜植物样品一般含水量较高，不宜直接高温烘烤[注1]，通常是先称取较多一些(如 100 g 或盆栽时的整盆植株)的新鲜植物体(m_1)(叶子须剪碎；粗茎则须砍开剪碎；根要洗净，用吸水纸吸净表面水，砍开剪碎；水果、蔬菜等样品须切成薄片或细条，必要时均须杀酶)，于空气中风干[注2]，称量(m_2)，用四分法缩分至约 30 g，然后磨碎，通过 1 mm 筛，混匀，贮于磨口瓶中备用。

②种子样品。含水量较少时，可直接取 $30.×× \sim 40.××$ g，进行磨细(谷物、豆类等)或切片(油料种子)；含水量较高时，则应称取 $30.×× \sim 40.××$ g(m_1)，于 $105℃$ (油料种子为 $60℃$)预烘约 1 h，取出，冷却，称量(m_2)，然后磨细或切片。

(2)测定

①$105℃$ 干燥法。称取上述试样约 $2.××× \sim 5.×××$ g(连同盒重为 m_3)，放在预先于 $105℃$ 烘至恒重[注3](m_0)的铝盒内，摊开，盖好。把干燥箱预热至 $115℃$ 左右，将铝盒盖揭开，放在盒底，置于干燥箱中，于(105 ± 2)℃下烘干 8 h。取出，盖好盒盖，在干燥器中冷却至室温($20 \sim 30$ min)，立即称量(m_4)。

②130℃快速干燥法:本法只适用于谷物样品水分的测定。测定前,先将干燥箱预热至140~145℃,将称好的试样放入干燥箱内,关好箱门,使温度尽快在 10 min 内回升至 130℃,开始计时,在(130±2)℃烘干 60 min。其他操作与 105℃ 干燥法同。

3. 结果计算[注4]

$$\omega(H_2O)_1 = (m_3 - m_4) \times 100/(m_3 - m_0)$$

$$\omega(H_2O)_2 = [(m_3 - m_4) m_2/(m_3 - m_0) + (m_1 - m_2)] \times 100/m_1$$
$$= [m_1(m_3 - m_0) - m_2(m_4 - m_0)] \times 100/[m_1(m_3 - m_0)]$$

式中:$\omega(H_2O)_1$——风干样品中水分的质量分数(风干基)/%;$\omega(H_2O)_2$——新鲜样品中水分的质量分数(鲜基)/%;m_0——空铝盒的质量/g;m_1——新鲜植物样品的质量/g;m_2——风干植物样品的质量/g;m_3——风干植物称样及铝盒质量/g;m_4——烘干植物称样及铝盒质量/g。

2 次平行测定结果的允许差:风干样品为 0.2%,新鲜样品为 0.5%。

4. 注释

[1]直接高温烘烤可能使外部组织形成干壳,阻碍内部组织中水分的逸出。

[2]应将样品置于空气流通处,加速样品风干至与空气湿度相平衡。

[3]此处以 2 次烘干物质量之差不超过 2 mg 为恒重。

[4]植物水分%的计算通常以分析样品(风干或鲜样品)为基础,即风干基或鲜基,不常用干基。

(二)减压加热干燥法

1. 方法原理

在减压条件下,样品中的水分在较低温度就可蒸发逐尽。样品的干燥失重,即为其水分含量。减压加热干燥法适用于含有易热解成分的样品,如幼嫩植物组织等,但不适用于含挥发性油的样品。

2. 操作步骤

(1)样品制备　同常压加热干燥法。

(2)测定　于预先烘至恒重的铝盒(m_0)内称取风干磨碎或切片的植物样品 2.×××~5.××× g(连同盒质量为 m_1)。将盒盖错开,放入已预热至约 80℃ 的减压干燥箱中。干燥箱出气孔通过除湿装置与真空泵相连,抽出干燥箱内的空气,一般须减压至 600 mm 水银柱以上,同时加热至(70±1)℃。然后,先关闭通泵的活塞,再切断电源,停止抽气。干燥过程中,如箱内气压上升,须再行抽气,使干燥箱内保持一定温度与低压,约经 5 h 后,小心地打开进气活塞,使空气缓缓流入,至箱内压力与大气压力相平衡后,打开箱门,盖好盒盖,移入干燥器中冷却至室温(20~30 min),称量(m_4)。

3. 结果计算

同常压加热干燥法。

(三)共沸蒸馏法

1. 方法原理

用挥发性不混溶于水的溶剂,以蒸气的形式带出水分,在冷凝器内冷凝并分离,收集馏出液于接收管内,根据体积计算水分含量。

共沸蒸馏法适用于含较多其他挥发性物质的植物样品中水分含量的测定。

2. 主要仪器设备

见图 2-1。

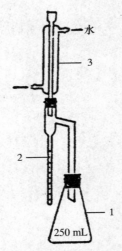

1—250 mL 锥形瓶;2—水分接收管;3—冷凝管。

图 2-1　水分测定器

3. 试剂

甲苯或二甲苯(分析纯)。

4. 操作步骤

①称取适量试样(估计含水量 3~4.5 mL)精确至 0.01 g。置于水分测定器的 250 mL 三角瓶中,加入 75 mL 溶剂(甲苯或二甲苯)。对于黏稠试样,加入助沸物(如浮石)。

②将三角瓶连接到测定装置上,加热,保持微沸,以每秒钟从冷凝管滴下 2 滴为宜。

③当刻度管内的水增加不显著时,加速蒸馏,约每秒 4 滴,当蒸馏的溶剂变为澄清并不再有水分离出时,停止加热,从冷凝管顶端加入溶剂冲洗。

④刻度管冷却至室温后,读取水的体积(mL)。

5. 结果计算

$$\omega(H_2O) = \frac{V}{m} \times 100$$

式中:$\omega(H_2O)$——试样中水分的质量分数/%;m——样品质量/g;V——水的体积(以水密度为 1 g/mL 计)/mL。

$$\omega(DW) = 100 - \omega(H_2O)$$

式中:$\omega(DW)$——试样中干物质的质量分数/%。

思考与讨论

1.植物进行水分测定的目的是什么？

2.植物水分测定的常用方法有哪些？如何选择？

3.请写出 3 种植物水分测定的方法,并简述其原理及适用范围。

三、植物中蛋白质的测定

▶▶目的◀◀

1. 了解植物中蛋白质的测定方法。
2. 掌握开氏法植物粗蛋白质含量的方法。
3. 掌握染料结合法测定植物中蛋白质的方法。

植物体内的含氮化合物大多数是蛋白质,同类植物的蛋白质含氮量基本上是固定的,因此测定植物全氮含量,乘以蛋白质的换算因数,就可得到植物蛋白质的含量。但植物体内除蛋白质态氮外,还含有少量的非蛋白质态含氮化合物(如氨基酸、酰胺、氨基糖等),所以由植物全氮量换算而得到的蛋白质含量,称为"粗蛋白质含量"。如果要测定纯蛋白质,必须先用沉淀剂(如碱式硫酸铜、碱式醋酸铅或三氯乙酸等)将试样中的水溶性蛋白质沉淀,用水将非蛋白态氮从试样中溶出,使蛋白质态氮与非蛋白态氮分开,再测定沉淀物中的氮含量,乘以蛋白质换算因数即称为"纯蛋白质含量"。

植物蛋白质测定常用开氏法,它是种子、饲料、水果、蔬菜等产品蛋白质测定的国家标准方法。此外,种子中蛋白质的测定还常用染料结合法和双缩脲法等快速方法,本实验介绍开氏法和染料结合法。

(一)开氏法测定粗蛋白质含量

开氏法测定蛋白质氮的原理和步骤与植物全氮的测定相同。样品全氮含量乘以蛋白质换算因数即为粗蛋白质的含量。蛋白质换算因数决定于样品中蛋白质的含氮量。各种动、植物的蛋白质含氮量多数为 $15\% \sim 17\%$,平均 16%,所以最常用的换算因数为 6.25(即 $100/16$)。但植物种子的蛋白质含氮量一般较高,也可按照样品种类分别选用相应的换算因数。例如,麦类、豆类的换算因数为 5.70;水稻的换算因数为 5.95;高粱的换算因数为 5.83;大豆的换算因数为 6.25;其他谷物的换算因数为 6.25 等。此时须在分析报告上说明所用的换算因数。

(二)染料结合法(DBC 法)

1. 方法原理

在 pH 为 $2 \sim 3$ 的缓冲溶液中,蛋白质中的碱性氨基酸(赖氨酸、精氨酸和组氨酸)的 $\varepsilon\text{-NH}_2$、咪唑基和胍基以及蛋白质的末端自由氨基呈阳离子态存在,可以与偶氮磺酸染料,例如,橘黄 G、酸性橙 12 等的阴离子结合,形成不溶于水的蛋白质-染料配合物。

当试样中加入过量的染料时,其反应如下示意:

$$蛋白质^+ + 染料^- \rightleftharpoons 蛋白质-染料 \downarrow + 染料^-(残余)$$

通过测定一定量的试样与一定体积的已知浓度染料反应前后溶液中染料浓度的变化,可以求出单位样品(g)所结合的染料量(mg),称为染料结合量。它的大小反映样品中碱性氨基酸的多少。

凡是来源相同的蛋白质,其碱性氨基酸的含量大体上相同。实验已经证明,小麦、大麦、水稻、大豆、花生等种子中,蛋白质的含量与碱性氨基酸含量之间有很好的相关性。因此可以用上述的试样和染料溶液作用求得的染料结合量或残余染料溶液的浓度、吸光度等来评比同种作物种子之间蛋白质含量的高低。

如果要从染料结合量来计算样品的粗蛋白质含量(%),则需用开氏法测定同类种子的一批样品的粗蛋白质含量(%),同时也用染料结合法测定其染料结合量,然后求出粗蛋白质含量对染料结合量的回归方程或绘出回归线。这样,测定未知样品的染料结合量,就可以从回归方程计算或查回归线得到粗蛋白质的含量(%)。不同种类样品的回归方程或回归线是不同的,应分别制作。

染料结合法简单、快速,适用于大批样品的筛选工作。国内外均已有根据此方法的原理而设计的专用蛋白质分析仪。此法适用样品的范围很广,除用于测定谷物和油料作物种子粗蛋白质含量外,还广泛应用于测定鱼粉、饲料和各种肉类及牛奶的蛋白质含量,甚至有人曾用此法测定土壤中有机氮的含量。

2. 主要仪器设备

往复式振荡机、离心机。

3. 试剂配制

染料溶液($\rho = 1$ mg/mL)　20.70 g 柠檬酸($C_6H_8O_7 \cdot H_2O$,分析纯)和 1.44 g $Na_2HPO_4 \cdot 12H_2O$(分析纯)溶于 $300 \sim 400$ mL 水,全部转入 1 L 容量瓶中。另外称取 1.000 g 橘黄 G(Orange G,简作 OG,$C_{16}H_{10}O_7N_2S_2Na_2$,分子量为 452.38),加少量水在 80℃ 水浴上加热溶解,转移入上述同一容量瓶中,再加入 $3 \sim 5$ 滴 10%百里酚酒精溶液以防腐,用水定容。

4. 操作步骤[注1]

①称取 $0.2 \times \times \sim 0.7 \times \times$ g 样品[注2](过 0.25 mm 筛),放入 50 mL 三角瓶中,加入 20.00 mL 染料溶液(V),盖上盖,振荡 1 h,使样品与染料溶液充分反应。

②将 $8 \sim 10$ mL 反应后的浑浊液倒入离心管中,以 $2\,500 \sim 3\,000$ r/min 的速度离心 $8 \sim 12$ min,至上部溶液澄清为止,用吸光光度法测定残余染料溶液的浓度。因染料溶液的浓度很高,需用具有短光径流动液槽的分光光度计(如国产的 GXD-201 型蛋白质分析仪)进行测定。如使用普通的分光光度计,则必须将染料溶液用水稀释 50 倍,用 0.5 cm 光径的比色槽在 482 nm 波长处测读吸光度,以水为参比调节仪器零点。

③染料溶液的校准曲线。准确吸取染料溶液($\rho = 1$ mg/mL) 0 mL、5.00 mL、15.00 mL、25.00 mL、30.00 mL、35.00 mL、40.00 mL,分别放入 50 mL 容量瓶中,用水定容。即得浓度为 0 mg/mL、0.1 mg/mL、0.3 mg/mL、0.5 mg/mL、0.6 mg/mL、0.7 mg/mL、0.8 mg/mL 的染料标准系列溶液。如上述操作,用具有短光径流动液槽的分光光度计进行测定,或用水稀释 50 倍后,用普通的分光光度计进行测定,然后绘制校准曲线或求直线回归方程。

④粗蛋白质含量(%)对染料结合量的回归方程。选取粗蛋白质含量从低到高(如小麦种子粗蛋白质含量可以从 7%~17%)的同一类谷物类样品 $20 \sim 30$ 个,用开氏法测定其粗蛋白质含量(%),并用上述方法测定各样品的染料结合量。根据所得结果,计算出染料结合量与蛋白质含量(%)的回归方程或绘制成回归线。

5. 结果计算

$$B = V \times (\rho_0 - \rho)/m$$

式中：B——染料结合量，每克样品所结合的染料的 mg 数/(mg/g)；V——加入染料溶液的总体积/mL；ρ_0——染料溶液的原始浓度/(1 mg/mL)；ρ——反应后残余溶液中的染料浓度（根据残余液的吸光度从校准曲线或回归方程求得的染料浓度）/(mg/mL)；m——样品质量/g。

根据测得未知样品的 B 值，从粗蛋白质含量(%)对 B 值的回归方程或回归线，即可求得样品中的粗蛋白质含量(%)[注3]。

6. 注释

[1]染料结合反应的条件，如染料溶液的 pH、样品的粒度、振荡反应的时间和温度等都影响测定的结果，故要力求每次测定的反应条件一致，特别要注意测定试样与测定回归方程的样品时的反应条件一致。

[2]称样量按样品蛋白质含量而定，水稻、小麦和大麦等称取 0.5 g，玉米称取 0.7 g，大豆称取 0.2 g，花生及鱼粉等应更少一些。

[3]根据对中国农业大学小麦选种组的一系列不同蛋白质含量的小麦所进行的测定结果，粗蛋白质含量(%)与染料结合量的回归方程，如下所示：

$$蛋白质含量(\%) = 0.809 \, B[染料结合量(mg/g)] - 2.721$$

思考与讨论

1. 什么是植物"粗蛋白质"？
2. 试述开氏法测定植物"粗蛋白质"的原理，其与植物全氮测定方法是否相同？
3. 试述染料结合法测定植物中蛋白质的方法原理。

四、植物中粗纤维的测定

▶▶目的◀◀

1. 了解植物中粗纤维的常用测定方法。

2. 掌握酸碱洗涤重量法测定植物中粗纤维的方法。

3. 掌握酸性洗涤剂法测定植物中粗纤维的方法。

纤维素是植物细胞壁的主要成分,常与木质素、半纤维素、果胶物质等伴生。同淀粉一样,纤维素也是由葡萄糖聚合而成,但纤维素中的葡萄糖由 β-1,4 糖苷键连接,纤维素分子内和分子间都可形成氢键,因此它的理化性质较稳定。

测定纤维素的洗涤法是根据其化学性质稳定而用酸碱或洗涤剂将样品中的其他成分,例如淀粉、蛋白质等除去后而用重量法测定的。酸碱洗涤法测定纤维时,常用 H_2SO_4 和 NaOH 交替浸煮,操作较烦琐,测定条件不易控制,而且尚有部分木质素、半纤维素等留在纤维素中,另外纤维素本身也受到一定的损失,因此将测定值称为"粗纤维含量"。

范苏士特(Van Soest)采用酸性洗涤剂[如 $c(1/2\ H_2SO_4) = 1.00\ mol/L$ 硫酸溶液中的十六烷基三甲基溴化铵,CTAB]的重量法测定时,所得的"酸性洗涤纤维"(ADF)包括了全部纤维素和木质素,因此,通常测定结果比酸碱洗涤重量法高。对于食品和饲料而言,粗纤维是泛指食物中不被消化、分解和吸收的部分,因此,酸性洗涤剂法的测定结果更有意义。

酸碱洗涤重量法是植物类食品(GB/T 5009.10—2003)、饲料(GB/T 6434—2006)和茶(GB/T 8310—2013)中粗纤维测定的国家标准推荐方法。而酸性洗涤剂法在美、英等国广泛应用,操作较简便、快速,对纤维素的回收率以及它的结果与样品的消化率之间的相关系数都高于酸碱洗涤法。采用酸性洗涤剂法在必要时还可以随后分离测定酸不溶性木质素的含量。

(一)酸碱洗涤重量法

1. 方法原理

样品相继与一定浓度的酸、碱共煮一定时间,并分别经过滤分离、洗涤残留物等操作。酸可将糖、淀粉、果胶物质和部分半纤维素水解而除去,碱能溶解蛋白质、部分半纤维素、木质素和皂化脂肪酸而将其除去,残渣再经乙醚、乙醇处理后,所得残渣干燥后减去灰分质量即为粗纤维含量。

2. 主要仪器设备

回流装置(图 2-2)、古式坩埚、真空泵抽滤装置、鼓风式干燥箱。

3. 试剂配制

①1.25%硫酸溶液。[$c\ (1/2\ H_2SO_4)$] $= 0.255\pm0.005\ mol/L$]溶液,浓度须经标定。

②1.25%氢氧化钠溶液。[$c\ (NaOH) = 0.313\pm0.005\ mol/L$]溶液,浓度须经标定。

③95%乙醇(分析纯)。

④无水乙醚(分析纯)。

⑤石棉。将中等长度的酸洗石棉铺于蒸发器中,放在 600℃ 马福炉中灼烧 16 h 后,加入 1.25% H_2SO_4 溶液沸煮 30 min,过滤,洗净酸,同样加 1.25% NaOH 溶液煮沸 30 min,过滤,用 1.25% H_2SO_4 溶液洗 1 次,再用水洗净,烘干后于 600℃ 马福炉中灼烧 2 h。石棉用后可回收再用。

4. 操作步骤

①称取风干样品(过 1 mm 筛)2.××××～3.×××× g(称准至 0.000 2 g),放入 600 mL 带有冷凝器的高型烧杯(图 2-2)或三角瓶中[注1](若样品水分含量高,将称样于 80℃ 烘箱中干燥蒸发掉大部分水分,若脂肪>1% 时,用乙醚多次浸泡,最后除去乙醚)。加入沸腾的 1.25% H_2SO_4 溶液 200 mL[注2],装上冷凝器,立即加热,使其在 1～2 min 内微沸,准确微沸 (30±1) min 后停止加热。

②将扎有 200 目尼龙筛绢的抽滤管[注3]插入试样液中,在 10 min 内抽尽酸液,再用热水洗涤残渣至溶液呈中性(蓝色石蕊不变色)后抽净洗液。用沸腾的 1.25% NaOH 溶液将抽滤管尼龙筛绢上的残渣冲洗入烧杯中,加入 NaOH 溶液共 200 mL,装上冷凝器立即加热,使其在 1～2 min 内微沸,微沸 30 min,停止加热。

③同上法在 10 min 内抽去碱液,并用热水洗涤残渣至溶液为中性(红色石蕊不变色)。将抽滤管尼龙筛绢上的残渣用水冲洗到烧杯内,并转移到铺有石棉的古氏坩埚中,在抽滤瓶上抽尽水分,用 95% 乙醇洗 3 次,每次约 20 mL,再用乙醚洗 3 次,每次 20 mL(脱脂样品不用乙醚再洗)。

④将装有纤维的古氏坩埚于 130℃ 下干燥 2 h,在干燥器中冷却约 30 min 至室温后称量 (m_1)。将坩埚在 600℃ 马福炉内灼烧 30 min,同上冷却后称量(m_2)。

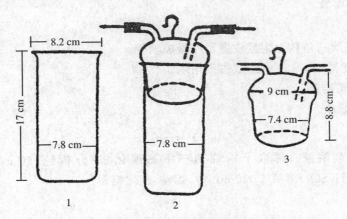

1—600 mL 圆筒高型烧杯;2—烧杯上放置冷凝球的回流装置;3—冷凝球。

图 2-2　粗纤维测定用的回流装置

5. 结果计算

$$\omega = (m_1 - m_2) \times 100/m_0$$

式中:ω——样品中粗纤维的质量分数/%;m_1——古氏坩埚+粗纤维+残渣中灰分的质量/g;m_2——古氏坩埚+残渣中灰分的质量/g;m_0——样品质量(扣除水分后)/g。

6.注释

[1]为了保持酸、碱浓度在加热过程不致因水分蒸发而增加,应用带有冷凝球的烧杯或冷凝管的三角瓶来加热。

[2]如果溶液微沸时起泡较多,可预先加入几滴消泡剂如正辛醇等。

[3]抽滤管如图 2-3 所示。

1—尼龙滤布;2—用橡皮筋捆紧,不露出尼龙布丝;3—皮管,接抽气泵。

图 2-3　抽滤用的长颈小漏斗

(二)酸性洗涤剂法

1.方法原理

季铵盐(如十六烷基三甲基溴化铵,简称 CTAB)是一种表面活性剂,在 1.00 mol/L ($1/2$ H_2SO_4)溶液中能有效地使动物饲料、植物样品中蛋白质、多糖、核酸等组分水解、湿润、乳化、分散,而纤维素及木质素则很少变化。

酸性洗涤剂法利用上述原理,将样品用 20 g/L CTAB 的 1.00 mol/L($1/2$ H_2SO_4)溶液(酸—洗涤剂)煮沸 1 h,过滤,洗净酸液后烘干,由残渣重量计算酸性洗涤剂纤维含量(%)。

2.主要仪器设备

①回流装置。

②250 mL 玻璃三角瓶上附橡皮塞及冷凝玻璃管。

③1 号玻璃滤器(40～50 mL)或古氏坩埚。

④真空泵抽滤装置。

⑤鼓风式干燥箱。

3.试剂配制

①酸性洗涤剂溶液。称取十六烷基三甲基溴化铵(分析纯)20 g,加到已标定好的 1.00 mol/L($1/2$ H_2SO_4)溶液 1 000 mL 中,摇动,使之溶解。

②酸洗石棉。

③丙酮。

4.操作步骤

①称取通过 1 mm 筛的风干样品 1.000 g(m_0)或相当量的鲜样,放入 250 mL 三角瓶中,在室温下加入酸—洗涤剂溶液 100 mL。加热,使之在 5～10 min 内煮沸,刚开始沸腾时计算时间,装上冷凝管回流 60 min。注意调节加热温度,使整个回流过程始终维持缓沸状态。

②取下三角瓶,转动内容物,用已知质量(m_1)的玻璃坩埚式滤器或古氏坩埚减压抽滤。过滤时,先用倾泻法过滤,将原酸-洗涤剂溶液滤干后,用玻棒将残渣搅散,加入 90～100℃的

热水倾洗 3～4 次,减压抽滤,洗净酸液后将残渣转移入滤器中,重复水洗,仔细冲洗滤器的内壁,至酸—洗涤剂洗尽为止。用丙酮同样洗涤滤器 2～3 次,直到滤出液呈无色为止。抽干滤渣中的丙酮,放入 100℃鼓风式干燥箱中干燥 3 h,冷却后称重(m_2)。

5.结果计算

$$\omega = (m_2 - m_1) \times 100/m_0$$

式中:ω——样品中粗纤维(酸性洗涤纤维)的质量分数/％;m_1——玻璃坩埚式滤器或古氏坩埚的质量/g;m_2——玻璃坩埚式滤器或古氏坩埚加上残渣的质量/g;m_0——烘干样品质量(扣除水分后)/g。

2 次平行测定结果的允许差,如表 2-1 所列。

表 2-1　2 次平行测定结果的允许差　　　　　　　　　　　　　　　　％

样品中酸性洗涤纤维	允许差
＜5	0.5
5～25	1
＞25	2

❓思考与讨论

1.什么是植物粗纤维? 常用的测定方法有哪几种?

2.试述酸碱洗涤重量法测定植物中粗纤维的方法原理。

3.试述酸性洗涤剂法测定植物中粗纤维的方法原理。

五、植物中粗脂肪的测定

▶目的◀

1. 了解植物中粗脂肪测定的常用方法。
2. 掌握油重法和残余法测定植物中粗脂肪的方法。
3. 掌握折光法测定植物中粗脂肪的方法。

脂肪是各种脂肪酸的甘油三酸酯,植物中脂肪是各种甘油酸酯的混合物。虽然各种脂肪中脂肪酸的不饱和性、碳链长短以及结构等不相同,但其共同点是不溶于水而易溶于许多有机溶剂中。因此,可用有机溶剂(乙醚或石油醚)将试样反复浸提,使脂肪溶解于有机溶剂中,除去有机溶剂后称量油的质量(油重法)或称量试样的失重(残余法)来测定脂肪含量。在浸提时,除脂肪外,它还包括一些类脂如脂肪酸、磷脂、糖脂以及脂溶性色素和维生素等,故称为"粗脂肪"。本实验除了介绍谷物、油料作物种子(NY/T 4—1982)和饲料(GB/T 6433—2006)中粗脂肪测定采用国家标准推荐方法——油重法外,还介绍适用于大批样测定的残余法以及简单、快速的折光法。

(一)浸提法[注1]

1. 方法原理

根据脂肪溶于有机溶剂的特性,用乙醚或石油醚对试样进行反复浸提,使脂肪溶解于溶剂中,然后除净溶剂称量脂肪质量。计算样品中脂肪含量(油重法)或由称样和残渣质量之差计算样品中脂肪含量(残余法)。

常用的有机溶剂是无水乙醚(沸点为 34.5℃)和石油醚(沸程为 30~60℃)。乙醚溶解脂肪的能力较强,但能与酒精溶混,也能溶解相当量的水。含水或酒精的乙醚使用前必须提纯,否则样品中的水溶性或醇溶性物质也将被浸出,产生正误差。石油醚则不与水和酒精溶混。浸提法测定用的样品必须干燥和磨细,以利于脂肪的浸出。

2. 主要仪器设备

脂肪提取器、恒温水浴、干燥箱。

3. 试剂配制

①无水乙醚(分析纯)[注2]。

②浓碱酒精洗液。45%(m/V)NaOH 溶液与工业酒精按 3:1体积混合。

4. 操作步骤

(1)油重法

①样品制备。含油量不很高的种子如谷物和豆类以及作物蒿秆和干草饲料等植株样品,经 105℃干燥约 1 h 后粉碎,过 0.5 mm 筛。大粒油料种子如花生、蓖麻子仁、向日葵仁、油桐子仁等用刀片切(或剪碎)成 0.5~1 mm 薄片(小粒油粒种子如芝麻、油菜籽等则先不用粉

碎)。样品处理后立即混匀,装入磨口瓶中备用。

②称样和研磨。称取上述试样 2~4 g(m_0,含脂肪 0.7~1 g),准确至 0.001 g,于(105±2)℃下干燥 1 h,取出于干燥器内冷却至室温,同时取另一试样测定水分。将试样放入研钵内研细,必要时可加适量纯石英砂助研,用角勺将研细的试样移入干燥的滤纸筒(或用约 15 cm 的滤纸折叠成的纸包[注3])里,取少量脱脂棉蘸乙醚抹净研钵、研锤和角勺上的试样和油迹,一并投入滤纸筒或包内(已粉碎、过筛的试样,不必研磨,可直接称样装筒或包);滤纸筒的面层塞以脱脂棉,然后将滤纸筒放入浸提管内。

③浸提[注4]。用索氏(Soxhlet)脂肪浸提器(如图 2-4 中左图所示)浸提脂肪,它应干燥无水。在装有 2~3 粒浮石并已烘干至恒重的、洁净的抽提烧瓶(m_1)内,加入约瓶体 1/2 的无水乙醚,把浸提器各部分连接起来,打开冷凝水,在水浴上进行加热浸提。调节水浴温度,使冷凝下滴乙醚的速率为 120~180 滴/min(水温为 60~70℃),浸提时间一般为 8~10 h。含油量高的作物种子应延长浸提时间,直到浸提管内的乙醚用滤纸试验无油迹时为浸提终点。

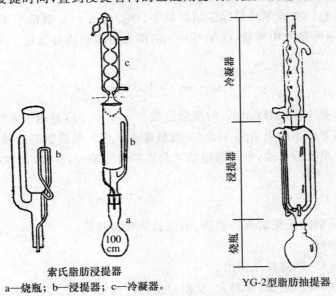

索氏脂肪浸提器
a—烧瓶;b—浸提器;c—冷凝器。

YG-2型脂肪抽提器

图 2-4　植物中脂肪测定所用的脂肪浸提器

④浸提结束和称量。从浸提筒中取出滤纸筒或包,再将浸提器连接好,在水浴上加热回收抽提烧瓶中的乙醚。取下抽提烧瓶,在沸水浴上蒸去残余乙醚。再将抽提烧瓶放在(105±2)℃干燥箱中干燥 1 h,干燥器中冷却 45~60 min 后称量,准确至 0.000 1 g,再烘 30 min,冷却,称量直至恒重(m_2)。抽提烧瓶增加的质量,即粗脂肪量[注5]。烧瓶中的油应是清亮的,否则应重做。

⑤结果计算。

$$\omega = (m_2 - m_1) \times 100/m_0$$

式中:ω——样品中粗脂肪(干基)的质量分数/%;m_1——抽提烧瓶的质量/g;m_2——抽提烧瓶+脂肪的质量/g;m_0——烘干样品质量(扣除水分后)/g。

(2)残余法

①称样。将滤纸切成 7 cm×7 cm,并叠成一边不封口的纸包,用铅笔编上序号,顺序排列

在培养皿中,每皿不多于 20 包。将皿和滤纸包于(105±2)℃烘箱中干燥 2 h,取出于干燥器中冷却至室温(45～60 min),分别将各包放入各自的称量瓶中称量(m_1)。

将样品装入纸包中,谷物 3～5 g,油料种子 1 g,封上包口,按原顺序放入培养皿中,于(105±2)℃ 烘箱中干燥 3 h,冷却后分别将各包放在原称量瓶中称量(m_2),$m_2 - m_1$ 即为烘干样品质量(g)。

②浸提。在 YG-2 型脂肪抽提器(图 2-4 中的右图)的抽提筒底部之溶剂回收嘴上装一短的优质橡皮管,夹上弹簧夹。将样包装入抽提筒中,抽提筒内最多可放 40 包。倒入乙醚,使之刚好超过样包高度,连接好抽提器各部分,浸泡一夜。次日,将浸泡后的乙醚放入抽提烧瓶中,并在烧瓶中加入几粒玻璃球或浮石,然后重新倒入乙醚于抽提筒,使其浸没样包,连接好抽取器的各部分,打开冷凝水,在水浴上加热浸提,并调节水温,使其冷凝下滴之乙醚呈连珠状(回流量为 20 mL/min 以上),此时水温度 70～80℃。一般须抽提 6～8 h,抽提时室温以 12～25℃为宜。抽提完毕,取出样包,于通风处使乙醚挥发。

③称量。将样包仍按原序号排列于培养皿中,于(105±2)℃烘箱中干燥 2 h,冷却至室温后,再将各包放在原称量瓶中称量(m_3)。$m_2 - m_3$ 即为粗脂肪质量(g)。

④结果计算。

$$\omega = (m_2 - m_3) \times 100/(m_2 - m_1)$$

式中:ω——样品中粗脂肪(干基)的质量分数/%;m_1——称量瓶＋纸包的质量/g;m_2——称量瓶＋纸包＋烘干样品的质量/g;m_3——称量瓶＋纸包＋抽提脂肪后残渣的质量/g。

测定结果保留小数后 2 位,平行测定结果允许相对相差为:谷物≤5%;大豆≤2%;油料≤1.5%。

5. 注释

[1]乙醚浸提法测定的是游离态脂肪,不包括结合态脂肪。

[2]也可用石油醚。

[3]纸包必须包好,严防样品漏出。

[4]乙醚、石油醚的沸点低,易着火,浸提时室内严禁有明火。应注意控制浸提温度,勿使逸出的乙醚过多。

[5]烧瓶中的油可用浓碱酒精洗液洗涤。

(二)折光法

1. 方法原理

本法是利用种子中的油和某些有机溶剂的折光率有较大差别这一特性来进行样品含油量的测定。

用折光率高的非挥发性有机溶剂浸提样品,由于油的折光率较低,溶剂溶解样品中的油后,溶液的折光率必须低于溶剂,降低的值与溶解的油量成正比。因此,可由折光率的下降程度来测量样品的含油量。

本法适用于大批同一种类油料种子(如大豆、亚麻、油桐、花生、芝麻、向日葵、油菜、玉米等种子)样品含油量的测定。手续简单快速,结果准确可靠,但需用精密折光仪及准确测量温度。

2.主要仪器设备

精密折光仪、电热恒温水浴(控温±0.1℃)、温度计(准确至0.1℃)。

3.试剂配制

标准溶剂:用 74 份(质量计)α-氯萘(相对密度为 1.193 8,$n^{20}=1.633\ 21$),与 26 份α-溴萘(液体或柱状固体,$n^{20}=1.658\ 50$)混合,添加任一溶剂,配制成 $n^{20}=1.639\ 40$ 的标准溶剂,贮于棕色瓶中,大约每星期校正其折光率 1 次[注1]。

4.操作步骤

称取 2.0×～2.5× g 样品(0.5 mm),放入预热至约60℃的8 cm 瓷研钵中,加入纯净石英砂约 1.5 g,再加 5.00 mL 标准溶剂[注2],用力研磨 3 min,用干的无脂肪的 5 cm 滤纸过滤。取 1～2 滴清液测定折光率,准确到 0.000 02。测定同时读记温度,准确至 0.1℃[注3],计算样品的含油量。

5.结果计算

$$\omega = V_1 \times d_2 \times (n_1 - n_3) \times 100 / [m \times (n_3 - n_2)]$$

式中:ω——样品种子含油量的质量分数/%;V_1——标准溶剂的体积/mL;d_2——油的比重[注4],如大豆油的相对密度为 0.924 0;n_1——标准溶剂的折光率;n_2——油的折光率[注5](以实测为准),如大豆油的折光率为 1.473 02;n_3——测得油与溶剂混合物的折光率;m——样品质量/g。

6.注释

[1]校正折光率时温度必须准确至 0.1℃。此溶剂折光率的温度校正系数为0.000 45/℃。比 25℃每高 1℃,测定值应加 0.000 45;每低 1℃,则减 0.000 45。

[2]标准溶剂比重较大,所以必须准确地量取它的体积,最好用校准过的、流液时间不少于 15 s 的 5 mL 移液管。

[3]溶液折光率的温度校正系数:大豆油溶液为 0.000 43/℃;亚麻油溶液为 0.000 42/℃。

[4]油相对密度(比重)的测定:①将比重瓶洗净至无油脂,装入刚沸过而冷却至约 20℃ 的水,放在 25℃的恒温水浴中。30 min 后,调节比重瓶内的水面到标线,加塞,从水浴中取出,用洁净布擦干,称量。再将比重瓶的水倒空,烘干,称量。这两次质量之差即为 25℃时瓶内所装的水重(A)。②再在此干燥的比重瓶中装满温度约为 20℃的油样,放入 25℃恒温水浴中 30 min,调节油液面到标线,加塞。由水浴中取出,擦干,称量。计算瓶内所盛油的质量(B)。③B/A 即为 25℃时油的相对密度。同一种类种子的油的相对密度可当作定值,品系间的差别可略而不计。

[5]纯油的折光率的测定:取约 5 g 种子粉样,用大约 25 mL 乙醚或石油醚浸提并淋洗,过滤,除尽溶剂后即得纯油,测其折光率。同一种类种子的油的折光率可当作定值,品系间的差别可略而不计。

❓思考与讨论

1.什么是植物粗脂肪？常用的测定方法有哪几种？

2.试述油重法和残余法测定植物中粗脂肪的方法原理。

3.试述折光法测定植物中粗脂肪的方法原理。

六、植物全氮、磷、钾的测定

▶目的◀
1. 掌握植物全氮磷钾测定的前处理方法。
2. 掌握植物全氮磷钾测定的定量方法。

植物中氮、磷、钾的测定包括待测液的制备和待测液中氮、磷、钾的定量两大步骤。植物全氮待测液的制备通常采用开氏消煮法。若需完全包括植物中的 NO_3^--N，则应选用包括 NO_3^--N 的开氏消煮法。植物全磷、钾可用干灰化或其他湿灰化法制备待测液。本实验介绍 $H_2SO_4-H_2O_2$ 消煮法，可在同一份消煮液中分别进行氮、磷、钾的测定。

待测液中氮的定量本实验介绍蒸馏法和扩散法，也可用靛酚蓝分光光度法（见土壤分析部分）。磷常用分光光度法，样品含磷量高时（>0.2% P），宜用钒钼黄法；含磷低时，需用钼锑抗法。钾一般用火焰光度法。

(一)植物样品的消煮——$H_2SO_4-H_2O_2$法

1. 方法原理

植物中的氮、磷大多数以有机态存在，钾以离子态存在。样品经浓 H_2SO_4 和氧化剂 H_2O_2 消煮，有机物被氧化分解，有机氮和磷转化成铵盐和磷酸盐，钾也全部释出。消煮液经定容后，可用于氮、磷、钾[注1]3 种元素的定量。

本法采用 H_2O_2 为加速消煮的氧化剂，不仅操作手续简单快速，对氮、磷、钾的定量没有干扰，而且具有能满足一般生产和科研工作所要求的准确度。但要注意遵照操作规程的要求，防止有机氮被氧化成氮气或氮的氧化物而损失。

2. 主要仪器设备

分析天平（感量：0.000 1 g）、消煮炉。

3. 试剂配制

硫酸（分析纯，比重 1.84）、30% H_2O_2（分析纯）[注2]。

4. 操作步骤

①称取植物样品（0.5 mm）0.3×××～0.5××× g[注3]（称准至 0.000 2 g），放入 100 mL 消煮管中的底部，加入 5 mL 浓 H_2SO_4 溶液，摇匀，分 2 次各加入 H_2O_2 2 mL[注4]，每次加入后要摇匀，待激烈反应结束后，置于已升温至 360℃的消煮炉上加热消煮，使固体物成为溶液，待 H_2SO_4 发白烟，溶液呈褐色时，停止加热，此过程约需 10 min。取下待冷却至瓶壁不烫手，加入 H_2O_2 2 mL，继续加热消煮 5～10 min，冷却，再加入 H_2O_2 2 mL 消煮，如此反复直至溶液呈无色或清亮后（一般情况下，加入 H_2O_2 总量 8～10 mL），再继续加热 5～10 min，以除尽剩余的 H_2O_2。

②取下冷却后,用水将消煮液无损地转移入 100 mL 容量瓶中,也可直接向消煮管中加水稀释[注5],冷却至室温后定容(V_1),摇匀后备测。用干滤纸过滤,或放置澄清后吸取清液测定氮、磷和钾。

③每批样品消煮的同时,进行 2~3 个空白试验,以校正试剂和方法的误差。

5. 注释

[1]植物体内的钾以离子态存在于细胞液或与有机成分呈松散结合态。因此,若只测定钾时,可采用简易的浸提法制备待测液。浸提剂可用 0.5 mol/L HCl 溶液或 2 mol/L NH$_4$OAc-0.2 mol/L Mg(OAc)$_2$ 溶液,也可用热水。例如,0.5×××g 样品,加 100 mL 2 mol/L NH$_4$OAc-0.2 mol/L Mg(OAc)$_2$溶液,振荡半小时,过滤,滤液稀释后用火焰光度法测定。

[2]所用的 H_2O_2 应不含氮和磷。H_2O_2 在保存中可能会自动分解,加热和光照能促使其分解,故应保存于阴凉处。在 H_2O_2 中加入少量 H_2SO_4酸化,可防止 H_2O_2分解。

[3]称样量决定于植物体内 N,P,K 含量的高低,健壮茎叶称 0.5 g,种子称 0.3 g,老熟茎叶可称 1 g。若用新鲜茎叶样,可按干样的 5 倍称样。称样量大时,可适当增加浓 H_2SO_4用量。

[4]加 H_2O_2时应直接滴入消煮管底部的溶液中,如滴在管内壁上,将不起氧化作用,若遗留下来还会影响磷的显色。

[5]如果省略转移步骤,直接在消煮管中加水定容,则应注意:消煮好的样品冷却后,如果直接向消煮管中加水,会出现放热现象,慢慢加水直至定容刻度线下 1 cm 处,待完全冷却至室温后方可定容、摇匀。

(二)植物全氮的测定——半微量蒸馏法和扩散法

1. 方法原理

植物样品经 H_2SO_4-H_2O_2法消煮、定容后,吸取部分消煮液碱化,使铵盐转变成氨,经蒸馏或扩散,用 H_3BO_3吸收,直接用标准酸滴定,以甲基红—溴甲酚绿混合指示剂指示终点。

2. 主要仪器设备

定氮仪。

3. 试剂配制

①40% NaOH 溶液(m/V)。

②2% H_3BO_3-指示剂溶液。

③酸标准溶液[c(HCl 或 1/2 H_2SO_4) = 0.01 mol/L]。

④碱性胶液。

以上试剂的具体配制方法参见土壤全氮测定和土壤碱解氮测定部分。

4. 操作步骤

(1)蒸馏法

①检查蒸馏装置是否漏气和管道是否洁净后,吸取定容后的消煮液 5.00~10.00 mL(V_2含 NH$_4^+$—N 约 1 mg),放入 250 mL 蒸馏管中,并装到蒸馏器上,注意密闭性。

②另取 150 mL 三角瓶,内加 5 mL 2% H_3BO_3-指示剂混合溶液,放在冷凝管下端,管口置于 H_3BO_3液面以上 3~4 cm 处,然后慢慢加入约 3 mL 40%(m/V)NaOH 溶液,通入蒸气蒸

馏$^{[注1]}$。待馏出液体积约达 75 mL 时,停止蒸馏,用少量已调节至 pH 4.5 的水冲洗冷凝管末端。

③用酸标准溶液滴定馏出液至由蓝绿色突变为紫红色(终点的颜色应和空白测定的滴定终点相同)。与此同时进行空白测定的蒸馏、滴定$^{[注2]}$,以校正试剂和滴定误差。

(2)扩散法

①吸取定容后的消煮液 2.00～5.00 mL(V_2 含 NH_4^+—N 0.05～0.5 mg)于直径 10 cm 的扩散皿外室,内室加入 2% H_3BO_3-指示剂混合溶液 3 mL,参照土壤碱解氮测定的操作步骤进行扩散和滴定,但中和 H_2SO_4 须用 40% NaOH 溶液 2 mL,扩散可在室温下进行,不必恒温。室温在 20℃ 以上时,放置约 24 h,低于 20℃ 时,须放置较长时间。在扩散期间可将扩散皿内容物小心转动混匀 2～3 次,加速扩散,可缩短扩散时间。

②在测定样品的同时,须在同一条件下做空白试验及 NH_4^+—N 标准溶液的回收率测定$^{[注3]}$。

5. 结果计算

$$\omega(N) = c\,(V - V_0) \times 0.014 \times 1\,000/(m \times V_2/V_1)$$

式中:$\omega(N)$——植物全氮的质量分数/(g/kg);c——酸标准溶液的浓度/(mol/L);V——滴定试样所用酸标准溶液的体积/mL;V_0——滴定空白所用的酸标准溶液的体积/mL;0.014——N 的毫摩尔质量/(g/mmol);m——样品质量/g;V_1——消煮液定容的体积/mL;V_2——吸取测定的消煮液体积/mL。

6. 注释

[1]蒸馏时务必将冷凝水打开,因为馏出液的温度超过 40℃,氨就会以气体形式挥发损失掉。

[2]空白试验的测定应放在未知样品之前,一般空白测定所用标准酸溶液的体积不得超过 0.40 mL。如不符合要求,应重新清洗仪器后再测定。蒸馏液收集体积应注意空白与未知样品的一致性,以减小误差,提高测定的准确度。

[3]NH_4^+—N 回收率的测定:吸取 100 mg/L NH_4^+—N 标准溶液(0.3820 g NH_4Cl/L)5.00 mL 于扩散皿外室,按样品测定的操作步骤进行扩散。每批应做 4～6 个 NH_4^+—N 回收率试验。在样品滴定前先滴定两个盛标准溶液的皿作回收率检验。若 NH_4^+—N 的回收率已达 98% 以上,证明溶液中的 NH_3 已扩散完全,可以开始测定成批样品;如回收率尚未达到要求,则需延长扩散时间。

(三)植物全磷的测定

1. 钒钼黄分光光度法

(1)方法原理　植物样品经 H_2SO_4-H_2O_2 法消煮使各种形态的磷转变成磷酸盐。待测液中的正磷酸与偏钒酸和钼酸在酸性条件下能生成黄色的三元杂多酸(钒钼磷酸),其吸光度与磷浓度成正比,可在波长为 400～490 nm 处用分光光度法测定磷的含量。当磷浓度较高时,选用较长的波长;当磷浓度较低时,选用较短波长$^{[注1]}$。

此法的优点是操作简便,可在室温下显色,黄色稳定$^{[注2]}$。在 HNO_3、$HClO_4$ 和 H_2SO_4 等介质中都适用,对酸度和显色剂浓度的要求也不十分严格$^{[注3]}$,干扰物少$^{[注4]}$。在可见光范围内灵敏度较低,适测范围广(为 1~20 mg/L P),故广泛应用于含磷较高而且变幅较大的植物和肥料样品中磷的测定。

(2)主要仪器设备　分光光度计。

(3)试剂配制

①钒钼酸铵溶液。25.0 g 钼酸铵[$(NH_4)_6Mo_7O_{24} \cdot 4H_2O$,分析纯]溶于 400 mL 水中。另将 1.25 g 偏钒酸铵(NH_4VO_3,分析纯)溶于 300 mL 沸水中,冷却后加入 250 mL 浓 HNO_3(分析纯)。将钼酸铵溶液缓缓注入偏钒酸铵溶液中,不断搅匀,最后加水稀释至 1 L,贮于棕色瓶中。

②6 mol/L NaOH 溶液。24 g NaOH 溶于水,稀释至 100 mL。

③0.2%二硝基酚指示剂。0.2 g 2,6-二硝基酚或 2,4-二硝基酚溶于 100 mL 水中。

④磷标准溶液[$\rho(P)=50$ mg/L]。0.219 5 g 干燥的 KH_2PO_4(分析纯)溶于水,加入 5 mL 浓 HNO_3,于 1 L 容量瓶中定容。

(4)操作步骤

①准确吸取定容、过滤或澄清后的消煮液 5.00~20.00 mL(V_2 含 P 0.05~0.75 mg),放入 50 mL 容量瓶中,用水稀释至约 30 mL,加 2 滴二硝基酚指示剂,滴加 6 mol/L NaOH 溶液中和至刚呈黄色,加入 10.00 mL 钒钼酸铵试剂,用水定容(V_3)。

②15 min 后,用 1 cm 光径的比色槽在波长 440 nm 处进行测定,以空白溶液(空白试验消煮液按上述步骤显色),调节仪器零点。

③校准曲线或直线回归方程。准确吸取磷标准溶液[$\rho(P)=50$ mg/L] 0 mL、1.00 mL、2.50 mL、5.00 mL、7.50 mL、10.00 mL、15.00 mL,分别放入 50 mL 容量瓶中,按上述步骤显色,即得 0 mg/L、1.0 mg/L、2.5 mg/L、5.0 mg/L、7.5 mg/L、10 mg/L、15 mg/L 的磷标准系列溶液,与待测液一起进行测定,读取吸光度,然后绘制校准曲线或求直线回归方程。

(5)结果计算

$$\omega(P)=\rho(P)\times(V_1/V_2)\times(V_3/m)\times10^{-3}$$

式中:$\omega(P)$——植物全磷的质量分数/(g/kg);$\rho(P)$——从校准曲线或回归方程求得显色液中磷的浓度/(mg/L);V_1——消煮液定容的体积/mL;V_2——吸取测定的消煮液体积/mL;V_3——显色液体积/mL;m——样品质量,g;10^{-3}——将 mg/L 浓度单位换算为 g/kg 的换算因数。

(6)注释

[1]显色液中 $\rho(P)=1~5$ mg/L 时,测定波长用 420 nm;5~20 mg/L 时用 490 nm。待测液中 Fe^{3+} 浓度高时应选用 450 nm,以清除 Fe^{3+} 干扰。校准曲线也应用同样波长测定绘制。

[2]一般室温下,温度对显色影响不大,但室温太低(如<15℃)时,需显色 30 min。稳定时间可达 24 h。

[3]如试液为 HCl、$HClO_4$ 介质,显色剂应用 HCl 配制;试液为 H_2SO_4 介质,显色剂也用 H_2SO_4 配制。显色液中酸的适宜浓度范围为 0.04~1.6 mol/L,最好是 0.5~1.0 mol/L。酸度高时显色慢且不完全,甚至不显色;低于 0.2 mol/L 易产生沉淀物,干扰测定。钼酸盐在显色液中的终浓度适宜范围为 $(1.6~5.7)\times10^{-3}$ mol/L,钒酸盐 $8\times10^{-5}~2.2\times10^{-3}$ mol/L。

[4]此法干扰离子少,主要干扰离子是铁,当显色液中 Fe^{3+} 浓度超过 0.1% 时,它的黄色有干扰,可用扣除空白消除。

2. 钼锑抗分光光度法

(1)方法原理　植物样品经 H_2SO_4-H_2O_2 法消煮使各种形态的磷转变成磷酸盐。在一定酸度下,待测液中的正磷酸与钼酸铵和酒石酸锑钾生成一种三元杂多酸,后者在室温下能迅速被抗坏血酸还原为蓝色络合物,可用分光光度法测定。

本法适用于含磷量少的植物样品中磷的测定。

(2)试剂配制

①6 mol/L NaOH 溶液。

②0.2%二硝基酚指示剂。

③2 mol/L(1/2 H_2SO_4)硫酸溶液。5.6 mL 浓 H_2SO_4 加水至 100 mL。

④钼锑贮备液。浓 H_2SO_4(分析纯)153 mL 缓慢地注入约 400 mL 水中,搅拌,冷却;10.0 g 钼酸铵[$(NH_4)_6Mo_7O_{24}\cdot4H_2O$,分析纯]溶解于约 60℃ 的 300 mL 水中,冷却;然后将 H_2SO_4 溶液缓缓倒入钼酸铵溶液中,再加入 100 mL 0.5%酒石酸锑钾($KSbC_4H_4O_7\cdot1/2H_2O$,分析纯)溶液,最后用水稀释至 1 L,避光贮存。此贮备液中含钼酸铵为 1%,酸浓度为 5.5 mol/L (1/2 H_2SO_4)。

⑤钼锑抗显色剂。1.50 g 抗坏血酸($C_6H_8O_6$,左旋,旋光度+21～+22,分析纯)溶于 100 mL 钼锑贮备液中。此液须随配随用,有效期 1 d,冰箱中存放,可用 3～5 d。

⑥磷标准工作液[ρ(P) = 5 mg/L]。准确将 50 mg/L P 标准贮备液稀释 10 倍,即得 5 mg/L P 标准工作溶液,此溶液不宜久存。

(3)操作步骤

①准确吸取定容过滤或澄清后的消煮液 2.00～5.00 mL(V_2 含 P 5～30 μg)于 50 mL 容量瓶中,用水稀释至约 30 mL,加 1～2 滴二硝基酚指示剂,滴加 6 mol/L NaOH 溶液中和至刚呈黄色,再加入 1 滴 2 mol/L(1/2 H_2SO_4)溶液,使溶液的黄色刚刚褪去,然后加入钼锑抗显色剂 5.00 mL,摇匀,用水定容(V_3)。

②在室温高于 15℃ 的条件下放置 30 min 后,用 1 cm 光径比色槽在波长 700 nm[注1]处测定吸光度,以空白溶液为参比调节仪器零点。

③校准曲线或求直线回归方程。准确吸取磷标准工作溶液[ρ(P)= 5 mg/L] 0 mL、1.00 mL、2.00 mL、4.00 mL、6.00 mL、8.00 mL,分别放入 50 mL 容量瓶中,加水至约 30 mL,同上步骤显色并定容,即得 0 mg/L、0.1 mg/L、0.2 mg/L、0.4 mg/L、0.6 mg/L、0.8 mg/L 的磷标准系列溶液,与待测液同时测定,读取吸光度,然后绘制校准曲线或直线回归方程。

(4)结果计算　同钒钼黄分光光度法。

(5)注释

[1]根据分光光度计性能,可选用波长为 650～890 nm 处测定,波长为 880～890 nm 处灵敏度高。

(四)植物全钾的测定——火焰光度法

1. 方法原理

植物样品经 H_2SO_4-H_2O_2 法消煮,并经稀释后,待测液中的 K 可用火焰光度法测定。

2. 主要仪器设备

火焰光度计。

3. 试剂配制

钾标准溶液[$\rho(K) = 100$ mg/L]。0.190 7 g KCl(分析纯,在 105~110℃ 干燥 2 h)溶于水,于 1 L 容量瓶中定容,存于塑料瓶中。

4. 操作步骤

①准确吸取定容后的消煮液[注1] 5.00~10.00 mL(V_2),放入 50 mL 容量瓶中,用水定容(V_3)。直接在火焰光度计上测定,读取检流计读数[注2]。

②校准曲线或直线回归方程。准确吸取钾标准溶液[$\rho(K) = 100$ mg/L] 0 mL、1.00 mL、2.50 mL、5.00 mL、10.00 mL、15.00 mL、20.00 mL,分别放入 50 mL 容量瓶中,加入定容后的空白消煮液 5.00 mL 或 10.00 mL[注3],加水定容,即得 0 mg/L、2 mg/L、5 mg/L、10 mg/L、20 mg/L、30 mg/L、40 mg/L 的钾标准系列溶液。以浓度最高的标准溶液定火焰光度计检流计的满度(一般只定到 90),然后从稀到浓依次进行测定,记录检流计读数。以检计读数为纵坐标,钾浓度为横坐标绘制校准曲线或求直线回归方程。

5. 结果计算

$$\omega(K) = \rho(K) \times (V_1/V_2) \times (V_3/m) \times 10^{-3}$$

式中:$\omega(K)$——植物全钾的质量分数/(g/kg);$\rho(K)$——从校准曲线或回归方程求得的测读液中钾的浓度/(mg/L);V_1——消煮液定容体积/mL;V_2——吸取测定的消煮液体积/mL;V_3——测读液定容体积/mL;m——样品质量/g;10^{-3}——将 mg/L 浓度单位换算为 g/kg 的换算因数。

6. 注释

[1]或用浸出液,溶液应清亮,如有需要可过滤,以免堵塞火焰光度计的进样管道。

[2]一般做法是仪器预热后,先测定钾的标准系列溶液,然后测定试样。每测定 5~10 个试样后,须用合适浓度的 1~2 个钾标准液校准 1 次,使检流计的读数保持前后一致。

[3]目的是使标准溶液中的离子组成与待测液相近,以消除试剂等的系统误差。

? 思考与讨论

1.植物全氮磷钾的测定过程主要包括哪两个部分? 最常用的方法是什么?

2.试述 H_2SO_4-H_2O_2 法测定植物全氮磷钾的前处理方法原理。

3.试述植物全氮测定的定量方法原理。

4.植物全磷测定的定量方法有几种? 试述不同方法的测定原理。

5.试述植物全钾测定的定量方法原理。

七、植物微量元素含量的测定

▶**目的**◀

1. 了解植物微量元素测定的常用方法。
2. 掌握植物微量元素测定的不同前处理方法。
3. 掌握植物微量元素测定的不同定量方法。

　　植物微量元素测定的前处理方法比较多,可采用干灰化或湿灰化方法进行待测液的制备。干灰化法是在 $500 \sim 550\ ℃$ 下灰化样品 $4 \sim 6\ h$,灰分用酸溶解后待测,需要高温电炉。而湿灰化法则是利用 HNO_3-$HClO_4$、H_2SO_4-$HClO_4$、HNO_3-H_2SO_4-$HClO_4$ 等将样品分解。近年来应用最为广泛的方法是微波消解法,在制得的待测液中可同时测定磷、钾、钙、镁、铁、锰、铜、锌、硼等元素的含量。

(一)前处理方法

1. 传统消解方法

　　(1)方法原理　利用高温分解或 HNO_3-$HClO_4$ 混合酸溶液分解植物样品,制备的待测液中可同时进行多种营养元素的测定,如磷、钾、钙、镁、铁、锰、铜、锌、硼等。

　　(2)主要仪器设备　分析天平(感量为 $0.000\ 1\ g$)、高温电炉(马弗炉)或消煮炉、原子吸收分光光度计(AAS)或电感耦合等离子发射光谱仪(ICP-AES)。

　　(3)试剂配制

　　①(1+1)HNO_3 溶液。浓 HNO_3(优级纯)按照等体积与高纯水混合。

　　②(1+1)HCl 溶液。浓 HCl(优级纯)按照等体积与高纯水混合。

　　③2% HCl 溶液(V/V)。

　　④HNO_3-$HClO_4$(8+2)。量取 $800\ mL$ 浓 HNO_3(优级纯)于烧杯中,加入 $200\ mL$ $HClO_4$ 溶液(优级纯),边加边搅拌,混匀后备用。

　　⑤5% HNO_3 溶液(V/V)。

　　(4)操作步骤

　　待测液的制备[注1]。

　　①干灰化法。

　　A. 准确称取烘干植物样品 $0.5 \times \times \times\ g$(称准至 $0.000\ 1\ g$),放入 $30\ mL$ 瓷坩埚中,放在电炉上慢慢升温炭化至不冒白烟止。转入马弗炉中升温至 $500 \sim 550\ ℃$,保持 $4 \sim 6\ h$。冷却,灰分应是疏松、灰白色的没有熔融迹象。若灰分中残存的碳较多,可加入几滴(1+1)HNO_3 溶液,蒸干后继续在高温电炉中完成灰化。

　　B. 冷却,加入(1+1)HCl 溶液 $10.00\ mL$,加热沸腾 $3 \sim 5\ min$,使灰分溶解,过滤至 $50\ mL$ 容量瓶中,用 2%HCl 多次淋洗至定容。也可采取以下方法:在坩埚中先加入 $2.00\ mL$ (1+1)

HCl 溶液溶解灰分,然后再加入 18.00 mL 高纯水,混匀后过滤,滤液待测[注2]。每批样品应同时进行 2～3 个空白测定。

C.为保证测定结果的准确性,建议在每批样品测定时,应同时进行 2～3 个标准植物样品的测定[注3]。

②湿灰化法。

A.准确称取烘干植物样品 0.5×××g(称准至 0.000 1 g),放入 100 mL 消煮管中,加入浓 HNO_3-$HClO_4$ 混合酸(8+2)10.00 mL,放置 2～4 h 或过夜,然后放在消煮炉上慢慢升温加热至约 140～180℃,使黄棕色烟(NO_2)慢慢挥发,再适当提高温度(勿超过 250℃左右)继续消化。消煮至大量冒白烟为止,消化液呈白色透明状,约有 2 mL 时,取下(切勿蒸干)。

B.冷却后定量地转入 50 mL 容量瓶中,定容、摇匀后过滤,或者直接在消煮管中定容至 50 mL,摇匀后过滤,滤液待测。每批样品应同时进行 2～3 个空白测定。

2.微波消解法

(1)方法原理　微波是一种频率范围为$(3×10^2)～(3×10^5)$ MHz 的电磁波,具有内加热的独特优点,以这样的微波场作用于液态极性分子,分子以每秒 24.5 亿次的速度不断改变正负方向,分子间高速碰撞和摩擦而产生高热。离解物质在微波场的作用下,离子定向流动形成离子流,并在流动中与周围的分子和离子发生碰撞和摩擦,从而转化为热能。样品因微波的作用,表面层不断地搅动破裂,不断地产生新鲜表面与酸反应,促使样品快速溶解。

微波消解法是通过微波加速反应系统(MARS)的微波能量来消解样品,样品放置在可透微波的消解管中,利用不同种类的消解介质,如 HNO_3-H_2O_2、HNO_3-H_2SO_4、HNO_3-HCl 等,快速吸收微波能量并提高压力,使得样品可以在很短时间内分解,从而大大提高工作效率。因次,相比于传统消解方法,微波消解法具有分析快速、完全,挥发性元素损失小,试剂消耗少,操作简单,处理效率高,重复性好等显著特点,为国际公认及普遍参照的消解方法之一,被誉为"绿色化学反应技术"。

(2)主要仪器设备　分析天平(感量为 0.000 1 g)、微波消解仪、恒温电热板、原子吸收分光光度计(AAS)或电感耦合等离子发射光谱仪(ICP-AES)。

(3)试剂配制　浓硝酸(优级纯)、30％H_2O_2(优级纯)、高纯水。

(4)操作步骤

①准确称取植物试样 0.2×××～0.5×××g(精确至 0.000 1 g)于微波消解罐中[注4],并严格按照顺序编号放于消解罐架中[注5],加入 6 mL 浓硝酸,冷消化静置过夜。次日,再往消解罐中加入 2 mL H_2O_2。如有结块,可以轻轻地摇动消解罐,但是注意不要力度太大,防止粘壁。盖上内盖,扣上外塞,拧紧至适中。

②将消解罐按照顺序放入微波消解仪的转盘中(注意编号对应正确),确保每个消解罐都准确卡入槽中,转盘内层编号为 1～16,外层编号为 17～40,注意千万不要出现顺序错误。然后按照微波消解的操作步骤消解植物样品,程序设置见表 2-2。

表 2-2　微波消解仪的消解程序参数设置

步骤	功率/W	升/降温时间/min	温度/℃	保持时间/min
1. 升温	1 200	5	120	5
2. 升温	1 200	5	160	10
3. 消解	1 200	5	180	20
4. 冷却	1 200	20	—	—

③冷却步骤的倒计时结束后,微波消解仪自动停止运行,取出消解罐按照序号放于消解罐架上。取下消解罐的外盖和内盖,将带有消解液的消解罐放在恒温电热板上于 140～160℃ 赶酸,至剩余 1～2 mL 溶液时停止(40～50 min),切勿蒸干[注6]。赶酸完成后,将消解罐取出放于通风橱中的消解罐架上(按照相应的编号位置),冷却至 50℃ 以下后,用小漏斗将消解液转移至 50 mL 容量瓶中,用少量高纯水洗涤消解罐和小漏斗 2～3 次,合并洗涤液于容量瓶中,定容、摇匀后干过滤至 15 mL 离心管中,待测。

④测定工作结束后,消解罐的清洗可采用以下 2 种方法:一是用海绵刷(切记不要使用毛刷清洗消解罐,以免损伤消解罐表面)清洗,自来水冲洗 3 遍,去离子水冲洗 3 遍后,放入 5%～10% 的硝酸溶液中浸泡过夜,次日消解罐及盖子用去离子水冲洗至少 3 遍,50℃ 烘干或自然晾干后待用。二是加入硝酸后上机清洗,一般加入 8～10 mL 浓硝酸(分析纯),按照消解仪的清洗程序大约 45 min 完成,之后将废硝酸回收,消解罐及盖子用去离子水冲洗至少 3 遍,50℃ 烘干或自然晾干后待用。

容量瓶和小漏斗用自来水冲洗 3 遍,去离子水冲洗 3 遍后,浸泡于酸桶中过夜(不低于 8 h),次日直接用去离子水冲洗不少于 3 遍后再使用。

(二)定量方法

1. 微量元素含量的定量

待测液中铁、锰、铜、锌等元素可采用原子吸收分光光度计(AAS)或电感耦合等离子发射光谱仪(ICP-AES)测定[注7]。

各元素标准溶液系列的具体配制方法可参考"Mehlich 3 法测定土壤有效养分"部分。应注意工作曲线的溶液组成应与待测液相近,干灰化法的曲线可采用 2% HCl 介质,而湿灰化法和微液消解法的曲线可采用 5% HNO_3 介质。

2. 结果计算

$$\omega(Fe,\ Mn,\ Cu,\ Zn) = \frac{\rho(Fe,\ Mn,\ Cu,\ Zn) \times V \times f}{m}$$

式中:$\omega(Fe,\ Mn,\ Cu,\ Zn)$——植物铁、锰、铜、锌的质量分数/(mg/kg);$\rho(Fe,\ Mn,\ Cu,\ Zn)$——待测液中铁、锰、铜、锌的浓度/(mg/L);V——待测液定容体积/mL;f——待测液的稀释倍数;m——样品质量/g。

3. 注释

[1]测定微量元素用的器皿需用稀酸(5%～10% HCl 或 HNO_3)浸泡过夜,洗净后备用,以防止被污染的可能性。

[2]消煮液过滤后得到清亮溶液,以避免堵塞大型分析仪器的管道,影响测定的准确度。

[3]标准植物样品可在国家计量科学院或其他标准物质公司购买,用于进行测定结果的质量控制。

[4]最好用牛角勺称样或不锈钢称量勺称样。称样量应基本保持一致,一般情况下,籽粒样品为 0.499 0~0.501 0 g,秸秆样品为 0.299 0~0.301 0 g。样品应用称量纸送至消解罐底部,切记避免植株样品沾到管壁上。称取下一个样品前应将称量纸和称量勺清理干净,避免交叉污染。

[5]消解罐上不能用记号笔编号或贴标签纸,以免影响消解罐的使用寿命。因此未知样品的测试顺序编号一定要确保正确。

[6]赶酸是为了将消解液中的 HNO_3 充分挥发,使最终定容后的样品待测液中 HNO_3 的浓度约为 5%,既可以避免消解液中酸度过高损坏定量仪器,又可使未知样品待测液与标准曲线的酸性介质(5% HNO_3)保持一致,以消除系统误差。

[7]采用 AAS 法定量时,可根据需要将待测液稀释一定倍数后分别测定。如使用 ICP-AES 法,则一般不需要稀释,可直接用制得的待测液测定,且可同时测定 P、K、Ca、Mg、Fe、Mn、Cu、Zn、B 等元素的含量。

思考与讨论

1. 植物微量元素测定的前处理方法有哪几种？试比较各自特点。
2. 试比较干灰化法和湿灰化法测定植物微量元素的不同。
3. 微波消解法测定植物微量元素应注意哪些问题？
4. 植物微量元素测定的定量方法有哪些？试比较各种方法的异同。

八、植物中水溶性糖的测定

▶▶目的◀◀

1. 了解植物水溶性糖测定的常用方法。
2. 掌握水浸提-铜还原-直接滴定法测定植物水溶性糖的方法。
3. 掌握水浸提-铜还原-碘量法测定植物水溶性糖的方法。
4. 掌握水浸提-氰化盐-碘量法测定植物水溶性糖的方法。

植物中碳水化合物主要是水溶性糖、淀粉、纤维素和果胶等。食品中的碳水化合物含量常以总碳水化合物或无氮浸出物来表示,它们是由差减法计算而得。

总碳水化合物(%)=100%-(水分%+粗蛋白质%+灰分%+粗脂肪%)

无氮浸出物(%)=100%-(水分%+粗蛋白质%+灰分%+粗脂肪%+粗纤维素%)

虽然总碳水化合物可由差减法求得,但分别测定各种碳水化合物的含量也是经常进行的。

植物中的水溶性糖主要包括葡萄糖、果糖(二者为还原糖)和蔗糖(非还原糖)。它们都易溶于水和乙醇,因此可用温水或80%乙醇为浸提剂。浸出液中还原糖的测定方法很多,常用的化学方法是用适当的氧化剂将还原糖氧化,然后测定其反应生成物,或剩余的氧化剂量。按照所用氧化剂的不同,可分为"铜还原法"(碱性溶液中的硫酸铜,如费林试剂等)和"氰化盐法"(碱性溶液中的铁氰化盐)。反应生成物的测定方法有重量法、容量法和分光光度法等。

蔗糖为非还原糖,经稀酸或酶水解转化成转化糖(还原糖)后也可按照上述方法测定。此外,浸出液中的水溶性糖(还原糖和非还原糖)经浓酸处理后,能与某些显色剂(例如,酚、蒽酮等)显色,可用吸光光度法测定。本实验将介绍这几类测定方法中的1~2种方法。

(一)水浸提-铜还原-直接滴定法

1. 方法原理

样品中的水溶性糖可用温水或乙醇浸出。与糖同时浸出的少量蛋白质、果胶等物质会使过滤困难,而且在碱性条件下可能部分水解成还原性物质,干扰糖的测定,所以过滤前需用澄清剂除去。

本实验介绍铜还原-直接滴定法(Lane-Eynon法)测定待测液中的还原糖。如果要测定水溶性糖总量,则需用稀盐酸将浸出液中的蔗糖水解成转化糖(等分子葡萄糖和果糖),连同原有的还原糖一起测定。

铜还原-直接滴定法测定还原糖的原理是基于还原糖[注1]在碱性条件下可被适当的氧化剂所氧化。本法所用的氧化剂为费林(Fehling)试剂,它由甲、乙两种溶液组成,甲溶液为硫酸铜溶液,乙溶液为氢氧化钠和酒石酸钾钠溶液。平时分别保存,测定时甲、乙溶液等体积混合。混合后,由于溶液中有配合剂酒石酸盐,二价铜离子在碱性条件下也不会生成氢氧化铜沉淀,而是形成水溶性的深蓝色配合物离子-酒石酸根合铜(II)离子,当然溶液中总是有少量二价铜离子存在[注2]。

直接滴定法是在碱性介质和沸热条件下,用还原糖待测液滴定一定量的费林试剂,此时配合态和游离态二价铜离子被还原糖还原,产生砖红色的 Cu_2O 沉淀,还原糖则被氧化和降解成糖酸[注3]。滴定时以亚甲基蓝为氧化—还原指示剂,因为亚甲基蓝氧化能力较 Cu^{2+} 弱,所以当 Cu^{2+} 全部被还原后,稍过量的还原糖即会使蓝色的氧化型亚甲基蓝还原为无色的还原型亚甲基蓝,即达滴定终点[注4]。

一定量费林试剂所相当的还原糖量(mg)与滴定时的反应条件有关,可在与测样相同条件下用标准糖液来标定,也可以从在一定条件下制成的 Lane-Eynon 检索表中查出[注5]。从滴定一定量的费林试剂所消耗的待测液量,可以计算出待测液中还原糖的浓度。

铜还原—直接滴定法操作简便,属于常量方法。适用于含糖量较高的样品,例如新鲜水果、蔬菜、干果等。

2. 主要仪器设备

高速组织捣碎机、电热恒温水浴、50 mL 碱式滴定管、酒精灯或小电炉。

3. 试剂配制

①费林试剂甲。34.64 g $CuSO_4 \cdot 5H_2O$(分析纯)溶于少量水,转入 500 mL 容量瓶中,用水定容。

②费林试剂乙。173 g 酒石酸钾钠($KNaC_4H_4O_6 \cdot 4H_2O$,分析纯)和 50 g NaOH(分析纯)溶于水,稀释至 500 mL,必要时用石棉垫漏斗过滤。

③10%中性醋酸铅溶液。100 g 醋酸铅[$Pb(CH_3COO)_2 \cdot 3H_2O$,分析纯]溶于水中,过滤后稀释到 1 L。

④饱和硫酸钠溶液。165 g $Na_2SO_4 \cdot 10H_2O$(分析纯)溶于 1 L 水中。

⑤标准转化糖溶液。10.450 g 蔗糖(分析纯)溶于约 100 mL 水中,加 6 mol/L HCl 溶液 10 mL,在室温下(20~25℃)放置 3 d 或置于 70~80℃水浴 10 min,冷却后转入 1 L 容量瓶中定容(此糖液为酸化的 1.1%转化糖液,可保存 3~4 个月)。

吸取 1.1%转化糖溶液 25.00 mL 于 250 mL 容量瓶中,加入甲基红指示剂 1~2 滴,用 1 mol/L NaOH 溶液中和至橙黄色后用水定容,即为 1.1 mg/mL 标准转化糖溶液(使用时配制)。

也可直接用葡萄糖配制成标准葡萄糖溶液,方法如下:称取 0.550 0 g 干燥的葡萄糖(分析纯)溶于水,定容至 500 mL,即得 1.1 mg/mL 标准葡萄糖溶液。

⑥6 mol/L HCl 溶液。浓 HCl(分析纯)稀释 1 倍即可。

⑦6 mol/L NaOH 溶液。120 g NaOH(分析纯)溶于水,稀释至 500 mL。

⑧1%亚甲基蓝指示剂。1.0 g 亚甲基蓝溶于 100 mL 水。

⑨0.1%甲基红指示剂。0.1 g 甲基红溶于 100 mL 60%乙醇中。

4. 操作步骤

(1)水溶性糖的浸提

①将新鲜样品[注6]洗净擦干,切成小块,混匀。称取 25.0 g 于研钵中加少许石英砂共同研碎,或加入 1~2 倍的水于高速组织捣碎机中捣碎,然后小心地转移入 250 mL 容量瓶中[注7]。含有机酸较多的样品,须加入 0.5~2.0 g 粉状 $CaCO_3$ 中和,最后加水至约 200 mL,摇匀,滴加

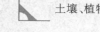

10％中性醋酸铅溶液至不再产生白色絮状沉淀为止（2～5 mL），以沉淀蛋白质等。

②置于80℃水浴中保温30 min，其间摇动数次，以利于糖分的浸提完全。冷却，过量的醋酸铅用饱和 Na_2SO_4 除去（加入 1.5～2 倍醋酸铅体积的饱和 Na_2SO_4，即 3～10 mL）。用水定容（V），用干滤纸过滤。此溶液可供样品中还原糖的测定[注8]。

（2）蔗糖的转化

吸取上述滤液 50.00 mL，放入 100 mL 容量瓶中，加入 6 mol/L HCl 溶液 5 mL，置于 80℃水浴上加热 10 min（或在 25℃室温下放置 3 d），放入冷水槽中冷却后，加入甲基红指示剂 2 滴，用 6 mol/L NaOH 溶液中和至橙黄色，加水定容。将溶液倒入 50 mL 碱式滴定管中备用。此溶液可供样品中水溶性糖总量的测定。

（3）还原糖的测定

①费林试剂的标定。吸取费林试剂甲、乙各 5.00 mL（或甲、乙等体积混合的试剂 10.00 mL）混合于 150 mL 三角瓶中，由滴定管加入 1.1 mg/mL 标准糖溶液约 45 mL，在酒精灯或小电炉上加热，使其在 2 min 左右沸腾，准确煮沸 2 min。

此时不离开热源，立即加入亚甲基蓝指示剂 3 滴[注9]，继续滴入标准糖溶液，直到 Cu^{2+} 被完全还原成砖红色的 Cu_2O 沉淀，指示剂亦被还原，溶液蓝色褪尽为止[注10]，前后沸热的时间须在 3 min 左右。

根据滴定所用的标准糖溶液的体积（mL）（V_1）和浓度，计算 10 mL 费林混合试剂相当于还原糖的质量（$G=1.1×V_1$）。

②约测。吸取费林试剂甲、乙各 5.00 mL（或混合试剂 10.00 mL）混合于 150 mL 三角瓶中，由滴定管加入待测糖溶液约 10 mL，按照费林试剂标定的同样操作，加热至沸，加入亚甲基蓝指示剂 3 滴，继续滴入待测糖溶液，边滴边摇动，直至蓝色褪尽为止，记下待测糖溶液的体积（mL）（V_2）。

③准确测定。吸取费林试剂甲、乙各 5.00 mL（或混合试剂 10.00 mL）混合于 150 mL 三角瓶中，由滴定管加入比约测量仅少 0.5～1 mL 的待测糖溶液，并补加（V_1-V_2）mL 的水［即标定费林试剂所耗的标准糖溶液减去约测所耗的待测糖溶液体积（mL）][注11]。

将混合溶液煮沸 2 min 后，加入亚甲基蓝指示剂 3 滴，继续用待测糖溶液逐渐滴加至终点。前后沸热时间须在 3 min 左右。待测糖溶液消耗量的体积（mL）（V_3）应控制在 15～50 mL。否则，应稀释后重新滴定，或增加称样量重新制备待测糖液[注12]。

5. 结果计算

$$\omega(还原糖) = (G/V_3)×(V/m)×100$$
$$\omega(水溶性糖总量)^{[注13]} = (G/V_3)×(V/m)×f×100$$
$$\omega(蔗糖) = [\omega(水溶性糖总量) - \omega(还原糖)]×0.95$$

式中：ω（还原糖）——样品中还原糖的质量分数/％；ω（水溶性糖总量）——样品中水溶性糖总量的质量分数/％；ω（蔗糖）——样品中蔗糖的质量分数/％；G——与 10 mL 费林试剂相当的还原糖/mg；V_3——准确测定时所消耗的待测糖溶液的体积/mL；V——浸出液定容的体积/mL；m——样品质量/mg；f——转化时的稀释倍数，$100/50=2$；0.95——由转化糖换算为蔗糖的因数[注14]。

6.注释

[1]还原糖包括葡萄糖和果糖。葡萄糖具有醛基($-HC=O$),果糖具有酮基($-C=O$),后者在碱性溶液中经烯醇化作用转变成醛基,所以它们都具有还原性。蔗糖是非还原糖,须经稀酸水解成转化糖后才具有还原性。

[2]反应如下:$Cu^{2+} + 2C_4H_4O_6^{2-} + 2OH^- = [Cu(C_4H_3O_6)_2]^{4-} + 2H_2O$

[3]其反应示意式如下:

$$\begin{array}{l}CHO\\|\\(CHOH)_4\\|\\CH_2OH\end{array} + 6[Cu(C_4H_3O_6)_2]^{4-} + 3OH^- + 3H_2O \longrightarrow \begin{array}{l}COO^-\\|\\(CHOH)_3\\|\\CH_2OH\end{array} + CO_3^{2-} + 3Cu_2O\downarrow + 12C_4H_4O_6^{2-}$$

[4]反应式如下:

蓝色的氧化型亚甲基蓝

无色的还原型亚甲基蓝

[5]还原糖与费林试剂的反应很复杂,还原塘的氧化产物和反应的程序决定于反应时的各项条件,例如,反应溶液中的铜、碱以及糖的总量和浓度,加热的强度、温度和时间以及各因子间的交互影响。因此,不能按某一简单的氧化还原反应方程来计算费林试剂与还原糖之间的化学计量关系,通常需用实验所得的经验数据进行计算。例如,与待测溶液相同条件下用标准糖溶液进行标定,或在一定条件下制成糖量的检索表等。总之,在测定时必须严格按照规定的条件进行操作,否则再现性不好,结果误差大。

[6]如为干燥样品,则称取 $2.5\times\times\sim5.\times\times\times$ g 样品(1 mm),放入 250 mL 容量瓶中。

[7]最好称取混匀的样品小块 50.0~100.0 g,加 1~2 倍的水,捣碎机捣碎后,在小烧杯中称取相当于 25 g 新鲜样品的匀浆,转入 250 mL 容量瓶中。

[8]用水浸提糖虽然比较经济和方便,但对菊糖或可溶性淀粉含量高的样品,这些物质会进入浸出液中而使结果偏高。因此,国家标准方法是用 80%乙醇浸提,具体方法为:①用 95%乙醇代替水,将样品在捣碎机中捣碎成匀浆,转入 250 mL 容量瓶,根据样品的含水量,调节乙醇的最后浓度约为 80%。按照用水浸提的步骤进行 80℃ 水浴浸提、定容、过滤。②吸取 100~200 mL 乙醇浸出液于蒸发皿中,在 60~70℃ 水浴上蒸去乙醇(以免乙醇干扰测定),加少量水使沉淀物软化分解,再转入 250 mL 容量瓶中,滴加 10%中性醋酸铅溶液2~5 mL,摇匀,再加入饱和 Na_2SO_4 溶液 3~10 mL,用水定容后过滤。

[9]亚甲基蓝指示剂也消耗一定量的还原糖,所以在每次滴定时须按照规定加入相同数量的指示剂。

[10]无色的还原型亚甲基蓝极易被空气中的 O_2 所氧化,恢复原来的蓝色,故整个滴定过

程中三角瓶不能离开灯火,使瓶中的溶液始终保持沸腾状态,液面覆盖水蒸气,不与空气接触。但到达终点后,因停止加热,则溶液将恢复蓝色。

[11]补加(V_1-V_2)mL 的水,可以使含糖浓度不同的待测液的反应体积与标定费林试剂时的体积一致,减少误差。

[12]因为 10 mL 费林试剂约相当于 50 mg 还原糖,所以待测糖溶液的浓度应调节到 0.1%~0.3% 为宜。

[13]水溶性糖总量以稀 HCl 转化后的还原糖总量表示。

[14]0.95 为转化糖换算为蔗糖的因数。每分子蔗糖水解后生成一分子葡萄糖和一分子果糖,合称转化糖。

$$C_{12}H_{22}O_{11} + H_2O = C_6H_{12}O_6 + C_6H_{12}O_6$$

蔗糖的式量为 342,水解后生成的葡萄糖和果糖式量共为 360(180×2),故转化糖换算为蔗糖的因数为 342/360=0.95。

(二)水浸提-铜还原-碘量法

1. 方法原理

样品中的水溶性糖用温水或乙醇浸提[注1],以中性醋酸铅为澄清剂制备浸出液。用稀盐酸将浸出液中的蔗糖水解成还原糖(转化糖),连同样品中原有的还原糖一起,用铜还原-碘量法(Shaffer-Somogyi)法测定。

本法测定还原糖的原理是根据在碱性介质中,还原糖可被二价铜离子所氧化,二价铜离子则被还原成 Cu_2O,然后用碘量法测定 Cu_2O。本法采用 Shaffer-Somogyi 试剂与还原糖反应,它是由硫酸铜、酒石酸钾钠、碳酸钠、碳酸氢钠以及碘酸钾和碘化钾组成。当还原糖与 Shaffer-Somogyi 试剂反应生成 Cu_2O 沉淀后,用 H_2SO_4 酸化使 Cu_2O 溶解成 Cu^+ 离子,同时试剂中的 KIO_3 和 KI 也反应生成 I_2,反应式为:

$$KIO_3 + 5KI + 3H_2SO_4 = 3K_2SO_4 + 3H_2O + 3I_2$$

试剂中的 KIO_3 是定量加入的,所以生成的 I_2 也是一定量的。I_2 将 Cu^+ 氧化而被消耗一部分。此反应是可逆的,本方法加入草酸钾与 Cu^{2+} 成配合物,使反应向右进行,反应式为:

$$2Cu^+ + I_2 = 2Cu^{2+} + 2I^-$$

溶液中剩余的 I_2 以淀粉为指示剂,用 $Na_2S_2O_3$ 标准溶液滴定,反应式为:

$$I_2 + 2S_2O_3^{2-} = 2I^- + S_4O_6^{2-}$$

在测定的同时,做空白标定(以水代替糖试液)。空白标定消耗的 $Na_2S_2O_3$ 溶液 mL 数与实测糖试液消耗的 $Na_2S_2O_3$ 溶液 mL 数之差,可代表碘的消耗量即生成 Cu_2O 的量(或还原糖量)。查由不同浓度标准还原糖液制成的检索表,即可得到所测定的糖液中还原糖的 mg 数[注2]。

铜还原-碘量法灵敏度较高,它是半微量方法。适用于含糖量低的样品,例如植株的茎叶、谷类种子等。

2. 主要仪器设备

高速组织捣碎机、电热恒温水浴、25 mm×200 mm 试管。

3. 试剂配制

①10% 中性醋酸铅溶液。

②饱和 Na_2SO_4 溶液。

③6 mol/L HCl 溶液。

④0.1% 甲基红指示剂。

⑤饱和 Na_2CO_3 溶液。21.5 g $Na_2CO_3 \cdot 10H_2O$(分析纯)溶于 100 mL 水中。

⑥Shaffer-Somogyi(S-S)试剂。25.0 g 无水 Na_2CO_3(分析纯)和 25.0 g 酒石酸钾钠($KNaC_4H_4O_6 \cdot 4H_2O$,分析纯)放入 2 L 烧杯中,加水约 500 mL 使其溶解。将一漏斗的颈端插入液面以下,在不断搅拌下,通过漏斗加入 75 mL 10%(m/V)$CuSO_4 \cdot 5H_2O$ 溶液。再加入 20 g $NaHCO_3$(分析纯),溶解后加入 5 g KI(分析纯),转移入 1 L 容量瓶中,加入 250 mL 0.100 mol/L KIO_3 溶液(3.568 g KIO_3/L),用水定容。过滤,放置过夜备用。

⑦KI-草酸盐溶液。2.5 g KI(分析纯)和 2.5 g 草酸钾($K_2C_2O_4$,分析纯)溶于 100 mL 水中,每周现用现配。

⑧$Na_2S_2O_3$ 标准溶液[c($Na_2S_2O_3$) = 0.005 mol/L]。A. 先配制 0.1 mol/L $Na_2S_2O_3$ 溶液:25.0 g $Na_2S_2O_3 \cdot 5H_2O$(分析纯)溶于 1 L 煮沸后已冷却的水中,加入 0.1 g Na_2CO_3,盛于棕色瓶中,贮放在低温暗处,此为 0.1 mol/L 贮备液。1 d 后进行标定[注3]。B. 0.005 mol/L $Na_2S_2O_3$ 标准溶液不稳定,须在使用当天用煮沸的冷水将 0.1 mol/L $Na_2S_2O_3$ 溶液稀释而成[注4]。

⑨1% 淀粉指示剂。1 g 可溶性淀粉和 2 mg HgI_2(防腐剂),用少量水调研,溶于 100 mL 沸水,冷却后使用。

⑩2 mol/L(1/2 H_2SO_4)溶液。28 mL 浓 H_2SO_4(分析纯)稀释成 500 mL。

4. 操作步骤

①水溶性糖的浸提。称取风干样品[注5](1 mm)1.×××g,放入 100 mL 容量瓶中,加水至约 75 mL,再加入 10% 中性醋酸铅溶液 2~5 mL,轻轻摇匀,在 80℃ 水浴中浸提半小时,其间摇动几次,注意勿使样品黏附在瓶壁上。冷却,过量的醋酸铅用饱和 Na_2SO_4 溶液除去(5~8 mL),摇匀后用水定容,用干滤纸过滤。此浸出液可供测定样品中的还原糖(V_1)。

②蔗糖的转化。吸取上述浸出液 50.00 mL(V_3)放入 100 mL 容量瓶中,加入 6 mol/L HCl 溶液 5 mL,在约 25℃ 室温下放置 3 d(或在 80℃ 水浴加热 10 min,立即移入冷水中冷却至室温)。加入 2~3 滴甲基红指示剂,滴加饱和 Na_2CO_3 溶液中和,边滴边小心摇动,勿使 CO_2 气体发生太猛而致溶液溅失(必要时可加 1~2 滴辛醇除去泡沫),中和至溶液刚呈黄色[注6],加水定容。此溶液可供样品中水溶性糖总量的测定(V_4)。

③还原糖的测定。吸取糖的待测液 5.00 mL(V_2 含还原糖 0.5~2.5 mg)[注7],放入 25 mm×200 mm 试管中,加入 S-S 试剂 5.00 mL,摇匀,试管口盖以小漏斗,置沸水浴中准确加热 15 min,取出后立即置于冷水浴中 4 min,使溶液温度降至 20~30℃。沿试管壁加入 2 mL KI-草酸盐溶液(试液为碱性时不要摇动)[注8],然后再加入 2 mol/L(1/2 H_2SO_4)溶液 3 mL,充分摇匀,使 Cu_2O 沉淀完全溶解,再于冷水浴中放置 5 min,摇匀。用 $Na_2S_2O_3$ 标准溶液滴定至浅黄色时[注9],加入淀粉指示剂 2~3 滴,继续滴定至蓝色消失为终点,记下 mL 数($V_样$)。

另取蒸馏水 5 mL(代替糖的待测液)按照同样操作进行空白标定,记下 mL 数($V_空$)。

5. 结果计算

由空白标定和样品测定所用的 $Na_2S_2O_3$ 标准溶液[$c(Na_2S_2O_3) = 0.005$ mol/L]的 mL 数之差($V_空 - V_样$),从表 2-3 查出还原糖的 mg 数[注10]。

若所用 $Na_2S_2O_3$ 标准溶液浓度不是 0.005 00 mol/L,则应换算成 0.005 00 mol/L $Na_2S_2O_3$ 溶液后再查表,即

$$0.005\ 00\ \text{mol/L}\ Na_2S_2O_3\ \text{mL 数之差} = (V_空 - V_样) \times c(Na_2S_2O_3)/0.005$$
$$\omega(还原糖) = (m_1/m_0) \times (V_1/V_2) \times 100$$
$$\omega(水溶性糖总量) = (m_1/m_0) \times (V_1/V_2) \times (V_4/V_3) \times 100$$

式中:$c(Na_2S_2O_3)$——滴定用的 $Na_2S_2O_3$ 浓度/(mol/L);$\omega(还原糖)$——样品中还原糖的质量分数/%;$\omega(水溶性糖总量)$——样品中水溶性糖总量的质量分数/%;m_1——查表得到的还原糖质量/mg;m_0——样品质量/mg;V_1——浸提液定容的体积/mL;V_2——吸取测定液的体积/mL;V_3——用于水解转化的浸出液体积/mL;V_4——转化糖定容体积/mL。

6. 注释

[1]含大量淀粉或菊糖的样品,不能用水浸提,否则会使部分糊精或菊糖溶解而影响测定结果,而且过滤较困难。需采用乙醇浸提,见(一)注释[8]。本实验只介绍用水浸提的操作步骤。

表 2-3 　Shaffer-Somogyi 法还原糖表

0.005 mol/L $Na_2S_2O_3$ 体积/mL	5 mL 糖液中还原糖的质量/mg									
	0	0.1	0.2	0.3	0.4	0.5	0.6	0.7	0.8	0.9
3	0.378	0.389	0.400	0.411	0.422	0.433	0.444	0.455	0.466	0.477
4	0.488	0.499	0.510	0.521	0.532	0.543	0.554	0.565	0.576	0.587
5	0.598	0.608	0.619	0.630	0.641	0.652	0.663	0.674	0.685	0.696
6	0.707	0.718	0.729	0.740	0.751	0.762	0.773	0.784	0.795	0.806
7	0.817	0.828	0.839	0.850	0.861	0.872	0.883	0.894	0.905	0.916
8	0.927	0.938	0.949	0.960	0.971	0.982	0.993	1.004	1.015	1.026
9	1.037	1.048	1.059	1.070	1.081	1.092	1.103	1.114	1.125	1.136
10	1.147	1.158	1.169	1.180	1.191	1.202	1.213	1.224	1.235	1.246
11	1.257	1.268	1.279	1.290	1.301	1.312	1.323	1.334	1.345	1.356
12	1.367	1.378	1.389	1.400	1.411	1.422	1.433	1.444	1.455	1.466
13	1.477	1.488	1.499	1.510	1.521	1.532	1.543	1.554	1.565	1.576
14	1.587	1.596	1.609	1.620	1.631	1.642	1.653	1.664	1.675	1.686
15	1.679	1.707	1.718	1.729	1.740	1.751	1.762	1.773	1.784	1.795
16	1.806	1.817	1.828	1.839	1.850	1.861	1.872	1.883	1.894	1.905
17	1.916	1.927	1.938	1.949	1.960	1.971	1.982	1.993	2.004	2.015
18	2.026	2.037	2.048	2.059	2.070	2.081	2.092	2.103	2.114	2.125

续表 2-3

0.005 mol/L Na$_2$S$_2$O$_3$ 体积/mL	5 mL 糖液中还原糖的质量/mg									
	0	0.1	0.2	0.3	0.4	0.5	0.6	0.7	0.8	0.9
19	2.136	2.147	2.158	2.169	2.180	2.191	2.202	2.213	2.224	2.235
20	2.246	2.257	2.268	2.279	2.290	2.301	2.312	2.323	2.334	2.345
21	2.356	2.367	2.378	2.389	2.400	2.411	2.422	2.433	2.444	2.455
22	2.466	2.477	2.488	2.499	2.510	2.521	2.532	2.543	2.554	2.565

注:该表为 0.005 mol/L Na$_2$S$_2$O$_3$ 的 mL 数和其相当的还原糖的 mg 数。

[2]还原糖与 Shaffer-Somogyi 试剂的反应很复杂,不能按某一简单的反应方程来计算其化学计量关系,见(一)注释[5]。

[3]0.1 mol/L Na$_2$S$_2$O$_3$ 溶液的标定。称取已在 100~110℃烘干 2 h 的 K$_2$Cr$_2$O$_7$(分析纯) 0.20×× g,放入 250 mL 三角瓶中,加入 80 mL 水溶解,再加入 2 g KI,溶解后,边摇边加入 20 mL 1 mol/L HCl 溶液,在暗处放置5 min 后,用 0.1 mol/L Na$_2$S$_2$O$_3$ 溶液滴定。当溶液由橙红色变为浅黄绿时,加入 2~3 滴淀粉指示剂,继续滴定至溶液由蓝色突变为亮绿色(Cr^{3+}的颜色)为止。按照下列公式计算 Na$_2$S$_2$O$_3$ 溶液的浓度:

$$c\,(\text{Na}_2\text{S}_2\text{O}_3) = m/[(\text{K}_2\text{Cr}_2\text{O}_7/6\,000)\times V] = m/(0.049\,03\times V)$$

式中:$c\,(\text{Na}_2\text{S}_2\text{O}_3)$——Na$_2S_2O_3$ 标准溶液的浓度/(mol/L);m——K$_2$Cr$_2$O$_7$ 的质量/g;V——滴定用标准溶液的体积/mL。

[4]为便于计算,亦可将贮备液准确稀释至浓度恰为 0.005 00 mol/L。

[5]如为新鲜样品,则应将样品切碎,按照一定的样液比加水,用捣碎机捣碎或加石英砂研碎。称取相当于新鲜样品 5.00~10.00 g 的匀浆移入 100 mL 容量瓶中。

[6]样品的浸出液常为浅黄或黄绿色,中和至指示剂的红色褪去即可。

[7]待测液中的还原糖浓度较高时,可吸取较少的待测液,用水补足 5.00 mL。

[8]加 H$_2$SO$_4$ 酸化前不要摇动,以免 Cu$_2$O 被空气中的氧所氧化。

[9]溶液滴定至极淡黄色时才加入淀粉指示剂,否则大量吸附在淀粉分子中的 I$_2$ 不易释出,蓝色不易消退,以致拖长了终点。

[10]此表系按上述操作步骤的条件下经实测制得。因此必须严格按照操作步骤的规定进行操作才能查用此表。最好用已知量的葡萄糖或转化糖标准溶液进行测定,以核对此表的数值。

(三)水浸提-氰化盐-碘量法

1. 方法原理

样品中的水溶性糖用温水或乙醇浸提,以 Ba(OH)$_2$ 和 ZnSO$_4$[生成 Zn(OH)$_2$]为澄清剂制备浸出液。用稀 HCl 将浸出液中的蔗糖水解成还原糖(转化糖),连同浸出液中原有的还原糖一起,用氰化盐-碘量法测定。

氰化盐-碘量法测定还原糖的原理是根据在碱性介质中,一定量的铁氰化钾被浸出液中的还原糖还原成亚铁氰化钾,而还原糖被氧化和降解[注1]。用碘量法测定剩余的铁氰化钾,即在反应液中加入 KI,并用醋酸酸化,此时 KI 和铁氰化钾反应生成 I_2,其反应式为:

$$2I^- + 2[Fe(CN)_6]^{3-} = I_2 + 2[Fe(CN)_6]^{4-}$$

在弱酸介质中须加 $ZnSO_4$ 使上述反应趋于完全,其反应式为:

$$2Zn^{2+} + [Fe(CN)_6]^{4-} = Zn_2[Fe(CN)_6] \downarrow （白色沉淀）$$

生成的 I_2 以淀粉为指示剂,用 $Na_2S_2O_3$ 标准溶液滴定,其反应式为:

$$I_2 + 2S_2O_3^{2-} = 2I^- + S_4O_6^{2-}$$

在测定同时做空白标定(以水代替糖试液),求出还原糖所消耗的铁氰化钾的 mL 数,查表 2-4 即可得所测糖试液中还原糖的 mg 数。本法所查的表系由实测得来的,所以测定时必须严格按照规定的操作条件进行,否则测定结果会有较大误差。

氰化盐-碘量法的测定范围为 $1\sim15$ mg,适用于含糖量中等的样品。

2. 试剂配制

①6 mol/L HCl 溶液。

②饱和 Na_2CO_3 溶液。

③甲基红指示剂。

④1% 淀粉指示剂。

⑤5% $ZnSO_4$ 溶液。50 g $ZnSO_4 \cdot 7H_2O$(分析纯)溶于 1 L 水中。

⑥0.3 mol/L $[1/2\,Ba(OH)_2]$ 溶液。25.7 g $Ba(OH)_2$(分析纯)溶解于煮沸逐尽 CO_2 的 1 L 冷水中。

⑦$ZnSO_4$-KI 混合液。

A. $ZnSO_4$ 溶液。31.25 g $ZnSO_4 \cdot 7H_2O$(分析纯)溶于水,稀释至 500 mL。

B. KI 溶液。临用前将 12.5 g KI 溶于水,稀释至 100 mL。

将 4 体积的 $ZnSO_4$ 溶液与 1 体积的 KI 溶液混合(供当天使用)。

⑧9% HOAc 溶液。260 mL 35%~37% HOAc 稀释至 1 L。

⑨铁氰化钾溶液$\{c[K_3Fe(CN)_6] = 0.05\ \text{mol/L}\}$。16.47 g 铁氰化钾$[K_3Fe(CN)_6$,分析纯]和 70 g 无水 Na_2CO_3(分析纯),溶于水后转移入 1 L 容量瓶中,加水定容,保存于棕色瓶中。

⑩硫代硫酸钠标准液$[c(Na_2S_2O_3) = 0.05\ \text{mol/L}]$。12.5 g 硫代硫酸钠($Na_2S_2O_3 \cdot 5H_2O$,分析纯)溶于煮沸后已冷却的水中,加入 0.1 g Na_2CO_3,稀释至 1 L,保存于棕色瓶中,贮放在低温暗处,1 d 后进行标定。标定方法见(二)注释(3)。

3. 操作步骤

(1)水溶性糖的浸提　称取风干样品(1 mm)1.×××g(或新鲜样品 5.×××g,在研钵中加少许石英砂共同研碎),放入 100 mL 容量瓶中,加水至约 75 mL,摇匀,在 80℃ 水浴中浸提半小时,其间摇动几次,注意勿使样品黏附在瓶壁上。冷却,加入 5% $ZnSO_4$ 溶液和 0.3 mol/L $[1/2\,Ba(OH)_2]$ 溶液各 4 mL,充分摇匀,用水定容,用干滤纸过滤。此滤出液可供测定样品中的还原糖含量(V_1)。

(2)蔗糖的转化　吸取上述滤液 50.00 mL(V_3)放入 100 mL 容量瓶中,加入 6 mol/L HCl 溶液 5 mL,在约 25℃ 室温下放置 3 d(或在 80℃ 水浴中加热 10 min,立即移入水浴中冷却至室温）。加入 2～3 滴甲基红指示剂，滴加饱和 Na_2CO_3 溶液中和，边滴边小心摇动，勿使 CO_2 气体发生太猛而致溶液溅失（必要时可加 1～2 滴辛醇去泡沫），中和至溶液刚呈黄色，加水定容。此溶液可供测定样品中的水溶性糖总量（V_4）。

（3）还原糖的测定　吸取上述糖的待测液 5.00～20.00 mL（V_2，含还原糖 1～15 mg），放入 100 mL 三角瓶中，加水至 20 mL。加入 0.05 mol/L $K_3Fe(CN)_6$ 溶液 10.00 mL，摇匀，在三角瓶口上盖以小漏斗，置于沸水浴准确加热 20 min，取出冷却，加入 $ZnSO_4$-KI 混合液 10 mL 和 9% HOAc 溶液 10 mL，摇匀，放置 5 min 后，立即用 0.05 mol/L $Na_2S_2O_3$ 标准溶液滴定至浅黄色时，加入 2～3 滴淀粉指示剂，继续滴定至蓝色消失为终点，记下体积（mL）（$V_{样}$）。

另取 20 mL 水（代替试液）按照同样操作进行空白标定，记下体积（mL）（$V_{空}$）。

4. 结果计算

由空白标定和样品测定所用的 $Na_2S_2O_3$ 标准溶液的体积（$V_{空}$、$V_{样}$，mL）和浓度[$c(Na_2S_2O_3)=$ 0.05 mol/L]，计算所吸取的糖待测液中还原糖所消耗的 0.050 0 mol/L $K_3Fe(CN)_6$ 溶液的体积（V_0，mL），其公式为：

$$V_0 = (V_{空} - V_{样}) \times c(Na_2S_2O_3)/0.050\ 0$$

根据 V_0 从表 2-4 查出葡萄糖的质量（mg），其公式为：

$$\omega(还原糖) = (m_1/m_0) \times (V_1/V_2) \times 100$$

$$\omega(水溶性糖总量) = (m_1/m_0) \times (V_1/V_2) \times (V_4/V_3) \times 100$$

式中：$c(Na_2S_2O_3)$——滴定用的 $Na_2S_2O_3$ 浓度/（mol/L）；$\omega(还原糖)$——样品中还原糖的质量分数/%；$\omega(水溶性糖总量)$——样品中水溶性糖总量的质量分数/%；m_1——查表得到的葡萄糖质量/mg；m_0——样品质量/mg；V_1——浸提液定容的体积/mL；V_2——吸取测定液的体积/mL；V_3——用于水解转化的浸出液体积/mL；V_4——转化糖定容的体积/mL。

表 2-4　氰化盐-碘量法还原糖表

0.050 0 mol/L $K_3Fe(CN)_6$ 体积/mL	(1/10)质量/mg									
	0.0	0.1	0.2	0.3	0.4	0.5	0.6	0.7	0.8	0.9
0	—	—	—	—	—	0.725	0.870	1.025	1.18	1.34
1	1.51	1.67	1.83	2.00	2.16	2.31	2.47	2.62	2.78	2.94
2	3.10	3.26	3.42	3.58	3.74	3.90	4.06	4.22	4.38	4.54
3	4.72	4.88	5.05	5.20	5.36	5.53	5.70	5.86	6.03	6.20
4	6.37	6.54	6.71	6.88	7.05	7.22	7.39	7.55	7.72	7.89
5	8.06	8.22	8.39	8.56	8.72	8.89	9.06	9.22	9.39	9.55
6	9.72	9.89	10.06	10.23	10.41	10.58	10.75	10.92	11.10	11.28
7	11.46	11.64	11.82	12.00	12.18	12.36	12.54	12.73	12.91	13.10
8	13.28	13.46	13.63	13.80	13.97	14.14	14.31	14.49	14.66	14.83
9	14.99	—	—	—	—	—	—	—	—	—

注：0.050 0 mol/L $K_3Fe(CN)_6$ 的毫升数和与其相当的葡萄糖的毫克数。

5.注释

[1]铁氰化钾与还原糖的反应,大致可用下式示意:

$$6[Fe(CN)_6]^{3-} + \underset{\underset{CH_2OH}{|}}{\overset{\overset{CHO}{|}}{(CHOH)_4}} + 9OH^- = 6[Fe(CN)_6]^{4-} + \underset{\underset{CHOH}{|}}{\overset{\overset{COO}{|}}{(CHOH)_4}} + CO_3^{2-} + 6H_2O$$

❓思考与讨论

1.植物水溶性糖包括哪些? 常用的浸提剂有什么?

2.试述铜还原-直接滴定法测定植物水溶性糖的方法原理。

3.试述铜还原-碘量法测定植物水溶性糖的方法原理。

4.试述氰化盐-碘量法测定植物水溶性糖的方法原理。

5.为什么要进行蔗糖转化? 如何进行转化?

6.费林试剂的组成是什么?

7. Shaffer-Somogyi 试剂的组成是什么?

九、植物中淀粉的测定

——氯化钙-乙酸浸提-旋光法

▶目的◀

1. 了解植物中淀粉的测定方法。
2. 掌握氯化钙-乙酸浸提-旋光法测定植物中淀粉的方法。

淀粉是以葡萄糖为基本单位聚合而成的高分子化合物,经酶或酸作用下,它可水解成葡萄糖,因此可以通过测定还原糖的含量来计算淀粉含量。淀粉经分散和酸解的产物具有旋光性,也可用旋光法测定其含量。本实验只介绍氯化钙-乙酸浸提-旋光法,它是谷物籽粒粗淀粉测定的农业部推荐标准方法(NY/T 11—1985)。此法操作简便、快速、结果重现性好,但受样品中其他具有旋光性物质的干扰,致使结果偏高,故称为"粗淀粉"含量。

(一)方法原理

淀粉是多糖聚合物,在一定酸度和加热条件下,以氯化钙作为淀粉的提取剂,使淀粉溶解并部分酸解,形成一定的水解产物,具有一定的旋光性,用硫酸锌-亚铁氰化钾沉淀蛋白质等后,可用旋光法测定粗淀粉含量[注1]。

用此法提取时,各种淀粉水解产物的比旋指定为 203。因淀粉的比旋较高,除糊精外,干扰物质的影响较小。由于直链淀粉和支链淀粉的比旋很相近,因此不同来源的淀粉都可用旋光法进行测定。

(二)主要仪器设备

电热恒温甘油浴、旋光仪。

(三)试剂配制

①$CaCl_2$-HOAc 溶液。将氯化钙($CaCl_2 \cdot 2H_2O$,分析纯)500.0 g 溶解于 600 mL 水中,过滤。其澄清液用波美比重计在 20℃下调节溶液相对密度为(1.3±0.02),此溶液约含 33% $CaCl_2$。再滴加冰醋酸(分析纯),用酸度计测定,使其 pH 为(2.3±0.05)(每升溶液约加冰醋酸2 mL)[注2]。

②30% $ZnSO_4$ 溶液(m/V)。30.0 g $ZnSO_4 \cdot 7H_2O$(分析纯)溶于水,稀释至 100 mL。

③15%亚铁氰化钾溶液(m/V)。15.0 g 亚铁氰化钾[$K_4Fe(CN)_6 \cdot 3H_2O$,分析纯]溶于水,稀释至 100 mL。

(四)操作步骤

①称取风干样品[注3](过 0.25 mm[注4])2.5××g 于 250 mL 三角瓶中(同时另称样测定水分),在水解前 5 min 左右[注5],先加入 10 mL $CaCl_2$-HOAc 溶液湿润样品,充分摇匀,不留结

块,必要时可加几粒玻璃珠,使其加速分散。再沿瓶壁加入 50 mL CaCl₂-HOAc 溶液,轻轻摇匀,避免颗粒附在液面以上的瓶壁上。加盖小漏斗,置于(119±1)℃甘油浴中,要求在 5 min 内达到所需温度,此时瓶中溶液开始微沸[注6],继续加热 25 min(共加热 30 min)。取出放入冷水中冷却至室温。

②将水解物全部转入 100 mL 容量瓶中,用 30 mL 水多次冲洗三角瓶,洗液并入容量瓶中。加 1 mL 30% ZnSO₄ 溶液,摇匀,再加入 1 mL 15% 亚铁氰化钾溶液,充分摇匀以沉淀蛋白质。若有泡沫,可加几滴无水乙醇消除。加水定容,过滤,弃去最初的 10~15 mL 滤液。

③测定前用空白液(CaCl₂-HOAc:水=6:4)调节旋光仪零点[注7],再用滤液装满旋光管(用 1 或 2 dm 旋光管),在(20±1)℃下进行旋光测定,取 2 次读数的平均值。

(五)结果计算

$$\omega = [(\alpha \times 100)/(m \times L \times 203)] \times 100$$

式中:ω——样品中粗淀粉的质量分数/%;α——在旋光仪上读出的旋光角度;L——旋光管长度/dm;m——烘干样品质量(扣除水分后)/g;203——在此条件下的淀粉比旋($[\alpha]_D^{20}$)。

测定结果保留小数后 2 位,平行测定允许相对误差≤1.0%。

(六)注释

[1]旋光法测定粗淀粉时,提取剂的浓度、pH、提取时间、温度以及不同的蛋白质沉淀剂等,均对测定结果有影响,应使方法标准化。

[2]CaCl₂-HOAc 溶液必须用 pH 计调节至 pH 为(2.3±0.02)。若 pH>2.5,易使溶液黏稠,难以过滤;若 pH<2.3,易引起淀粉进一步水解而降低比旋。

[3]绝大多数谷物籽粒含糖和脂肪少,可不必洗糖和脱脂。如遇特殊样品(脂肪含量>5%,可溶性糖>4%)需脱脂或脱糖时,可将称样置于 50 mL 离心管中,用乙醚脱脂,然后用 60% 热乙醇搅拌,离心倾去上清液,重复洗至无糖为止。最后用 60 mL CaCl₂-HOAc 溶液将离心管内容物转入 250 mL 三角瓶中,进行淀粉测定。

[4]将样品缩分至约 20 g 后,充分风干或 50~60℃ 干燥 6 h 后,粉碎使 95% 的样品通过 60 目(0.25 mm)筛,混匀,称样。

[5]目的是防止样品黏附在瓶底,影响分散效果。

[6]CaCl₂-HOAc 溶液的沸点为 118~120℃,当浴温回升到(119±1)℃时,样品中溶液开始微沸,可根据液体沸腾程度,校准控温仪的温度。

[7]也可以测定空白溶液的旋光度,从待测液的旋光度中减去空白即为淀粉旋光度。

❓ 思考与讨论

1.什么是植物"粗淀粉"? 常用的测定方法有什么?

2.试述氯化钙-乙酸浸提-旋光法测定植物淀粉的方法原理及测定条件。

十、植物中维生素 C 的测定

——2%草酸浸提-2,6-二氯靛酚滴定法

▶目的◀

1. 了解植物中维生素 C 测定的常用方法。

2. 掌握 2%草酸浸提-2,6-二氯靛酚滴定法测定植物中还原型维生素 C 的方法。

　　维生素 C 又称抗坏血酸。天然抗坏血酸有还原型和脱氢型两种，它们都具有生物活性，同属于有效维生素 C。脱氢型抗坏血酸容易发生内脂环水解而生成没有生物活性的二酮基古罗糖酸。还原型和脱氢型抗坏血酸以及二酮基古罗糖酸的合计称为总维生素 C[注1]。

　　维生素 C 的测定方法很多，常用的化学方法有测定还原型抗坏血酸的"2,6-二氯靛酚滴定法"(GB 5009.86—2016)以及测定总维生素 C 的"2,4-二硝基苯肼吸光光度法""荧光光度法"等。本实验介绍 2%草酸浸提-2,6-二氯靛酚滴定法。

(一)方法原理

　　样品中的维生素 C 虽易溶于水，但需用酸性浸提剂(2%草酸或偏磷酸)来浸提，以防止还原型抗坏血酸被空气中的氧所氧化[注2]。浸出液中的还原型抗坏血酸可用 2,6-二氯靛酚滴定法测定。

　　2,6-二氯靛酚是一种染料，其颜色随氧化还原状态和介质的酸碱度而异。氧化态在碱性介质中呈蓝色，在酸性介质中呈浅红色，而还原态在酸或碱性介质中均为无色。

$$OHOH$$

　　还原型抗坏血酸分子结构中有烯醇结构($—\overset{|}{C}=\overset{|}{C}—$)，因此具有还原性，能将 2,6-二氯靛酚(氧化态)还原成无色化合物，而还原型抗坏血酸则被氧化成脱氢型抗坏血酸[注3]。

　　根据上述性质，可用 2,6-二氯靛酚(氧化态)的碱性溶液(蓝色标准溶液)滴定酸性浸出液中的还原型抗坏血酸，至溶液刚变浅红色为止。由 2,6-二氯靛酚溶液的用量即可计算样品中维生素 C 的浓度。滴定终点的浅红色是刚过量的未被还原的 2,6-二氯靛酚在酸性介质中的颜色。

　　本法操作手续简便、快速，适用于果品、蔬菜及其加工制品中还原型抗坏血酸的测定，不包括脱氢型抗坏血酸。样品中如含有 Fe^{2+}、Sn^{2+}、Cu^+、SO_3^{2-}、$S_2O_3^{2-}$ 等还原性杂质，则对测定有干扰。本法的目测滴定法只适用于无色或浅色的待测液；电位滴定法则适用于深色待测液。本实验介绍目测滴定法。

(二)主要仪器设备

　　高速组织捣碎机、滴定管。

(三)试剂配制

　　①2%草酸溶液[注4]。20 g 草酸($H_2C_2O_4·2H_2O$，分析纯)溶于 1 L 水中，贮存于避

光处[注5]。

②2,6-二氯靛酚溶液。称取 NaHCO₃(分析纯)0.052 g 溶解在 200 mL 水中。然后称取 2,6-二氯靛酚(C₁₂H₇NO₂Cl₂,分析纯)0.050 g,溶解于温热(<40℃)的上述 NaHCO₃ 溶液中。冷却后定容至 250 mL,过滤至棕色瓶内,保存在冰箱中。每次使用前,待溶液温度恢复至室温后,用抗坏血酸标定其滴定度。在冰箱中保存时,每周标定 1 次[注6]。

③抗坏血酸标准溶液[$\rho(C_6H_8O_6) = 0.05$ mg/mL]。0.025 0 g 抗坏血酸[注7]溶于 2% 草酸中,用 2% 草酸定容 500 mL(应现配现用)。

④白陶土(高岭土)。

(四)操作步骤

①2,6-二氯靛酚溶液的标定。吸取含抗坏血酸 0.05 mg/mL 的标准溶液 10.00 mL(V)于 50 mL 三角瓶中,用 2,6-二氯靛酚溶液滴定,直至溶液呈粉红色 15 s 不褪色为止(V_1)。同时做空白试验,即用 2,6-二氯靛酚溶液滴定 10.00 mL 2% 草酸溶液(V_0),以检查草酸中的还原性杂质量(一般 $V_0 < 0.08 \sim 0.1$ mL)。计算 2,6-二氯靛酚溶液的滴定度(T),求算出每毫升该溶液相当于抗坏血酸的毫克数。

②样品的测定[注8]。称取具有代表性的样品 100.0 g,放入组织捣碎机中,加入 100 mL 2% 草酸溶液[注9],迅速捣成匀浆[注10]。在小烧杯中称取 10.0~40.0 g 浆状样品,用 2% 草酸溶液将样品移入 100 mL 容量瓶中,并用草酸定容(如有泡沫可加入 1~2 滴辛醇),摇匀过滤。若滤液有色,可按每克样品加 0.4 g 白陶土脱色,再次过滤。

吸取滤液 10.00 mL 于 50 mL 三角瓶中,用已标定过的 2,6-二氯靛酚溶液滴定,直至溶液呈粉红色 15 s 不褪色为止[注11]。

(五)结果计算

$$T = \rho \times V / (V_1 - V_0)$$

$$\omega(维生素\ C) = [(V_2 - V_0) \times T/m] \times 1\ 000$$

式中:T——2,6-二氯靛酚滴定剂的滴定度/(mg/mL);ω(维生素 C)——样品中还原型维生素 C 的质量分数/(mg/kg);ρ——抗坏血酸标准溶液的浓度/(mg/mL);V——吸取抗坏血酸标准溶液的体积/mL;V_1——滴定抗坏血酸标准溶液所消耗的滴定剂体积/mL;V_0——滴定空白液所消耗的滴定剂体积/mL;V_2——滴定试样液所消耗的滴定剂体积/mL;m——滴定时所吸取的滤液相当于样品的质量/g。

2 次测定结果的允许误差如表 2-5 所列。

表 2-5　2 次测定结果的允许误差　　　　　　　　　　　　　　　　　mg/kg

样品中还原型维生素 C 含量	允许误差
<100	5
100~1 000	10

(六)注释

[1]有些资料中的总维生素 C 或维生素 C 总量是指有效维生素 C。

[2]还原型抗坏血酸易受氧化酶作用而被空气中的氧所氧化,很不稳定。酸性浸提剂能抑制酶的活性,减少还原型抗坏血酸的氧化。

[3]反应式如下:

还原型抗坏血酸　　氧化型 2,6-二氯靛酚　　脱氢型抗坏血酸　　还原型 2,6-二氯靛酚（无色）
　　　　　　　　（碱液中深蓝色,酸液中浅红色)

[4]也可用 2%(m/V)偏磷酸为浸提剂。偏磷酸不稳定,切勿加热。

[5]草酸溶液不应曝置于日光下,以免产生过氧化物。当有催化剂(如 Cu^{2+})存在时,过氧化物能破坏抗坏血酸。

[6]干燥的 2,6-二氯靛酚试剂或其溶液长久贮存,有时含有分解产物,已不适用于维生素 C 的测定。因此使用前应进行检查。检查方法:取 15 mL 2,6-二氯靛酚溶液加入过量的抗坏血酸溶液(溶于 2%草酸溶液中),若还原后的溶液有颜色,表示此试剂已不能使用。

[7]抗坏血酸的纯度应为 99.5%以上。如试剂发黄则弃去不用。

[8]还原型抗坏血酸容易氧化,在制备浸出液和测定时应尽量缩短操作时间,避免和铁铜等金属接触,因为微量的铁,特别是铜,会促使抗坏血酸的破坏。

[9]样品含水量少时,可增加样液比为 1∶2 或 1∶3。

[10]无组织捣碎机时,可将样品 5.××～20.× g 放在瓷研钵中,加入适量纯石英砂和 2% 草酸溶液在研钵中研磨至浆状,全部移入 100 mL 容量瓶定容。石英砂须先用(1+1)HCl 溶液浸泡 2 h,然后用水洗至无 Cl^- 后使用。

[11]样品中可能有其他还原性杂质也能使 2,6-二氯靛酚还原,但一般杂质还原的速度较慢,故滴定维生素 C 的终点定为浅红色在 15 s 内不褪色为准。

思考与讨论

1.植物维生素 C 包括哪几类? 常用的测定方法有哪些?

2.植物维生素 C 测定时,常用什么浸提剂?

3.试述 2,6-二氯靛酚滴定法测定植物中还原型维生素 C 的方法原理。

第三部分
肥料分析

一、肥料样品的采集和制备

▶▶目的◀◀

1. 熟悉肥料样品采集的基本要求。

2. 掌握不同肥料样品的采集方法。

3. 掌握不同肥料样品的制备方法。

(一)化学肥料

化学肥料是批量生产的,采集的样品必须对整批肥料具有代表性。样品的采集和制备因肥料种类、性质和包装方法等不同而异。国家标准或部颁标准的化肥测定方法中均对采样、样品制备等有相应的规定。

1. 样品的采集

(1)固体化肥

①袋装化肥。在同批号袋中采集一个样品。袋数超过 500 袋时,按取样袋数 $=3 \times n^{1/3}$(n 为总袋数)的袋中取样组成样品。500 袋以下则从总袋的 5%～20% 袋中取样,但不应少于 10 袋。用采样针从袋口一边斜插至对边袋深 3/4 处采取均匀样品。所取样品总量不得少于 2.5 kg。

②散装化肥。散装化肥的采样点须视化肥数量而定。一般按车、船载量或堆垛面积大小,确定若干均匀分布的采样点,从各个不同部位(上、中、下、左、右)采样组成样品,采样点 10～30 个,以取样器或小铲采取样品。所取样品总量一般不少于 2.5 kg。

将所取样品仔细混匀,用缩分器或四分法将样品缩分至约 0.5 kg,分装 2 个瓶中,塞紧,瓶上粘贴标签,并注明生产厂名称、产品名称、等级、批号和取样日期和取样人姓名,一瓶供检验用,另一瓶作为保留样品,以供查验。

(2)液体化肥

装在罐、瓶、坛等的液体化肥,可用玻璃瓶取样,每批按 5% 件数取样,但取样的件数不应少于 5 件。大容器内的液体化肥,则根据其是否均匀的情况,在任意部位或分别在液体各部位取若干点,充分混匀后,取平均试样 500 mL,置于样品瓶中,密封贮存,供分析用。

2. 样品的制备

结晶态或粒状、粉状的固体化肥以及液体化肥,均匀性较好,充分混匀后即可直接供分析用,如硫酸铵、氯化铵、硝酸铵、尿素、氯化钾、硫酸钾、碳酸氢铵和氨水等。结块的化肥则应磨碎后称样分析,如过磷酸钙要求粉碎至约 2 mm,复混肥料要求过 0.5 mm 筛(潮湿肥料过 1 mm 筛)。块状化肥如果未经磨粉,则应击碎、磨细过筛,一般要求过 0.25 mm(64 目)或 0.15 mm(100 目)筛,如钙镁磷肥、钢渣磷肥等。

(二)有机肥料

有机肥料种类多,性质不同,各类肥料样品的采集和制备方法也有所不同。这里仅简单地介绍堆积肥料和粪尿类肥料的采集和制备方法。

1.堆积肥料的采集与制备

堆积肥料包括堆肥、厩肥、沤肥、草塘泥等,这些肥料很不均匀,应注意多点采样。腐熟较好的堆积肥料可在肥堆的各个部位选择 10～20 个采样点(腐熟程度较差的肥料,则应翻堆混匀后再布点取样或利用翻倒、装运时取样),各样点取样 0.5～1 kg,放在一起混匀后,以四分法缩分至约 2 kg。

将采集的样品风干后,进一步弄碎、混匀,再用四分法缩分到 0.5 kg,磨细并全部通过 1 mm 筛,贮于样品瓶中。如有机肥料样品中夹有较多石块,应捡出另外称量,并计算其占原有样品的百分率。

如需测定有机肥料中的 NH_4^+ 和 NO_3^- 含量,则必须用新鲜样品进行测定。

2.粪尿类肥料的采集与处理

粪尿类肥料是一种液体和固体的混合肥料,其固液比例差异很大。采样时,可先用勺把固体捣碎,充分搅拌,混合均匀,在固液分层前迅速用粪勺取约 500 mL,放入密闭容器中(注意不能放满,以防因发酵产生气体而爆炸),带回室内进行分析。分析前应将样品充分混匀后取样测定。

? 思考与讨论

1.肥料样品采集的基本要求是什么?

2.固体化肥样品如何采集? 液体化肥样品如何取样? 二者之间有何不同?

3.有机肥料,如堆积肥料和粪尿类肥料,在样品采集时应注意哪些问题?

二、氮素化学肥料的测定

▶▶目的◀◀

1. 了解不同来源氮肥的测定方法。
2. 掌握酸量法和甲醛法测定铵态氮肥中氮含量的方法。
3. 掌握尿素中缩二脲含量的测定方法。

　　氮素化肥种类较多,各种形态(主要为铵态氮、硝态氮和酰胺态氮)的氮素化肥中氮含量的测定方法多数都有国家或部颁标准可供使用。氮素化肥多数易溶于水,一般是用水溶解制备待测液。铵态氮肥的定量方法有蒸馏法和甲醛法,其中,蒸馏法适用于各类肥料,常作为仲裁法使用。硝态氮肥可在酸性介质中用铬粉将它还原成铵态氮后用蒸馏法测定,例如,复混肥料中的硝态氮测定。尿素中的氮可在硫酸铜存在下,在浓硫酸中加热使尿素中酰胺态氮转化为铵后,用蒸馏法定量氮。化肥(如某些复混肥料)中的有机态或氰氨态氮,可加混合加速剂用开氏消煮法测定。本实验只介绍铵态氮肥测定的酸量法和甲醛法以及尿素中缩二脲含量的测定方法。

(一)氨水和农业碳酸氢铵中氮含量的测定——酸量法

　　氨水包括纯氨水和碳化氨水,此外有些工厂的含铵态氮的废液,例如,炼焦厂、煤气厂、啤酒厂等的含铵废液,群众也统称为"氨水"或"土氨水"。纯氨水可用最简单的比重法测定其浓度。碳化氨水实为碳酸铵和碳酸氢铵的水溶液,不能用比重法,可用酸量法或蒸馏法测定。工厂含铵废液一般成分较复杂,需选用蒸馏法测定。本实验介绍简便的酸量法。

1. 方法原理

　　氨或碳酸铵、碳酸氢铵能与强酸定量的反应生成铵盐,其反应式为:

$$NH_3 + H^+ = NH_4^+$$

$$NH_4HCO_3 + H^+ = NH_4^+ + CO_2 + H_2O$$

$$(NH_4)_2CO_3 + 2H^+ = 2NH_4^+ + CO_2 + H_2O$$

　　氨水和碳酸氢铵与过量硫酸标准溶液作用,在指示剂存在下,用氢氧化钠标准溶液反滴定过量硫酸,根据与氨水或碳酸氢铵反应所消耗的标准酸量可以计算样品的含氮量。

2. 试剂配制

　　①硫酸标准溶液[c(1/2 H_2SO_4) = 1 mol/L]。27.8 mL 浓 H_2SO_4(分析纯)注入水中,加水稀释至 1 L,然后标定其准确浓度[注1]。

　　②氢氧化钠标准溶液[c(NaOH) = 1 mol/L]。将沉淀 Na_2CO_3 后的(1+1) NaOH 清液 53 mL 用水稀释至 1 L,然后标定其准确浓度[注2]。

③甲基红-亚甲基蓝混合指示剂。溶解 0.1 g 甲基红于 50 mL 乙醇中,再加入亚甲基蓝 0.05 g,用乙醇稀释至 100 mL。

3. 操作步骤

(1)氨水 吸取试样 1.50～2.00 mL,置于预先放入 50.00 mL 1 mol/L 标准酸溶液的 250 mL 三角瓶中,摇匀,加入甲基红-亚甲基蓝混合指示剂 3 滴,用 1 mol/L 标准碱溶液滴定剩余的酸至溶液呈灰绿色为终点。同时用精密比重计测定试样的相对密度。

结果计算

$$\omega(N) = (c_1V_1 - c_2V_2) \times 0.014\,01 \times 100/m$$

式中:$\omega(N)$——样品中氮的质量分数/%;c_1——标准酸溶液的浓度/(mol/L);c_2——标准碱溶液的浓度/(mol/L);V_1——标准酸溶液所用的体积/mL;V_2——标准碱溶液所用的体积/mL;0.014 01——氮的毫摩尔质量/(g/mmol);m——试样的质量[即氨水体积(mL)× 相对密度]/g。

(2)农业用碳酸氢铵 在称量瓶中装入试样约 2.×××g[注3],准确称量后迅速倒入已盛有 50.00 mL 1 mol/L 标准酸溶液的 250 mL 三角瓶中,再称称量瓶,求得样品量。轻轻转动三角瓶,使试样反应完全,加热煮沸 3～5 min,逐出 CO_2,待溶液冷却后,加入甲基红-亚甲基蓝混合指示剂 2～3 滴,以 1 mol/L 标准碱溶液滴定至灰绿色为终点。

结果计算

$$\omega(N) = (c_1V_1 - c_2V_2) \times 0.014\,01 \times 100/m$$

式中:$\omega(N)$——样品中氮的质量分数(湿基)/%;c_1——标准酸溶液的浓度/(mol/L);c_2——标准碱溶液的浓度/(mol/L);V_1——标准酸溶液所用的体积/mL;V_2——标准碱溶液所用的体积/mL;0.014 01——氮的毫摩尔质量/(g/mmol);m——试样的质量/g。

平行测定结果的允许绝对差值不大于 1.0 g/kg;不同实验室测定结果的允许绝对差值不大于 1.5 g/kg。

4. 注释

[1]标准酸溶液的标定方法参见土壤全氮测定部分。

[2]1 mol/L 氢氧化钠标准溶液的配制和标定方法如下:将固体氢氧化钠(分析纯)先配制成(1+1)的浓溶液,冷却后转入硬质试剂瓶或塑料瓶中,加塞,放置几天,待 Na_2CO_3 完全沉淀后,吸取上层清液[浓度约为 $c(NaOH)=17～20$ mol/L]53 mL,用不含 CO_2 的水(刚煮沸并已冷却的水)稀释至 1 L,摇匀,即为约 1 mol/L 的 NaOH 溶液。

按以下方法标定:称取预先在 105～110℃烘干的邻苯二甲酸氢钾($KHC_8H_4O_4$,分析纯) 4.××××g,于 250 mL 三角瓶中,用约 30 mL 不含 CO_2 的水溶解,加 1～2 滴酚酞指示剂,用氢氧化钠标准溶液滴定至微红色。根据氢氧化钠标准溶液的用量(V,mL),计算它的准确浓度(c,mol/L),$c=m/(V \times 0.204\,2)$。

[3]碳酸氢铵易挥发,称量时必须迅速。

(二)铵态氮肥中氮含量的测定——甲醛法

铵态氮肥中氮的测定常用蒸馏法或甲醛法。蒸馏法适用于各种铵态氮肥,结果准确可靠,但操作较麻烦。甲醛法适用于强酸铵盐化肥,它是硫酸铵、氯化铵、硝酸铵等化肥氮含量分析的国家标准方法。甲醛法操作简便快速,但必须注意控制操作条件,否则结果容易偏低。

1. 方法原理

在中性溶液中,铵盐与甲醛作用,生成六亚甲基四胺和相当于铵盐含量的酸,其反应式为:

$$4NH_4^+ + 6HCHO = (CH_2)_6N_4 + 4H^+ + 6H_2O$$

用氢氧化钠标准溶液滴定生成的酸,就可以求出样品中的铵态氮含量。反应生成的六亚甲基四胺是弱碱($K_b = 1.4 \times 10^{-9}$),其水溶液 pH 约为 8.6。因此滴定时应选用酚酞为指示剂。铵态氮肥中可能含有游离酸,必须事先加碱中和,此时应用甲基红为指示剂,不能用酚酞,以免铵盐分解。甲醛中常含少量因被空气氧化而生成的甲酸,使用前必须以酚酞为指示剂用碱中和除去。

2. 试剂配制

①氢氧化钠标准溶液[c(NaOH) $= 0.5$ mol/L][注1]。

②氢氧化钠溶液[c(NaOH) $= 0.1$ mol/L]。

③盐酸溶液[c(HCl) $= 0.1$ mol/L]。

④1%酚酞指示剂。1 g 酚酞溶于 60 mL 95%乙醇中,加水 40 mL。

⑤0.1%甲基红指示剂。0.1 g 甲基红溶于 100 mL 95%乙醇中。

⑥25%甲醛溶液。

A. 用多聚甲醛配制。称取 280 g 多聚甲醛,加水 800 mL 及 35 mL 氨水,加热溶解后,冷却,过滤或静置 1~2 d,取上层清液测定甲醛含量[注2],再配制成 25%甲醛溶液。

B. 用试剂甲醛溶液配制。将甲醛溶液置于蒸馏瓶中,缓慢加热至 96℃,蒸馏至甲醛中甲醇含量小于 1%[注3]后(蒸馏至体积约剩余 1/2)停止加热,将剩余溶液测定甲醛含量[注2]后配制成 25%甲醛溶液。

3. 操作步骤

①称取肥料样品 1.×××× g[注4],置于 250 mL 三角瓶中,加水 30 mL 使之溶解,加 1~2 滴甲基红指示剂,用 0.1 mol/L 盐酸或氢氧化钠溶液中和至橙色。加入 25%甲醛溶液 15 mL,再加入 4~5 滴酚酞指示剂,摇匀后放置 5 min[注5],用氢氧化钠标准溶液滴定至溶液 pH 相当于 8.5 时呈现的浅红色,保持 1 min 不消失为终点[注6]。

②在测定试样的同时应进行空白试验,除不加样品外,试剂用量和测定手续均与测定试样时相同。

4. 结果计算

$$\omega(N) = \{[c(V_2 - V_1) \times 0.014\,01]/m(1 - H)\} \times 100$$

式中:$\omega(N)$——样品中氮的质量分数/%;c——氢氧化钠标准溶液的浓度/(mol/L);V_1——空白试验所消耗氢氧化钠标准溶液的体积/mL;V_2——测定试样所消耗氢氧化钠标准溶液的体积/mL;0.014 01——氮的毫摩尔质量/(g/mmol);m——试样的质量/g;H——样品中水的百分含量。

所得结果应保留至 2 位小数。平行测定结果允许绝对差值按氮计不大于 0.05%;不同实验室测定结果允许绝对差值不大于 0.08%。

5. 注释

[1]0.5 mol/L 氢氧化钠标准溶液的配制方法如下:将固体氢氧化钠(分析纯)先配制成(1+1)的浓溶液,冷却后转入硬质试剂瓶或塑料瓶中,加塞,放置几天,待 Na_2CO_3 完全沉淀后,吸取上层清液[浓度约为 $c(NaOH) = 17\sim20$ mol/L] 27 mL,用不含 CO_2 的水(刚煮沸并已冷却的水)稀释至 1 L,摇匀,即为约 0.5 mol/L 的 NaOH 溶液。

其按以下方法标定:称取预先在105~110℃烘干的邻苯二甲酸氢钾($KHC_8H_4O_4$,分析纯)2.×××× g,于 250 mL 三角瓶中,用约 30 mL 不含 CO_2 的水溶解,加 1~2 滴酚酞指示剂,用氢氧化钠标准溶液滴定至微红色。根据氢氧化钠标准溶液的用量(V,mL),计算它的浓度(c,mol/L),$c = m/(V\times0.204\,2)$。

[2]甲醛含量的测定:吸取 50.00 mL $c(Na_2SO_3) = 1.0$ mol/L 的亚硫酸钠溶液(126.0 g 无水亚硫酸钠溶于水并定容 1 L)于 250 mL 三角瓶中,加 3~4 滴酚酞指示剂,用 $c(1/2\,H_2SO_4) = 1$ mol/L 的硫酸标准溶液中和至浅红色。准确加入 3.00 mL 甲醛,用上述硫酸标准溶液滴定至浅红色,经 2 min 不消失为终点。按以下公式计算:

$$甲醛含量(g/L) = c\times V_1\times0.030\,03\times1000/V$$

式中:c——硫酸标准溶液的浓度/(mol/L);V_1——硫酸标准溶液的体积/mL;V——甲醛溶液体积/mL;0.030 03——甲醛的毫摩尔质量/(g/mmol)。

[3]甲醛中甲醇含量大于 1% 时,会对测定结果产生负误差。

[4]如果样品均匀性不好,应改称样 10.××× g,溶解于水后,转移入 500 mL 容量瓶中定容,摇匀后吸取 50.00 mL 溶液按操作步骤进行滴定。

[5]铵盐与甲醛的缩合反应在常温下较慢,因此加入甲醛后放置几分钟,以待反应完全(或加热至 35℃以上加速反应,但不可超过 60℃,以免六亚甲基四胺分解生成 CO_2,影响滴定终点)。

[6]由于溶液中加入甲基红和酚酞 2 种指示剂,滴定时溶液颜色的变化是:

| 红色 | — | 橙色 | — | 黄色 | — | 橙色(终点) | — | 微红 |
| pH<4.7 | | 5.7 | | >6.2 | | 8.6 | | >10 |

←甲基红的颜色变化→|←酚酞在黄色液中的颜色变化→

(三)尿素中缩二脲含量的测定——分光光度法

缩二脲($NH_2CONHCONH_2$)是尿素加热时,双分子尿素缩合而成的化合物。尿素或含尿素的复混肥料在生产过程中常形成少量缩二脲,如其浓度较高,对植物有毒害作用。因此,尿素中缩二脲含量的测定是肥料品质鉴定的一个重要项目。

1. 方法原理

缩二脲在碱性溶液中能与铜盐作用生成紫红色络合物[注1],其吸光度与缩二脲浓度成正比,可在波长 550 nm 处用分光光度法测定。

但在碱性溶液中,过量的铜盐会形成氢氧化物沉淀,测定前需离心分离。因此,常用蓝色的酒石酸铜络合盐为显色剂,测定酒石酸铜络盐与缩二脲铜络盐的双色溶液,省略离心分离手续,比较简单。尿素中如含有较多的铵盐(每 100 mL 显色液超过 2 mg),会产生蓝色的铜铵络合盐,对测定有干扰,会产生正误差。

2. 试剂配制

①硫酸铜溶液(15 g/L)。15.0 g CuSO$_4$·5H$_2$O(分析纯)溶于水中,稀释至 1 L。

②酒石酸钾钠碱性溶液(50 g/L)。50.0 g 酒石酸钾钠(NaHC$_4$H$_4$O$_6$·4H$_2$O,分析纯)溶于水,加入 40.0 g NaOH(分析纯),溶解后稀释至 1 L。

③稀硫酸[c(1/2 H$_2$SO$_4$) ≈ 0.1 mol/L]。

④稀氢氧化钠[c(NaOH) ≈ 0.1 mol/L]。

⑤缩二脲标准溶液(ρ = 0.002 g/mL)。称取提纯、烘干的缩二脲[注2] 1.000 g,溶于 450 mL 水中,用稀硫酸或氢氧化钠溶液调节溶液的 pH 7,定量移入 500 mL 容量瓶中,加水定容。

3. 操作步骤

①称量约 50 g 试样,准确到 0.01 g,置于 250 mL 烧杯中,加入约 100 mL 水溶解,用稀硫酸或氢氧化钠溶液调节溶液的 pH 7,将溶液定量移入 250 mL 容量瓶中,加水定容。

②准确吸取上述试液 25.00~50.00 mL(含 20~50 mg 缩二脲)于 100 mL 容量瓶中,然后依次加入 20.00 mL 酒石酸钾钠碱性溶液和 20.00 mL 硫酸铜溶液,摇匀,加水定容。把容量瓶浸入(30±5)℃的水浴中约 20 min,不时摇动。冷却后在 30 min 内用 3 cm 光径比色杯在波长550 nm 处测吸光度,以标准系列溶液中缩二脲为零的溶液作参比调节仪器零点[注3]。

③按上述操作步骤进行空白试验,除不用样品外,操作手续和应用的试剂均与测定样品时相同。

④校准曲线或直线回归方程。准确吸缩二脲标准溶液(ρ = 0.002 g/mL)0 mL、2.50 mL、5.00 mL、10.00 mL、15.00 mL、20.00 mL、25.00 mL、30.00 mL,分别放入 100 mL容量瓶中,加水稀释至 50 mL,同上显色,测定吸光度。然后绘制校准曲线或求直线回归方程。缩二脲标准系列的浓度为 0 g/100 mL、0.005 g/100 mL、0.01 g/100 mL、0.02 g/100 mL、0.03 g/100 mL、0.04 g/100 mL、0.05 g/100 mL、0.06 g/100 mL。从校准曲线或回归方程查出所测吸光度对应的缩二脲的质量(g)。

4. 结果计算

$$\omega = (m_1 - m_2) \times f \times 100/m$$

式中:ω——试样中缩二脲的质量分数/%;m_1——分取的试液测得的缩二脲质量/g;m_2——分取的空白试液测得的缩二脲质量/g;f——分取倍数,试样的总体积与用于显色反应分取的试液体积之比;m——试样质量/g。

所得结果应表示至 2 位小数。平行测定结果允许绝对差值≤0.05%;不同实验室测定结果的允许绝对差值≤0.08%。

5. 注释

[1]反应如下:

$$
2 \begin{array}{c} \text{CO—NH}_2 \\ | \\ \text{NH} \\ | \\ \text{CO—NH}_2 \end{array} + \text{CuSO}_4 + 4\text{NaOH} = \begin{array}{c} \text{CO—NH} \qquad \text{NH—CO} \\ | \qquad\qquad\qquad | \\ \text{NH} \qquad \text{Cu} \qquad \text{NH} \\ | \qquad\qquad\qquad | \\ \text{C—NH} \qquad \text{NH—C} \\ | \qquad\qquad\qquad | \\ \text{ONa} \qquad\qquad \text{ONa} \end{array} + \text{Na}_2\text{SO}_4 + 4\text{H}_2\text{O}
$$

〔2〕缩二脲的提纯：先用(1+2)氨水洗涤缩二脲，然后用水洗涤，再用丙酮洗涤以除去水，最后于 105℃ 左右烘干。

〔3〕如果试液有色或浑浊有色，除按操作步骤测定外，另于 2 个 100 mL 容量瓶中，各加入 20.00 mL 酒石酸钾钠碱性溶液，其中一个加入测定相同体积的试液，加水定容。以不含试液的溶液为参比，测定有试液的吸光度，在计算时扣除之。如果试液只是浑浊，则在调节 pH 之前，在试液中加入 2 mL $c(\text{HCl}) = 1$ mol/L 的盐酸溶液，剧烈摇动，过滤，用少量水洗涤，将滤液和洗涤液定量地收集于烧杯中，然后按试液的制备调节 pH 和稀释。

❓ 思考与讨论

1. 测定铵态氮肥中氮含量的常用方法有哪几种？试述其测定原理。
2. 测定硝态氮肥中氮含量的常用方法有哪些？
3. 简述尿素中缩二脲含量的测定方法、原理及反应条件。

三、磷素化学肥料的测定

▶▶目的◀◀

1. 了解不同来源磷肥的测定方法。

2. 掌握过磷酸钙中游离酸的测定方法。

3. 掌握过磷酸钙和钙镁磷肥中有效磷的测定方法。

磷肥种类较多,可分为湿法磷肥(如过磷酸钙、重过磷酸钙和硝酸磷肥等)、热法磷肥(如钙镁磷肥、钢渣磷肥等)以及磷矿石经机械磨细而成的磷矿粉。它们可与氮、钾肥组成各种含磷的复混肥料。化肥中的有效磷包括水溶性磷和枸溶性磷。按照国家或化工部标准,湿法磷肥是用水和碱性或中性柠檬酸铵、热法磷肥和磷矿粉是用 2% 柠檬酸浸提有效磷制备待测液,目前也有采用乙二胺四乙酸二钠(EDTA)作为有效磷的提取剂。待测液中磷的定量方法主要有 3 种:磷钼酸喹啉重量法和容量法以及钒钼酸铵分光光度法,其中以重量法为仲裁法,分光光度法为速测法。本实验除介绍不同类型磷肥中有效磷测定方法外,还介绍过磷酸钙中游离酸的测定方法。

(一)过磷酸钙中游离酸含量的测定——水浸提-容量法

过磷酸钙中常含少量游离酸(包括 H_3PO_4 和 H_2SO_4),使肥料具有腐蚀性和吸湿性,不便于施用和贮存。因此过磷酸钙中游离酸的测定是品质鉴定项目之一。本实验介绍 GB/T 20413—2017 中的水浸提-容量法。

1. 方法原理

用水浸提过磷酸钙中的游离酸,再用标准碱直接滴定,根据标准碱的量,计算游离酸含量。当 H_3PO_4 的第一个 H^+ 离子被中和生成 $H_2PO_4^-$ 时,H_2SO_4 的 2 个 H^+ 离子都已中和,溶液的 pH 为 4.5,可用酸度计法或溴甲酚绿指示剂指示滴定终点。

2. 试剂配制

①NaOH 标准溶液[c (NaOH) $= 0.1$ mol/L]。

②0.2% 溴甲酚绿指示剂。0.2 g 溴甲酚绿溶于 6 mL 0.1 mol/L NaOH 溶液和 5 mL 95% 乙醇中,用水稀释至 100 mL。

3. 操作步骤

称取样品[注1](2 mm)5.×× g(精确至 0.01 g),移入 250 mL 容量瓶中,加入 100 mL 水,振荡 15 min 后,加水定容,过滤。

(1)酸度计法(仲裁法)　准确吸取 50.00 mL 滤液于 250 mL 烧杯中,用水稀释至 150 mL,置烧杯于磁力搅拌器上,将电极浸入被测溶液中,放入磁针,在已使用标准缓冲溶液校正的酸度计上一边搅拌,一边用 NaOH 标准溶液滴定至 pH 4.5。

（2）指示剂法　准确吸取 50.00 mL 滤液于 250 mL 三角瓶中，用水稀释至 100～120 mL，加入 0.5 mL 溴甲酚绿指示剂，用 NaOH 标准溶液滴定至溶液呈纯绿色为终点[注2]。

4. 结果计算

$$\omega^{[注3]} = [c(NaOH) \times V \times 71 \times 100] / [m \times (V_1/250) \times 1\,000]$$

式中：ω——样品中游离酸的质量分数（以 P_2O_5 计）/％；$c(NaOH)$——NaOH 标准溶液的浓度/(mol/L)；V——滴定时消耗 NaOH 标准溶液的体积/mL；71——每摩尔 NaOH 相当于 P_2O_5 的质量/g；V_1——吸取试液的体积/mL；m——试样的质量/g。

平行测定结果的允许绝对差值为≤0.15％；不同实验室间的允许绝对差值≤0.30％。

5. 注释

[1]试样制备时，将所取样品经多次缩分后取出约 100 g，迅速研磨至全部通过 1 mm 筛，混匀，收集到干燥瓶中。

[2]溴甲酚绿指示剂的变色范围为 pH 3.8～5.4，当溶液的 pH 达 4.5 时，指示剂由黄色变为纯绿色即为终点。若继续加碱，溶液就呈现蓝色，已是过量。

[3]根据 GB/T 20413—2017 标准，过磷酸钙中游离酸（P_2O_5）要求≤5.5％。

（二）过磷酸钙中有效磷含量的测定——EDTA 浸提-磷钼酸喹啉重量法

过磷酸钙中的有效磷包括水溶性和枸溶性磷。根据 GB/T 20413—2017，以乙二胺四乙酸二钠（EDTA）提取过磷酸钙中的有效磷，采用磷钼酸喹啉重量法定量。

1. 方法原理

过磷酸钙中的有效磷用 EDTA 溶液浸提，提取液中的正磷酸盐在酸性条件下与喹钼柠酮试剂作用生成黄色的磷钼酸喹啉沉淀[注1]$(C_9H_7N)_3 \cdot H_3[P(Mo_3O_{10})_4]$ 或写作 $(C_9H_7N)_3 \cdot H_3PO_4 \cdot 12MoO_3$，将沉淀过滤、洗涤，在 180℃烘干后称量，根据沉淀质量换算出磷含量。

2. 试剂配制

①乙二胺四乙酸二钠溶液（37.5 g/L）。称取 37.5 g 乙二胺四乙酸二钠（EDTA，$C_{10}H_{16}N_2O_8$，分析纯）于 1 000 mL 烧杯中，加少量水溶解，用水稀释至 1 000 mL，混匀。

②喹钼柠酮试剂。

溶液 I：70 g 钼酸钠二水物（$Na_2MoO_4 \cdot 2H_2O$，分析纯），溶于 150 mL 水中。

溶液 II：60 g 柠檬酸一水物（$C_6H_8O_7 \cdot H_2O$，分析纯），溶于 85 mL 浓 HNO_3 和 150 mL 水的混合液中，冷却。

溶液 III：在不断搅拌下，将溶液 I 缓缓加入溶液 II 中。

溶液 IV：取 5 mL 喹啉（C_9H_7N，分析纯，不含还原剂）溶于 35 mL 浓 HNO_3 和 100 mL 水的混合液中。

在不断搅拌下，将溶液 IV 缓缓加入溶液 III 中，放置暗处 24 h 后过滤，滤液中加入 280 mL 丙酮（分析纯），用水稀释至 1 L，混匀，贮存于聚乙烯瓶中，放置暗处备用[注2]。此试剂每 10 mL 可沉淀约 3.5 mg P 或 8 mg P_2O_5。

③(1+1) HNO_3 溶液。

3. 操作步骤

①称取含有 100～180 mg P_2O_5 的试样(精确至 0.000 2 g),置于 250 mL 容量瓶中(可用滤纸包裹),加入 150 mL EDTA 溶液,塞紧瓶塞,摇动容量瓶使试料分散于溶液中(如用滤纸包裹须摇碎),置于(60±1)℃的恒温水浴振荡器中,保温振荡 1 h(振荡频率以容量瓶内试样能自由翻动即可)。然后取出容量瓶,冷却至室温,用水稀释至刻度,定容、混匀。干过滤,弃去最初部分滤液,即得试液,待测。

②准确吸取 25.00 mL 试液,移入 300～500 mL 烧杯中,加入 10 mL(1+1) HNO_3 溶液[注3],用水稀释至 100 mL。在电炉上加热至沸(应在通风橱中进行),取下,加入 35 mL 喹钼柠酮试剂[注4][注5],盖上表面皿,在电热板上微沸 1 min 或置于近沸水浴中保温至沉淀分层,取出烧杯,冷却至室温。

③用预先在(180±2)℃干燥箱内干燥至恒重的 4 号玻璃坩埚式滤器过滤,先将上层清液滤完,然后用倾泻法洗涤沉淀 1～2 次,每次 25 mL,将沉淀移入滤器中,再用水洗涤,洗涤所用的水量在 125～150 mL,将沉淀连同滤器置于(180±2)℃干燥箱内,待温度达到 180℃后,干燥45 min[注6],取出移入干燥器内,冷却 30 min,称重[注7]。

按照上述操作步骤(除不加试样外)进行试剂空白试验。

4. 结果计算

$$\omega(P_2O_5) = [(m_1 - m_2) \times 0.032\ 07/(m \times V/250)] \times 100$$

式中:$\omega(P_2O_5)$——样品中有效磷的质量分数(以 P_2O_5 计)/%;m_1——磷钼酸喹啉沉淀的质量/g;m_2——空白试验所得沉淀物的质量/g;m——称样量/g;V——吸取试液的体积/mL;0.032 07——磷钼酸喹啉换算为 P_2O_5 的因数[注8]。

平行测定结果的允许绝对差值为≤0.20%;不同实验室间的允许绝对差值为≤0.30%。

5. 注释

[1]反应式为:

$H_3PO_4 + 3C_9H_7N + 12NaMoO_4 + 24HNO_3 = (C_9H_7N)_3 \cdot H_3[P(Mo_3O_{10})_4] \cdot H_2O + 24NaNO_3 + 11H_2O$

[2]喹钼柠酮沉淀剂能腐蚀玻璃,受光后溶液呈蓝色,故要求贮存于聚乙烯瓶中,并放置暗处。如已变为浅蓝色,可加入 1% 溴酸钾溶液至颜色消失为止。

[3]磷钼酸喹啉可在 HNO_3 或 HCl 溶液中进行沉淀(不宜在 H_2SO_4 溶液中沉淀,因为钼酸钠在 H_2SO_4 溶液中加热时会产生白色沉淀而致使结果偏高)。HNO_3 的浓度一般宜控制在2～3 mol/L;酸度过低,不易沉淀完全;而酸度过高,则在煮沸时氧化消耗丙酮,沉淀的物理性状亦较差。

[4]加入丙酮溶液,可改善磷钼酸喹啉沉淀的物理性状,使沉淀颗粒增大、疏松,不黏附杯壁,便于过滤和洗涤。同时,丙酮还可消除铵盐的干扰,避免生成磷钼酸铵的黄色沉淀。

[5]在沉淀过程中,需要有柠檬酸存在,其作用有 3 点:一是可防止钼酸钠在煮沸时水解析出三氧化钼,使测定结果偏高。二是可消除硅酸的干扰,因为当样品中有硅酸存在时,也能生成硅钼酸喹啉黄色沉淀[$(C_9H_7N)_4 \cdot H_4SiO_4 \cdot 12MoO_3$],加入柠檬酸,则柠檬酸与钼酸盐配合,降低了溶液中钼酸根离子的浓度,不会生成硅钼酸喹啉沉淀。但柠檬酸也不可太多,否则又会

使磷沉淀不完全,甚至磷也不能沉淀。三是在含有柠檬酸的溶液中磷钼酸铵沉淀的溶解度比磷钼酸喹啉沉淀的溶解度大,因此可进一步防止有铵盐存在时的沉淀干扰。

[6]磷钼酸喹啉沉淀的组成与烘干时的温度有如下关系:低于155℃时,沉淀为一水合的化合物$(C_9H_7N)_3 \cdot H_3PO_4 \cdot 12MoO_3 \cdot H_2O$;155~370℃时,沉淀为无水物$(C_9H_7N)_3 \cdot H_3PO_4 \cdot 12MoO_3$;高于370℃时,沉淀会分解为$P_2O_5 \cdot 24MoO_3$。由于$(C_9H_7N)_3 \cdot H_3PO_4 \cdot 12MoO_3$的组成稳定,在180℃时易烘干至恒重,所以常以此为称量形式,烘干时应先将玻璃过滤坩埚底部的水分擦干,然后再烘干,以防骤热导致坩埚破裂。

[7]洗净玻璃坩埚式滤器中的沉淀,可先用水冲洗,剩余部分用(1+1)氨水浸泡到黄色消失(用过的氨水可保留再用),然后用水洗净,烘干后备用。

[8]磷钼酸喹啉沉淀的式量很大(2 212.29),因此换算为P_2O_5的因数很小,$P_2O_5/(C_9H_7N)_3 \cdot H_3PO_4 \cdot 12MoO_3 = 141.94/4425.58 = 0.032\,07$;如换算为P,因数为0.013 99。

(三)钙镁磷肥中有效磷含量的测定——2%柠檬酸浸提-磷钼酸喹啉容量法

钙镁磷肥主要成分是磷酸四钙,不溶于水但能溶于柠檬酸溶液中,属枸溶性有效磷。根据GB 20412—2006,钙镁磷肥中有效磷以2%柠檬酸溶液浸提,磷钼酸喹啉重量法或容量法测定,以重量法为仲裁法。此处介绍磷钼酸喹啉容量法,其准确度较重量法差。

1. 方法原理

用2%柠檬酸浸提样品中的枸溶性磷,然后在酸性条件下,溶液中的正磷酸根离子和喹钼柠酮试剂生成黄色磷钼酸喹啉沉淀,洗去所吸附酸液后,用过量的氢氧化钠标准溶液溶解沉淀,再用盐酸标准溶液回滴,根据消耗于溶解沉淀的碱量计算磷含量。

2. 试剂配制

①2%柠檬酸溶液(pH≈2.1)。称取20 g柠檬酸$(C_6H_8O_7 \cdot H_2O,$分析纯)溶于水,稀释至1 L(此溶液中加入0.5 g水杨酸防腐剂易于保存)。

②喹钼柠酮试剂。同EDTA浸提-磷钼酸喹啉重量法。

③NaOH标准溶液[c(NaOH) = 0.5 mol/L]。20.0 g NaOH(分析纯)溶于水,稀释至1 L,并标定其浓度。

④HCl标准溶液[c(HCl) = 0.25 mol/L]。22 mL浓HCl(分析纯)溶于水,稀释至1 L,并标定其浓度。

⑤百里香酚蓝-酚酞混合指示剂。3体积0.1%百里香酚蓝溶液(乙醇溶液)和2体积0.1%酚酞溶液(乙醇溶液)混合而成。

3. 操作步骤

①称取1.×××× g试样(精确至0.001 g),置于滤纸包裹试料,塞入干燥的250 mL容量瓶中。加入150 mL预先加热至28~30℃的2%柠檬酸溶液,塞紧瓶塞,摇动容量瓶使滤纸破碎,试样分散于溶液中。保持溶液温度在28~30℃,置于振荡器上振荡1 h(振荡频率以容量瓶内试料能自由翻动即可),然后取出容量瓶,用水稀释至刻度,定容,混匀,干过滤,弃去最初滤出液后,备测。

②准确吸取滤液10.00~20.00 mL(V,含P_2O_5 10~20 mg)于500 mL烧杯中,加入10 mL(1+1)HNO_3溶液,加水稀释至约100 mL,在电炉上加热至沸。取下,加入35 mL喹钼柠酮试

剂,盖上表面皿,加热微沸 1 min,或置于近沸水浴中保温至沉淀分层,取出烧杯,冷却至室温,冷却过程中转动 3~4 次。

③用中速滤纸或脱脂棉将上层清液过滤完,然后以倾泻法洗涤沉淀 3~4 次,每次约用 25 mL 水,将沉淀转移到 4 号玻璃坩埚式滤器中,继续用不含 CO_2 的水洗涤至滤液无酸性[注1]。将沉淀连同滤纸或脱脂棉转移到原烧杯中,用不含 CO_2 的水洗涤漏斗,将洗涤液全部转移至烧杯中,用滴定管或移液管加入 NaOH 标准溶液,充分搅拌至沉淀全部溶解,然后再过量约 10 mL,加入 100 mL 不含 CO_2 的水,搅匀,加入 5 滴百里香酚蓝-酚酞混合指示剂,用 HCl 标准溶液滴定至溶液由紫色经灰蓝色变为微黄色为终点。同时,进行空白试验。

4. 结果计算

$$\omega\,(P_2O_5) = \frac{[c_1(V_1 - V_3) - c_2(V_2 - V_4)] \times 2.730}{[m \times (V/250) \times 1\,000]} \times 100$$

式中:$\omega\,(P_2O_5)$——样品中有效磷的质量分数(以 P_2O_5 计)/%;c_1——NaOH 标准溶液的浓度/(mol/L);c_2——HCl 标准溶液的浓度/(mol/L);V_1——NaOH 标准溶液的用量/mL;V_2——HCl 标准溶液的用量/mL;V_3——空白试验消耗 NaOH 标准溶液的用量/mL;V_4——空白试验消耗 HCl 标准溶液的用量/mL;m——样品质量/g;V——沉淀时所取滤液的体积/mL;2.730——1/52 五氧化二磷(P_2O_5)的摩尔质量/(g/mol)。

平行测定结果允许绝对差值≤0.20%;不同实验室间的允许绝对差值为 0.30%。

5. 注释

[1]检查酸洗净的方法:取滤液和水各约 20 mL,分别加入 1 滴百里香酚蓝-酚酞混合指示剂和 2~3 滴 NaOH 标准溶液,若二者颜色相近,说明酸已洗净。

? 思考与讨论

1. 化学磷肥的有效磷测定包括哪两种形态?

2. 化学磷肥的有效磷提取时常用什么做浸提剂?常用的定量方法有哪些?

3. 试述过磷酸钙中游离酸测定的方法原理。

4. 试述过磷酸钙和钙镁磷肥中有效磷测定的方法原理,比较二者的异同。

四、钾素化学肥料的测定

▶▶目的◀◀

1. 了解不同来源钾肥的测定方法。

2. 掌握草木灰和窑灰钾肥中钾含量的测定方法。

3. 掌握单质钾肥中钾含量的测定方法。

常用的钾素化肥主要有氯化钾和硫酸钾以及草木灰和窑灰钾等,此外还有含钾的复混肥料。氯化钾、硫酸钾和含钾复混肥料中的钾易溶于水,只需用水煮沸浸提制备待测液。草木灰和窑灰钾(统称灰肥)成分较复杂,除水溶性钾外,还有非水溶性钾,常用 HCl、HNO_3 等处理样品制备待测液。待测液中钾的测定方法很多,但目前用于测定肥料中钾的方法主要是四苯基合硼酸钾重量法。国际标准(ISO)和我国国家标准都采用四苯基合硼酸钾重量法。测定钾还可用四苯基合硼酸钾容量法。本实验介绍重量法和季铵盐容量法。

(一)草木灰和窑灰钾肥中钾含量的测定——稀 HCl 浸提-四苯基合硼酸钾季铵盐容量法

草木灰和窑灰钾肥统称灰肥,它们的含钾量变幅较大,常需测定其含量。灰肥中的钾90%～95%以上是水溶性和稀酸溶性的。因此,可用稀 HCl 或 HNO_3 溶解的方法制备待测液,其结果略低于 Na_2CO_3 碱熔法测定的全钾含量。

1. 方法原理

灰肥样品经沸稀盐酸浸提,浸出液中的钾离子与四苯基合硼酸根阴离子生成溶解度小、组成恒定的四苯基合硼酸钾白色沉淀。四苯硼阴离子也能与某些季铵盐,例如,十六烷基三甲基溴化铵或烷基苄基二甲基氯化铵,生成四苯硼季铵盐白色沉淀[注1],其溶解度比四苯硼钾还小。因此可以在钾的待测液中准确加入一定量的过量四苯硼钠标准溶液,将生成的四苯硼钾沉淀过滤除去,滤液中剩余的四苯硼钠在碱性条件下用季铵盐标准溶液滴定,以达旦黄或溴酚蓝为指示剂。由净消耗于沉淀钾的四苯硼钠量计算钾含量。

四苯硼阴离子可在中性、酸性或碱性介质中沉淀钾。本法采取先在酸性溶液中沉淀,以获得颗粒粗大的沉淀,然后碱化,以降低沉淀的溶解度和防止剩余沉淀剂的分解[注2],也符合以后滴定时所需要的碱性条件。待测液中如有铵盐(因生成四苯硼铵白色沉淀),须用甲醛掩蔽;钙、镁、铝等离子在碱化后生成沉淀,对四苯硼钠有不同程度的吸附作用,须加 EDTA 掩蔽。

2. 试剂

(1)试剂配制

①浓 HCl(分析纯)。

②5%(M/V)EDTA 二钠溶液。

③37%甲醛溶液(分析纯)。

④2 mol/L NaOH 溶液。40.0 g NaOH（分析纯）溶解于水，稀释至 500 mL。

以上各试剂必须用四苯硼钠溶液检查无 K^+ 和 NH_4^+。

⑤0.04％达旦黄指示剂[注3]。40 mg 达旦黄溶解于 100 mL 水中。

⑥四苯硼钠（简作 NaTPB）标准溶液（约 1.2％，即 0.035 mol/L）。1.2 g 四苯硼钠 $[NaB(C_6H_5)_4$，分析纯]溶于 100 mL 水中，加入 2 mol/L NaOH 溶液 0.5 mL，放置过夜，用中密滤纸过滤得澄清的溶液，临用前用钾标准溶液标定[注4]。

⑦季铵盐标准溶液（约 0.0175 mol/L）。0.64 g 十六烷基三甲基溴化铵｛简作 CTAB，$[CH_3(CH_2)_{15}(CH_3)_3N]Br$｝，用 5 mL 乙醇使之湿润[注5]，然后加水溶解，并稀释至 100 mL，贮于棕瓶中。此溶液在较冷时（18℃以下），易析出白色沉淀，必须加热至 30～40℃使之溶解，再冷至室温（20℃左右）使用。

季铵盐标准溶液也可以用烷基苄基二甲基氯化铵｛简作 BAC，$[R(C_6H_5CH_2)N\cdot(CH_3)_2]Cl$，式中 R 代表 C_8H_{17} 至 $C_{18}H_{37}$，故 BAC 的分子量不定｝配制，浓度约 0.88％，即约 0.0175 mol/L。此试剂在冬季室温下也不析出沉淀。

⑧钾标准溶液[$\rho(K) = 500$ mg/L]。0.4768 g 干燥的 KCl（分析纯）或 0.5571 g 干燥的 K_2SO_4（分析纯）溶于水，定容至 500 mL。

（2）试剂的标定

①CTAB 与 NaTPB 的比较滴定。吸取 NaTPB 标准溶液 5.00 mL，放入 150 mL 三角瓶中，加水约 20 mL，2 mol/L NaOH 溶液 2 滴和达旦黄指示剂 6～8 滴，用 CTAB 标准溶液（装在 10 mL 滴定管中）滴定至由黄色突变为粉红色[注6]。计算每毫升 CTAB 相当于 NaTPB 的毫升数，即二者所用 mL 数之比（a 约为 0.5），a = NaTPB mL 数/CTAB mL 数。

②NaTPB 溶液的标定。吸取钾标准溶液[$\rho(K) = 500$ mg/L] 10.00 mL（含 K 5 mg），放入 100 mL 容量瓶中，加水约 30 mL 和浓 HCl 0.8 mL。用移液管或滴定管慢慢加入 NaTPB 标准溶液 10.00 mL，边加边搅匀，放置 5 min。加入 2 mol/L NaOH 溶液约 8 mL，使溶液的 pH 调至 8～10，定容后摇匀，过滤[注7]。

吸取滤液 50.00 mL，放入 150 mL 三角瓶中，加入达旦黄指示剂 6～8 滴，用 CTAB 标准溶液滴定至终点。计算 NaTPB 标准溶液的滴定度（T），即每毫升 NaTPB 溶液相当于 K 的克数。

$$T = 钾标准溶液中 K 的克数/(NaTPB 的 mL 数 - CTAB 的 mL 数 \times a)$$
$$= (0.005 \times 50/100)/[10 \times (50/100) - CTAB 的 mL 数 \times a]$$

3. 操作步骤

①称取灰肥样品（1 mm）1.×××× g[注8]，放入 100 mL 高型烧杯中，加少量水使之湿润，盖上表面皿，慢慢加入浓 HCl 5 mL，慎防气泡飞溅；反应微弱后加水 15 mL，煮沸 30 min（注意切勿使试样蒸干，在煮沸过程中应不断加水保持原液面高度）。然后将溶液定量地转入 250 mL 容量瓶中，加水定容（V_1），过滤。此待测液中的 HCl 浓度约为 0.2 mol/L。

②吸取待测液 50.00 mL（V_2，含 K 5～15 mg），放入 100 mL 容量瓶中，加入 5％ EDTA 溶液 10 mL 和 37％甲醛溶液 4 mL，摇匀。用移液管或滴定管慢慢加入 NaTPB 标准溶液 10.00～20.00 mL（V_{NaTPB}，每毫克 K 应加入约 1.4 mL NaTPB）[注9]，边加边摇匀，放置 5 min 后立即加入 2 mol/L NaOH 溶液约 8 mL，使溶液成碱性[注10]（可用广泛 pH 试纸检查），加水定

容,过滤。

③吸取滤液 50.00 mL 于 150 mL 三角瓶中,加入达旦黄指示剂 6～8 滴,用 CTAB 标准溶液(V_{CTAB})滴定剩余的 NaTPB 溶液至由浅黄色突变粉红色为终点。

4. 结果计算

根据净消耗于沉淀钾的 NaTPB 量,计算样品中 K 含量,其公式为:

$$\omega(K) = (V_{NaTPB} - V_{CTAB} \times a \times 2) \times T \times 100/[m \times (V_2/V_1)]$$

$$\omega(K_2O) = \omega(K) \times 1.205$$

式中:$\omega(K)$——样品中全钾的质量分数(以 K 计)/%;$\omega(K_2O)$——样品中全钾的质量分数(以 K_2O 计)/%;V_{NaTPB}——NaTPB 溶液的用量/mL;V_{CTAB}——CTAB 溶液的用量/mL;2——沉淀钾时所定容的体积与所滴定的滤液体积之比,本实验为 100/50;a——每毫升 CTAB 相当于 NaTPB 的 mL 数;V_1——待测液定容的体积,250 mL;V_2——吸取待测液的体积,mL。

5. 注释

[1]四苯硼阴离子与 K^+ 的反应:

$$K^+ + [B(C_6H_5)_4]^- = K[B(C_6H_5)_4] \downarrow$$

与季铵盐的反应:

$$[CH_3(CH_2)_{15}(CH_3)_3N]^+ + [B(C_6H_5)_4]^- = CH_3(CH_2)_{15}(CH_3)_3N \cdot B(C_6H_5)_4 \downarrow$$

[2]在酸性介质中所得沉淀颗粒粗大,易于过滤,金属阳离子也不沉淀而无干扰,但沉淀物的溶解度稍大,沉淀剂较易分解。在碱性介质中,沉淀颗粒细微,溶解度小,沉淀剂很稳定,但金属阳离子会生成氢氧化物沉淀而产生干扰。

[3]也可用 0.04％的溴酚蓝为指示剂(40 mg 溴酚蓝溶于 3 mL 0.1 mol/L NaOH 溶液中,加水至 100 mL 或溶于 100 mL 无水乙醇中),终点为由紫色突变为纯蓝色。或用达旦黄与溴酚蓝的混合指示剂(在上述 100 mL 0.04％溴酚蓝溶液中加入 40 mg 达旦黄),终点为紫色。2 种指示剂均要求在碱性条件下使用。

[4]NaTPB 溶液的稳定性较差,最好在使用前几天配制。

[5]CTAB 是一种表面活性剂,用纯水配制溶液时泡沫很多,不易溶解。如用少量(总液量的 5％)乙醇先行湿润,然后加水溶解,则可得到澄清溶液,此乙醇的存在对滴定无影响。

[6]在碱性条件下滴定过程中生成的乳白色沉淀有凝聚成球状的倾向,一般滴定到沉淀絮结成块后,再加 2～3 滴 CTAB,即达终点。

[7]KTPB 的溶解度大于四苯硼季铵盐,故必须滤去,以免干扰 CTAB 溶液滴定剩余的 NaTPB。

[8]以灰肥含 K 4％～8％计,若样品含 K 量较高或较低,应适当减少或增加称样量。

[9]按理论计,1 mg K 相当于 8.754 mg NaTPB。以 NaTPB 浓度约为 0.035 mol/L 计,沉淀 1 mg K 只需约 0.73 mL。但本实验手续为滴定剩余的 NaTPB,它必须过量,过量太少(过量浓度＜0.06％时),KTPB 沉淀的溶解量增加而且 CTAB 滴定液消耗的体积太少;过量太多,则 CTAB 溶液的用量超过 10 mL 滴定管容量,而且沉淀多影响终点观察。为准确计,

NaTPB 过量的程度最好能与上述标定 NaTPB 时相近,因为不同的 K 量和不同的 NaTPB 量对标定所得的 NaTPB 滴定度有一度影响,一般以 NaTPB 溶液过量 4~8 mL 为宜。根据本实验操作步骤,称样 1 g,定容 100 mL,吸取 50.00 mL 待测液测定 K 时,加 NaTPB 溶液的数量可参考以下数量:样品含 K 3%时,加 10 mL;含 K 5%时,加 15 mL;含 K 8%时,加 20 mL。

[10]加入约 8 mL 2 mol/L NaOH 溶液,中和了待测液中的酸,余下的碱浓度使溶液 pH 为 10~13。

(二)单质钾肥中钾含量的测定——沸水浸提-四苯硼钾重量法

本法适用于 KCl、K_2SO_4、KNO_3 和复混肥料中钾的测定。

1. 方法原理

用水与试样共煮沸使钾盐溶解后,在弱碱性介质中以四苯硼钠(四苯基合硼酸钠)与钾离子生成四苯硼钾白色沉淀。将沉淀过滤、洗涤、干燥及称重。

为防止铵离子和其他阳离子干扰,可预先加入适量的甲醛和 EDTA,使铵与甲醛反应生成六亚甲基四胺,其他阳离子与 EDTA 络合。

2. 试剂配制

①四苯硼钠溶液(15 g/L)。15 g 四苯硼钠(分析纯)溶于 960 mL 水中,加 4 mL 氢氧化钠溶液(200 g/L)和 20 mL $MgCl_2 \cdot 6H_2O$ 溶液(100 g/L),搅拌 15 min,静置后过滤。贮于棕色瓶或塑料瓶中,一般不超过 1 个月期限。如浑浊,使用前应过滤。

②四苯硼钠洗涤液。10 体积稀释 1 体积的四苯硼钠溶液。

③EDTA 二钠溶液(40 g/L)。

④甲醛(约 37%)。

⑤氢氧化钠溶液(200 g/L)。

⑥酚酞溶液(5 g/L 乙醇溶液)。

3. 操作步骤

①称取 2.××××~5.×××× g 样品(准确至 0.000 2 g,含 K_2O 约 400 mg)于 250 mL 三角瓶中,加入约 150 mL 水,煮沸约 30 min,冷却,定量转移到 250 mL 容量瓶中,用水定容,摇匀。过滤,弃去最初 50 mL 滤液。

②准确吸取滤液 25.00 mL 于 250 mL 烧杯中[注1],加入 EDTA 溶液 20 mL(视阳离子多少而定)。加 2~3 滴酚酞溶液,滴加氢氧化钠溶液至红色出现时,再过量 1 mL。加甲醛溶液(按 1 mg NH_4^+—N 约加 60 mg 甲醛计算,即 37%甲醛溶液加 0.15 mL)约 5 mL,若红色消失,用氢氧化钠溶液调至红色。盖上表面皿,加热煮沸 15 min,此时溶液应保持红色,否则再加氢氧化钠溶液[注2]。

③冷却后,在不断搅拌下逐滴加入四苯硼钠溶液 20~30 mL(每毫克 K_2O 加入 0.5 mL,并过量约 7 mL[注3]),继续搅拌 1 min,静置 15 min 以上。用倾滤法将沉淀洗于 120℃下预先称恒重的 4 号玻璃坩埚式滤器内,用洗涤液洗涤沉淀 5~7 次,每次用量约 5 mL,最后用水洗涤 2 次,每次用量 5 mL[注4]。将坩埚在(120±5)℃[注5]烘箱中干燥 1.5 h,于干燥器中冷却后称重[注6]。同时做试剂空白试验。

4. 结果计算

$$\omega(K_2O) = [(m_2 - m_1) - (m_4 - m_3)] \times 0.131\,4 \times 100 / [m_0 \times (V_2/V_1)]$$

式中：$\omega(K_2O)$——样品中全钾的质量分数（以 K_2O 计）/％；m_0——样品质量/g；m_1——坩埚质量/g；m_2——盛有沉淀的坩埚质量/g；m_3——空白试验的坩埚质量/g；m_4——空白试验过滤后的坩埚质量/g；V_2——吸取沉淀用试样液的体积/mL；V_1——试样液定容的体积/mL；0.131 4——四苯硼钾质量换算为氧化钾质量的因数。

平行测定结果和不同实验室测定结果的允许绝对差值，如表 3-1 所列。

表 3-1　单质钾肥测定结果的允许绝对差值　　　　　　　　　　　％

平行测定结果		不同实验室测定结果	
测定值（以 K_2O 计）	允许绝对差值	测定值（以 K_2O 计）	允许绝对差值
<10	≤0.20	<10	≤0.40
10～20	≤0.30	10～20	≤0.60
>20	≤0.40	>20	≤0.80

5. 注释

[1]若试样为含氰氨基化合物或有机质的复混肥料，则在加入 EDTA 之前，加入 5 mL 溴水（5％），煮沸直至溴水完全脱除（无溴色）。若有其他颜色，待溶液冷却后，加入 0.5 g 活性炭，摇匀后过滤，洗涤 3～5 次，再加 EDTA，按步骤做其他操作。

[2]碱化后加热以除去大量 NH_4^+—N，少量 NH_4^+ 可用甲醛掩蔽。

[3]加四苯硼钠溶液应过量，以保证 K 沉淀完全。一般要求沉淀钾后，溶液中四苯硼钠的浓度为 0.2％～0.3％。

[4]四苯硼钾在水中有一定的溶解度（水中为 1.8×10^{-4} mol/L，即 100 mL 水中溶解 5～6 mg），不宜用大量水洗涤沉淀。一般是用四苯硼钠饱和溶液洗涤，或用约 1％的四苯硼钠溶液洗涤数次后，再用少量水洗涤 2 次。

[5]干燥温度超过 130℃时，四苯硼钾会逐渐分解。

[6]四苯硼钾沉淀易溶于丙酮，使用过的坩埚可用丙酮浸泡洗净。

❓思考与讨论

1. 单质钾肥和灰肥在测定钾含量时，浸提剂有何不同？定量方法如何？

2. 试述草木灰和窑灰钾肥中钾含量测定的方法原理。

3. 试述单质钾肥中钾含量测定的方法原理。

五、复混肥料中总氮、磷、钾含量的测定

▶▶目的◀◀
1. 掌握复混肥料中总氮含量的测定方法。
2. 掌握复混肥料中有效磷含量的测定方法。
3. 掌握复混肥料中全钾含量的测定方法。

(一)复混肥料中总氮含量的测定——蒸馏后滴定法

1. 范围

本标准(GB/T 8572—2010)不适用于含有机物(除尿素、氰氨基化合物外)大于 7% 的复混肥料。

2. 方法原理

在碱性介质中用定氮合金将硝酸态氮还原,直接蒸馏出氨或在酸性介质中还原硝酸盐成铵盐,在混合催化剂存在下,用浓硫酸消化,将有机态氮或酰胺态氮和氰氨态氮转化为铵盐,从碱性溶液中蒸馏氨,将氨吸收在过量硫酸溶液中,在甲基红-亚甲基蓝混合指示剂存在下,用氢氧化钠标准溶液返滴定。

3. 试剂配制

蒸馏后滴定法所用试剂和水,在未注明配制方法和规格时,均应符合 HG/T 2843 的要求。

①浓硫酸。
②浓盐酸。
③铬粉。细度小于 250 μm。
④定氮合金(Cu 50%、Al 45%、Zn 5%)。细度小于 850 μm。
⑤硫酸钾。
⑥五水硫酸铜。
⑦混合催化剂制备 将 1 000 g 硫酸钾和 50 g 五水硫酸铜充分混合,并仔细研磨。
⑧氢氧化钠溶液(400 g/L)。
⑨氢氧化钠标准溶液[c(NaOH) = 0.5 mol/L]。
⑩硫酸溶液[c(1/2 H_2SO_4) = 0.5 mol/L 或 c(1/2 H_2SO_4) = 1 mol/L]。
⑪甲基红-亚甲基蓝混合指示剂。
⑫广泛 pH 试纸。
⑬硅脂。

4. 仪器

①消化仪器。1 000 mL 圆底蒸馏烧瓶(与蒸馏仪器配套)和梨形玻璃漏斗。
②蒸馏仪器。按 GB/T 2441.1 配备,或其他具有相同功效的定氮蒸馏仪器。

③防暴沸颗粒或防暴沸装置。后者由一根长约 100 mm,直径约 5 mm 玻璃棒连接在一根长约 25 mm 聚乙烯管上。

④消化加热装置。置于通风橱内的 1 500 W 电炉,或能在 7~8 min 内使 250 mL 水从常温至剧烈沸腾的其他形式热源。

⑤蒸馏加热装置。1 000~1 500 W 电炉,置于升降台架上,可自由调节高度。也可使用调温电炉或能够调节供热强度的其他形式热源。

5. 操作步骤

(1)试样　按 GB/T 8571 规定制备试样。若试样难粉碎,可研磨至通过 2 mm 试验筛。从试样中称取总氮含量不大于 235 mg,硝酸态氮含量不大于 60 mg 的试料 0.5×××~2.×××× g(精确至 0.000 2 g)于蒸馏烧瓶中。

(2)试料处理与蒸馏

①仅含铵态氮的试样。

A. 于蒸馏烧瓶中加入 300 mL 水,摇动使试料溶解,放入防暴沸物后将蒸馏烧瓶连接在蒸馏装置上。

B. 于接受器中加入 40.00 mL 硫酸溶液[$c(1/2\ H_2SO_4)=0.5\ mol/L$] 或 20.00 mL 硫酸溶液[$c(1/2\ H_2SO_4)=1\ mol/L$],4~5 滴混合指示剂,并加适量水以保证封闭气体出口,将接受器连接在蒸馏装置上。蒸馏装置的磨口连接处应涂硅脂密封。

通过蒸馏装置的滴液漏斗加入 20 mL 氢氧化钠溶液(400 g/L),在溶液将流尽时加入 20~30 mL 水冲洗漏斗,剩 3~5 mL 水时关闭活塞。开通冷却水,同时开启蒸馏加热装置,沸腾时根据泡沫产生程度调节供热强度,避免泡沫溢出或液滴带出。蒸馏出至少 150 mL 馏出液后,用 pH 试纸检查冷凝管出口的液滴,如无碱性结束蒸馏。

②含硝酸态氮和铵态氮的试样。

A. 于蒸馏烧瓶中加入 300 mL 水,摇动使试料溶解,加入定氮合金 3 g 和防暴沸物,将蒸馏烧瓶连接于蒸馏装置上。

B. 蒸馏过程除加入 20 mL 氢氧化钠溶液(400 g/L)后静置 10 min 再加热外,其余步骤同①B。

③含酰胺态氮、氰氨态氮和铵态氮的试样。

A. 将蒸馏烧瓶置于通风橱中,小心加入 25 mL 浓硫酸,插上梨形玻璃漏斗,置于消化加热装置上,加热至冒硫酸白烟 15 min 后停止,待蒸馏烧瓶冷却至室温后小心加入 250 mL 水。

B. 蒸馏过程除加入氢氧化钠溶液(400 g/L)为 100 mL 外,其余步骤同①B。

④含有机物、酰胺态氮、氰氨态氮和铵态氮的试样。

A. 将蒸馏烧瓶置于通风橱中,加入 22 g 混合催化剂,小心加入 30 mL 浓硫酸,插上梨形玻璃漏斗,置于消化加热装置上加热。如泡沫很多,减少供热强度至泡沫消失,继续加热至冒硫酸白烟 60 min 后或直到溶液透明后停止,待烧瓶冷却至室温后小心加入 250 mL 水。

B. 蒸馏过程除加入氢氧化钠溶液(400 g/L)为 120 mL 外,其余步骤同①B。

⑤含硝酸态氮、酰胺态氮、氰氨态氮和铵态氮的试样。

A. 于蒸馏烧瓶中加入 35 mL 水,摇动使试料溶解,加入铬粉 1.2 g,浓盐酸 7 mL,静置 5~10 min,插上梨形玻璃漏斗。

B. 置蒸馏烧瓶于通风橱内的消化加热装置上,加热至沸腾并泛起泡沫后 1 min,冷却至室温,小心加入 25 mL 浓硫酸,继续加热至冒硫酸白烟 15 min,待蒸馏烧瓶冷却至室温后小心加入 400 mL 水。

C.蒸馏过程除加入氢氧化钠溶液(400 g/L)为 100 mL 外,其余步骤同①B。

⑥含有机物、硝酸态氮、酰胺态氮、氰氨态氮和铵态氮的试样或未知试样。

A.于蒸馏烧瓶中加入 35 mL 水,摇动使试料溶解,加入铬粉 1.2 g,浓盐酸 7 mL,静置 5~10 min,插上梨形玻璃漏斗。

B.置蒸馏烧瓶于通风橱内的消化加热装置上,加热至沸腾并泛起泡沫后 1 min,冷却至室温,加入 22 g 混合催化剂,小心加入 30 mL 浓硫酸,继续加热。如泡沫很多,减少供热强度至泡沫消失,继续加热至冒硫酸白烟 60 min 后停止,待蒸馏烧瓶冷却至室温后小心加入 400 mL 水。

C.蒸馏过程除加入氢氧化钠溶液(400 g/L)为 120 mL 外,其余步骤同①B。

(3)滴定　用氢氧化钠标准溶液[$c(NaOH) = 0.5$ mol/L]返滴定过量硫酸溶液[$c(1/2\ H_2SO_4) = 0.5$ mol/L 或 $c(1/2\ H_2SO_4) = 1$ mol/L]至混合指示剂呈现灰绿色为终点。

(4)空白试验　在测定的同时,按同样操作步骤,使用同样的试剂,但不含试料进行空白试验。

(5)核对试验　使用新制备的含 100 mg 氮的硝酸铵,按照试料测定的相同条件进行。

6.分析结果的表述

(1)分析结果的计算　总氮含量(ω)以氮(N)的质量分数(%)表示,按下式计算:

$$\omega = \frac{c \times (V_2 - V_1) \times 0.014\ 01}{m} \times 100$$

式中:c——测定及空白试验时,使用氢氧化钠标准溶液的浓度/(mol/L);V_1——测定样品时,使用氢氧化钠标准溶液的体积/mL;V_2——空白试验时,使用氢氧化钠标准溶液的体积/mL;0.014 01——氮的毫摩尔质量/(g/mmol);m——试料质量/g。取平行测定结果的算术平均值作为测定结果。

(2)允许差　平行测定结果的绝对差值不大于 0.30%;不同实验室测定结果的绝对差值不大于 0.50%。

(二)复混肥料中有效磷含量的测定——磷钼酸喹啉重量法

1.范围

本标准(GB/T 8573—2017)适用于含磷的复混(合)肥料、掺混肥料、有机无机复混肥料中有效磷含量的测定。

2.方法原理

用水研磨或超声提取水溶性磷,用乙二胺四乙酸二钠(EDTA)溶液振荡或柠檬酸溶液超声提取复混肥料中有效磷后,采用磷钼酸喹啉重量法或等离子体发射光谱法测定磷的含量。

3.试剂和材料

本标准所用试剂、水及溶液的配制,未注明规格和配制方法时应符合 HG/T 2843 中的规定。

(1)硝酸溶液(1+1)。

(2)乙二胺四乙酸二钠(EDTA)溶液(37.5 g/L)　称取 37.5 g EDTA($C_{10}H_{16}N_2O_8$,分析纯)于 1 000 mL 烧杯中,加入少量水溶解,用水稀释至 1 000 mL,混匀。

(3)柠檬酸溶液(20 g/L)　称取 20.0 g 柠檬酸($C_6H_8O_7$,分析纯)于 1 000 mL 烧杯中,加入少量水溶解,用水稀释至 1 000 mL,混匀。

(4)喹钼柠酮试剂　溶液Ⅰ:70 g 钼酸钠二水物($Na_2MoO_4 \cdot 2H_2O$,分析纯),溶于 150 mL 水中。

溶液Ⅱ:60 g 柠檬酸一水物($C_6H_8O_7 \cdot H_2O$,分析纯),溶于 85 mL 浓 HNO_3 和 150 mL 水的混合液中,冷却。

溶液Ⅲ:在不断搅拌下,将溶液Ⅰ缓缓加入溶液Ⅱ中。

溶液Ⅳ:取 5 mL 喹啉(C_9H_7N,分析纯,不含还原剂)溶于 35 mL 浓 HNO_3 和 100 mL 水的混合液中。

然后在不断搅拌下,将溶液Ⅳ缓缓加入溶液Ⅲ中,放置暗处 24 h 后过滤,滤液中加入 280 mL 丙酮(分析纯),用水稀释至 1 L,混匀,贮存于聚乙烯瓶中,放置暗处备用。此试剂每 10 mL 可沉淀约 3.5 mg P 或 8 mg P_2O_5。

(5)磷标准贮备液[$\rho(P_2O_5) = 1$ mg/mL]　称取 1.92 g(精确至 0.000 2 g)于 105℃干燥 4 h 的基准试剂磷酸二氢钾(KH_2PO_4),溶于水,移入 1 000 mL 容量瓶中,加入 2~3 mL 浓硝酸,稀释至刻度,定容,混匀,即得 1 mL 溶液中含有 1 mg 五氧化二磷。

4.主要仪器设备

通常实验室用仪器和超声清洗仪(温度可调至 80℃,超声功率 300 W)、恒温水浴振荡器[能控制温度(60±2)℃的往复式振荡器或回旋式振荡器]、玻璃坩埚式滤器(4 号,容积 30 mL)、恒温干燥箱[能维持(180±2)℃]、等离子体发射光谱仪(ICP-AES)。

5.试样溶液的制备

(1)实验室样品制备　按 GB/T 8571 制备供分析用的实验室样品(通称试样)。

(2)试样称量　称取 2 份试料进行平行测定。每份试样含有 100~180 mg 五氧化二磷,精确至 0.000 2 g。

(3)水溶性磷的提取

提取方法一:加水研磨。按(2)要求称取试料,置于 75 mL 瓷蒸发器中,加 25 mL 水研磨,将清液倾注过滤于预先加入 5 mL 硝酸溶液(1+1)的 250 mL 容量瓶中。继续用水研磨 3 次,每次用 25 mL 水,然后将水不溶物转移到滤纸上,并用水洗涤水不溶物,待容量瓶中溶液达 200 mL 左右为止。最后用水稀释至刻度,定容,混匀,即为溶液 A,供测定水溶性磷用。

提取方法二:超声提取。按(2)要求称取试料,置于 250 mL 容量瓶中,加入 150 mL 水,将容量瓶置于超声波清洗仪中提取 6~8 min(超声清洗仪液面高于容量瓶内液面),用水稀释至刻度,定容,干过滤,弃去最初部分滤液,即得溶液 B,供测定水溶性磷用。

(4)有效磷的提取

提取方法一:EDTA 振荡提取。按(2)要求,另外称取试料置于滤纸上,用滤纸包裹试样,塞入 250 mL 容量瓶中,加入 150 mL EDTA 溶液(37.5 g/L),塞紧瓶塞,摇动容量瓶使滤纸破碎、试样分散于溶液中,置于(60±2)℃的恒温水浴振荡器中,保温振荡 1 h(振荡频率以容量瓶内试样能自由翻动即可)。然后取出容量瓶,冷却至室温,用水稀释至刻度,定容,混匀。干过滤,弃去最初部分滤液,即得溶液 C,供测定有效磷用。

提取方法二:柠檬酸超声提取[注1]。以磷酸一铵、磷酸二氢钾、硝磷复肥作为磷源的复肥,按(2)要求称取试料,置于 250 mL 容量瓶中,加入 150 mL 柠檬酸溶液(20 g/L),将容量瓶置于超声波清洗仪中提取 6~8 min(超声清洗仪液面高于容量瓶内液面),用水稀释至刻度,定容,混匀。干过滤,弃去最初部分滤液,即得溶液 D,供测定有效磷用。

6. 磷含量测定

(1)重量法

①分析步骤。

A. 水溶性磷的测定。准确吸取 25.00 mL 溶液 A 或溶液 B,移入 500 mL 烧杯中,加入 10 mL 硝酸溶液(1+1),用水稀释至 100 mL。在电炉上加热微沸 2~3 min,取下,加入 35 mL 喹钼柠酮试剂,盖上表面皿,在电热板上微沸 1 min 或置于近沸水浴中保温至沉淀分层,取出烧杯,冷却至室温。

用预先在(180±2)℃干燥箱内干燥至恒重的 4 号玻璃坩埚式滤器过滤,先将上层清液滤完,然后用倾泻法洗涤沉淀 1~2 次,每次用 25 mL 水,将沉淀移入滤器中,再用水洗涤,所用水共 125~150 mL,将沉淀连同滤器置于(180±2)℃干燥箱内,待温度达到 180℃后,干燥 45 min,取出移入干燥器内,冷却至室温,称量。

B. 有效磷的测定。准确吸取 25.00 mL 溶液 C 或溶液 D,移入 500 mL 烧杯中,加入 10 mL 硝酸溶液(1+1),用水稀释至 100 mL。以下操作按 A 分析步骤进行。

C. 空白试验。除不加试样外,须与试样测定采用完全相同的试剂、用量和分析步骤,进行平行操作。

②分析结果的表述。

A. 水溶性磷含量(ω_1)及有效磷(ω_2),以五氧化二磷(P_2O_5)质量分数(%)表示,按式(a)和式(b)计算:

$$\omega_1 = \frac{(m_1 - m_2) \times 0.032\,07}{m_A \times (25/250)} \times 100 = \frac{(m_1 - m_2) \times 32.07}{m_A} \tag{a}$$

$$\omega_2 = \frac{(m_3 - m_4) \times 0.032\,07}{m_B \times (25/250)} \times 100 = \frac{(m_3 - m_4) \times 32.07}{m_B} \tag{b}$$

式中:m_1——测定水溶性磷所得磷钼酸喹啉沉淀的质量/g;m_2——测定水溶性磷时,空白试验所得磷钼酸喹啉沉淀的质量/g;m_3——测定有效磷所得磷钼酸喹啉沉淀的质量/g;m_4——测定有效磷时,空白试验所得磷钼酸喹啉沉淀的质量/g;m_A——测定水溶性磷时,试料的质量/g;m_B——测定有效磷时,试料的质量/g;0.032 07——磷钼酸喹啉质量换算为五氧化二磷质量的系数。取平行测定结果的算术平均值为测定结果。

B. 允许差。平行测定结果的绝对差值不大于 0.20%;不同实验室测定结果的绝对差值不大于 0.30%。

(2)等离子体发射光谱法

①分析步骤。

A. 工作曲线的绘制。用移液管依次准确吸取磷标准贮备液[$\rho(P_2O_5) = 1$ mg/mL] 0、

1.00 mL、2.00 mL、3.00 mL、5.00 mL、10.00 mL,分别置于 6 个 1 000 mL 容量瓶中,加入 6 mL 柠檬酸溶液(20 g/L)或 EDTA 溶液(37.5 g/L),用水稀释至刻度,定容,混匀。

测定前,参照仪器使用说明书,进行氩气流量、观测高度、射频发生器功率、提升量、积分时间、清洗时间等最佳工作条件选择[注2],然后,用等离子体发射光谱仪测得各标准溶液的辐射强度,以各标准溶液中磷的质量浓度为横坐标,相应的辐射强度为纵坐标,绘制标准曲线或得出回归方程。

B. 测定。

a. 水溶性磷含量的测定。准确吸取一定体积的上述溶液 A 或溶液 B[注3],加入 6 mL 柠檬酸溶液(20 g/L)或 EDTA 溶液(37.5 g/L)[注4]。适当稀释后,在与测定标准溶液相同的条件下,测得磷的辐射强度,在工作曲线上查出相应的磷浓度[注5]。

b. 有效磷含量的测定。准确吸取一定体积的上述溶液 C 或溶液 D,适当稀释后,在与测定标准溶液相同的条件下,测得磷的辐射强度,在工作曲线上查出相应的磷浓度。

②分析结果的表述

A. 水溶性磷含量(ω_3)及有效磷(ω_4),以五氧化二磷(P_2O_5)质量分数(%)表示,按式(c)和式(d)计算:

$$\omega_3 = \frac{(m_5 - m_6) \times D_3 \times 10^{-6}}{m_C} \times 100 \tag{c}$$

$$\omega_4 = \frac{(m_7 - m_8) \times D_4 \times 10^{-6}}{m_D} \times 100 \tag{d}$$

式中:m_5——测定水溶性磷时,从工作曲线上查出的试样溶液中 P_2O_5 的质量/μg;m_6——测定水溶性磷时,从工作曲线上查到的空白溶液中 P_2O_5 的质量/μg;m_7——测定有效磷时,从工作曲线上查出的试样溶液中 P_2O_5 的质量/μg;m_8——测定有效磷时,从工作曲线上查到的空白溶液中 P_2O_5 的质量/μg;m_C——测定水溶性磷时,试料的质量/g;m_D——测定有效磷时,试料的质量/g;D_3——测定水溶性磷时,试样溶液的稀释倍数;D_4——测定有效磷时,试样溶液的稀释倍数。计算结果表示到小数点后 2 位,取平行测定结果的算术平均值为测定结果。

B. 允许差。平行测定结果的绝对差值不大于 0.40%;不同实验室测定结果的绝对差值不大于 0.60%。

肥料中水溶性磷占有效磷的百分率(X,%),按式(e)计算:

$$X = \frac{\omega_水}{\omega_有} \times 100 \tag{e}$$

式中:$\omega_水$——水溶性磷含量/%;$\omega_有$——有效磷含量/%。计算结果表示至小数点后 1 位。

7. 注释

[1]在提取肥料样品的有效磷时,提取方法二(柠檬酸超声提取)仅适用于以磷酸一铵、磷酸二氢钾、硝磷复肥作为磷源的肥料。

[2]采用等离子体发射光谱法测定磷含量时,不同仪器宜选取不同波长和曲线最高浓度,与仲裁法进行对比选取最佳测定条件。

[3]采用等离子体发射光谱法测定水溶性磷含量时,若单独测定,测定水溶性磷的工作曲线系列溶液及水溶性磷的待测液中不加入柠檬酸溶液或 EDTA 溶液。

[4]采用等离子体发射光谱法测定磷含量时,若水溶性磷与有效磷共用工作曲线时,根据提取有效磷用的提取溶液,工作曲线系列溶液及水溶性磷待测液中加入柠檬酸溶液或 EDTA 溶液。

[5]有机质对等离子体发射光谱有影响,含有机质的样品不适用于等离子体发射光谱法。

(三)复混肥料中钾含量的测定——四苯硼酸钾重量法

1. 适用范围

本标准(GB/T 8574—2010)适用于复混肥中钾含量的测定。

2. 方法原理

在弱碱性介质中,四苯硼酸钠溶液与试样溶液中的钾离子生成四苯硼钾白色沉淀,将沉淀过滤、干燥及称重。如试样中含有氰氨基化物或有机物时,可先加溴水和活性炭处理。为了防止阳离子,可预先加入适量的乙二胺四乙酸二钠盐(EDTA),使阳离子与乙二胺四乙酸二钠络合。

3. 试剂和材料

本标准中所用试剂、水和溶液的配制,在未注明规格和配制方法时,均应符合 HG/T 2843 中规定。

①四苯硼酸钠溶液(15 g/L)。取 15 g 四苯基合硼酸钠溶解于约 960 mL 水中,加 4 mL 氢氧化钠溶液(400 g/L)和 100 g/L 六水氯化镁溶液 20 mL,搅拌 15 min,静置后用滤纸过滤。该溶液贮存在棕色瓶或塑料瓶中,一般不超过一个月期限。如发现浑浊,使用前应过滤。

②乙二胺四乙酸二钠盐(EDTA)溶液(40 g/L)。

③氢氧化钠溶液(400 g/L)。

④溴水溶液(质量分数约 5%)。

⑤四苯硼酸钠洗涤液(1.5 g/L)。

⑥酚酞(5 g/L 乙醇溶液)。溶解 0.5 g 酚酞于 100 mL 95%(质量分数)乙醇中。

⑦活性炭(应不吸附或不释放钾离子)。

4. 主要仪器设备

通常实验室用仪器、玻璃坩埚式滤器(4 号,30 mL)、干燥箱[能维持(120±5)℃的温度]。

5. 试样溶液的制备

①做 2 份试料的平行测定。按 GB/T 8571 规定制备实验室样品。

②称取含氧化钾约 400 mg 的试样 2.××××~5.×××× g(称准至 0.000 2 g),置于 250 mL 锥形瓶中,加约 150 mL 水,加热煮沸 30 min。冷却,定量转移到 250 mL 容量瓶中,用水稀释至刻度,定容,混匀,干过滤,弃去最初 50 mL 滤液。

6. 操作步骤

(1)试液处理

①试样不含氰氨基化物或有机物。准确吸取上述滤液 25.00 mL,置入 200~250 mL 烧杯中,加 EDTA 溶液 20 mL(含阳离子较多时可加 40 mL),加 2~3 滴酚酞溶液,滴加氢氧化钠溶液至红色出现时,再过量 1 mL,在良好的通风柜内缓慢加热煮沸 15 min,然后放置冷却或用流

水冷却至室温,若红色消失,再用氢氧化钠溶液调至红色。

②试样含有氰氨基化物或有机物。准确吸取上述滤液 25.00 mL,置入 200～250 mL 烧杯中,加入溴水溶液 5 mL,将该溶液煮沸直至所有溴水完全脱除为止(无溴颜色)。若含有其他颜色,将溶液体积蒸至小于 10 mL,待溶液冷却后,加 0.5 g 活性炭,充分搅拌使之吸附,然后过滤,并洗涤 3～5 次,每次用水约 5 mL,收集全部滤液,加 EDTA 溶液 20 mL(含阳离子较多时 40 mL),以下手续同①操作。

(2)沉淀及过滤　在不断搅拌下,于试样溶液(①或②)中逐滴加入四苯硼酸钠溶液,加入量为每含 1 mg 氧化钾加四苯硼酸钠溶液 0.5 mL,并过量约 7 mL,继续搅拌 1 min,静置 15 min以上,用倾滤法将沉淀过滤于 120℃下预先恒重的 4 号玻璃坩埚式滤器内,用四苯硼酸钠洗涤液洗涤沉淀 5～7 次,每次用量约 5 mL,最后用水洗涤 2 次,每次用量 5 mL。

(3)干燥　将盛有沉淀的坩埚置入(120±5)℃干燥箱中,干燥 1.5 h,然后放在干燥器内冷却,称重[注1]。

(4)空白试验　除不加试液外,分析步骤及试剂用量均与上述步骤相同。

7.分析结果的表述

(1)钾含量 ω,以氧化钾(K$_2$O)质量分数(%)表示,按下式计算:

$$\omega = \frac{(m_2 - m_1) \times 0.131\ 4}{m_0 \times (25/250)} \times 100 = \frac{(m_2 - m_1) \times 131.4}{m_0}$$

式中:m_0——试料的质量/g;m_1——空白试验时所得沉淀的质量/g;m_2——试液所得沉淀的质量/g;0.131 4——四苯硼酸钾质量换算为氧化钾质量的系数;25——吸取试样溶液的体积/mL;250——试样溶液的总体积/mL。取平行测定结果的算术平均值作为测定结果。

(2)允许差　平行测定和不同实验室测定结果的允许绝对差值应符合以下要求,如表 3-2所列。

表 3-2　复混肥料中钾含量测定结果的允许绝对差值　　　　　　　　　　%

钾的质量分数 (以 K$_2$O 计)	平行测定允许绝对差值	不同实验室测定允许绝对差值
<10.0	≤0.20	≤0.40
10.0～20.0	≤0.30	≤0.60
>20.0	≤0.40	≤0.80

8.注释

[1]坩埚洗涤时,若沉淀不易洗去,可用丙酮进一步清洗。

❓ 思考与讨论

1.试述复混肥料中总氮含量测定的方法原理。

2.测定复混肥料中总氮含量时,前处理过程、定量过程与土壤全氮测定有何异同?

3.试述复混肥料中有效磷含量测定的方法原理。

4.测定复混肥料中有效磷含量时,用什么作浸提剂?它与化学磷肥测定有何不同?

5.试述复混肥料中全钾含量测定的方法原理,它与化学钾肥的测定方法是一样的吗?

六、有机肥料的测定

▶目的◀

1. 了解有机肥料质量检测的项目及方法。

2. 熟悉有机肥料酸碱度、有机质含量测定的方法。

3. 掌握有机肥料总氮、磷和钾含量测定的方法。

农业废弃物资源带来的环境问题日益突出，只有通过加强对废弃物资源的循环利用才能逐步从根本上解决这一问题。因此，农业秸秆和畜禽养殖废弃物的资源化利用成为热点领域，其中肥料化、饲料化、能源化是最重要的几种利用方式。

传统的有机粪肥中常含大量 $NO_3^- —N$ 和 $NO_2^- —N$，来源不同时养分含量之间差异较大，因此测定其全氮含量时与土壤全氮测定方法相似，需要选用能包括全部 $NO_3^- —N$ 和 $NO_2^- —N$ 的开氏消煮法。回收 $NO_3^- —N$ 和 $NO_2^- —N$ 的方法很多，常用的方法有水杨酸-硫酸-$Na_2S_2O_3$ 法和 $KMnO_4$-还原铁法。前者只适用于较干燥的样品，后者不受样品含水量的影响。

近年国家在农业生产中大力开展化肥减施、有机肥替代行动，将各种农业废弃物经发酵腐熟制成商品有机肥，产品性质较传统有机肥稳定，农业部于 2012 年重新颁布了有机肥料的行业标准（NY 525—2012），以满足市场对有机肥料产品的质量检测需求。

(一)传统有机粪肥中全氮含量的测定

1. $KMnO_4$-还原铁-浓 H_2SO_4 混合加速剂消煮法

(1)方法原理   开氏消煮前，在酸性条件下先用 $KMnO_4$ 将样品中的 $NO_2^- —N$ 氧化成 $NO_3^- —N$，再用还原铁粉将全部 $NO_3^- —N$ 还原成 $NH_4^+ —N$。然后按照开氏法进行消煮，使样品中的有机态氮转化成 $NH_4^+ —N$。消煮液中的 $NH_4^+ —N$ 可用蒸馏法或其他方法测定。

(2)试剂配制

①浓 H_2SO_4（分析纯）。

②还原铁粉（磨细通过 100 目筛）。

③辛醇。

④(1+1)H_2SO_4 溶液。

⑤5% $KMnO_4$ 溶液(m/V)。25 g 高锰酸钾（分析纯）溶于 500 mL 水中，贮存于棕色瓶中。

⑥混合加速剂。100 g K_2SO_4（分析钝）、10 g $CuSO_4·5H_2O$（分析纯）和 1 g 硒粉，在研钵中研细，充分混合均匀。

⑦40% NaOH 溶液(m/V)。200 g NaOH（分析纯）放入大硬质烧杯中，加入约500 mL 水，不断搅动，溶解后转入塑料瓶中，加塞，防止吸收空气中的 CO_2。此液浓度约为 10 mol/L 或 40% NaOH (m/V)。

⑧2% H_3BO_3-指示剂溶液。同土壤全氮测定。

⑨酸标准溶液[c(1/2 H_2SO_4 或 HCl) = 0.01 mol/L][注1]。

（3）操作步骤

①称取样品(1 mm)1.×××× g[注2]，放入 100 mL 消煮管中，加入 1 mL 5% $KMnO_4$ 溶液，摇匀。用吸管缓缓加入 2 mL (1+1) H_2SO_4 溶液，边加边转动消煮管，然后放置 5 min，加入 1 滴辛醇[注3]。通过干的长颈漏斗将 0.5 g 还原铁粉送入消煮管底部，管口盖上小漏斗，转动管使铁粉与酸接触，待激烈反应停止后(约 5 min)，将消煮管缓缓加热约 45 min(管内样液应保持微沸，以不引起大量水分丢失为宜)，停止加热。

②冷却后，加入 1 小匙(约 3.5 g)混合加速剂和 10 mL 浓 H_2SO_4，摇匀后小火加热。等逐去水分反应缓和时加大火力，使消煮液保持微沸。在消煮过程中应间断地转动消煮管，使溅至管壁上的有机质能及时分解。待消煮液全部变为灰白色后，再继续消煮 30～60 min。

③消煮完毕后稍放冷，加水少许，转入 100 mL 容量瓶中，加水定容或直接在消煮管中定容。在样品消煮的同时，做空白试验，除不加样品外，其他操作均与测定样品相同。

④检查蒸馏装置是否漏气和管道是否洁净后，准确吸取 10.00～20.00 mL(含 NH_4^+—N 约 1 mg)定容后的消煮液，放入 250 mL 消煮管中。另取 150 mL 三角瓶，内加入 5 mL 2% H_3BO_3-指示剂溶液，放在冷凝管下端，管口置于 H_3BO_3 液面以上 3～4 cm 处。然后缓缓加入约 8 mL 40% NaOH 溶液，通入蒸汽蒸馏(注意开放冷凝水，勿使馏出液的温度超过 40℃)。待馏出液体积约达 75 mL 时，停止蒸馏，用少量调节至 pH 4.5 的水洗涤冷凝管末端。用装在 10 mL 滴定管中的酸标准溶液滴定馏出液至由蓝绿色突变为紫红色(终点的颜色应和空白试验滴定终点相同)。同时进行空白试验的蒸馏滴定，以校正试剂消煮、蒸馏和滴定等误差。

（4）结果计算

$$\omega(N) = [(V-V_0) \times c \times 0.014\,0/(m \times V_2/V_1)] \times 100$$

式中：$\omega(N)$——样品中全氮的质量分数/%；V——滴定样品馏出液所用标准酸溶液的体积/mL；V_0——滴定空白试验馏出液所用标准酸溶液的体积/mL；c——标准酸溶液的浓度/(mol/L)；m——样品的质量/g；V_1——消煮液定容的体积/mL；V_2——吸取测定的消煮液体积/mL。

2. 水杨酸-浓 H_2SO_4-$HClO_4$ 消煮法

（1）方法原理　样品经含水杨酸(或酚)的浓 H_2SO_4 处理，使 NO_3^-—N 与水杨酸(或酚)反应生成硝基化合物，再用硫代硫酸钠(或锌粉)将硝基化合物还原成氨基化合物。然后按照开氏法进行消煮，使氨基化合物和样品中的有机态氮一起转变成 NH_4^+—N。消煮液中的 NH_4^+—N 可用蒸馏法或其他办法测定。

试样水分含量高时，将阻碍硝基化反应，因此本法只适用于含水量低的样品。开氏消煮可按照 $KMnO_4$-还原铁-浓 H_2SO_4 混合加速剂消煮法进行，本实验选用高氯酸为加速剂，它是一种快速消煮法。

（2）试剂配制

①含水杨酸(或酚)的 H_2SO_4 溶液。32 g 水杨酸[C_6H_4(OH)COOH，分析纯]溶于 1 L 浓 H_2SO_4(分析纯)中，或 40 g 酚(C_6H_5OH，分析纯)溶于 1 L 浓 H_2SO_4 中。

②50%～60%高氯酸。50 mL $HClO_4$(60%～70%，分析纯)加水 10 mL。

③硫代硫酸钠($Na_2S_2O_3 \cdot 5H_2O$，分析纯)或 Zn 粉(分析纯)。

④40% NaOH 溶液(m/V)。

⑤2% H_3BO_3-指示剂溶液

⑥酸标准溶液[$c(1/2\ H_2SO_4$ 或 $HCl)=0.01\ mol/L$]。

(3)操作步骤

①称取风干样品(1 mm)1.××× g,放入 100 mL 消煮管中,加入含水杨酸(或酚)的浓 H_2SO_4 10 mL,摇匀,放置 0.5 h(最好放置过夜)。加入 1.5 g $Na_2S_2O_3 \cdot 5H_2O$ 或 0.5 g 锌粉和 10 mL 水,放置约 10 min,待还原反应完全后,缓缓加热,慎防泡沫溢上瓶颈。

②泡沫停止发生后移下稍冷,加入 50%~60% $HClO_4$ 溶液 5 滴,用小火微沸 5~8 min。如样品液呈黑色或棕色,移下稍冷,再加入 50%~60% $HClO_4$ 溶液 2~3 滴,继续小火微沸 5~8 min。如样品溶液变成白色或灰白色,则表示已消煮完全,否则继续加 $HClO_4$ 和加热,直至样品溶液变白或灰白为止(注意每次加 $HClO_4$ 不可过多,加热温度也不宜太高,以免氮损失)。

③消煮完毕后稍放冷,加水少许,转入 100 mL 容量瓶中,加水定容,或直接在消煮管中定容。此溶液可供全氮、全磷和酸溶性钾的测定之用。在样品消煮的同时,做空白试验。

(4)结果计算　同 $KMnO_4$-还原铁-浓 H_2SO_4 混合加速剂消煮法。

3. 注释

[1]标准酸溶液除用 Na_2CO_3 外也可用硼砂($Na_2B_4O_7 \cdot 10H_2O$,分析纯或优级纯)为标定剂。具体方法详见土壤全氮测定部分。

[2]含氮量高的样品,应减少称样量,新鲜样品应根据含水量高低而酌量增减。

[3]加辛醇的目的是消除泡沫。

(二)有机肥料的测定

本标准(NY 525—2012)适用于以畜禽粪便、动植物残体和以动植物产品为原料加工的下脚料为原料,并经发酵腐熟后制成的有机肥料。本标准不适用于绿肥、农家肥和其他由农民自积自造的有机粪肥。

1. 有机肥料的酸碱度测定——pH 计法

(1)方法原理　试样经水浸泡平衡,直接用 pH 酸度计测定。

(2)试剂配制　pH 为 4.01 标准缓冲液、pH 为 6.87 标准缓冲液、pH 为 9.18 标准缓冲液。配制方法参见土壤 pH 测定部分。

(3)主要仪器设备　分析天平(感量为 0.01 g)、pH 酸度计。

(4)分析步骤　称取过 1 mm 筛的风干有机肥料样品 5.00 g,放入 100 mL 烧杯中,加无 CO_2 的水 50 mL,搅动 15 min,静置 30 min,用 pH 酸度计测定。

(5)允许差　取平行测定结果的算术平均值为最终分析结果,保留一位小数。平行分析结果的绝对差值不大于 0.2 pH 单位。

2. 有机肥料中有机质含量的测定——重铬酸钾容量法

(1)方法原理　用一定量的重铬酸钾—硫酸溶液,在加热条件下,使有机肥料中的有机碳氧化,多余的重铬酸钾用硫酸亚铁标准溶液滴定,同时以二氧化硅为添加物做空白试验。根据氧化前后氧化剂消耗量,计算有机碳含量,乘以系数 1.724,为有机质含量。

(2)试剂配制

①重铬酸钾($K_2Cr_2O_7$)标准溶液$\{c[1/6(K_2Cr_2O_7)] = 0.1\ mol/L\}$。称取经过130℃烘3~4 h的重铬酸钾(基准试剂)4.903 1 g,先用少量水溶解,然后转移入1 L容量瓶中,用水稀释至刻度,摇匀备用。

②重铬酸钾溶液$\{c[1/6(K_2Cr_2O_7)] = 0.8\ mol/L\}$。称取重铬酸钾(分析纯)39.23 g,放入大烧杯中,用量筒量取1 L水,先用少量水溶解,然后稀释至1 L,摇匀备用。

③硫酸亚铁($FeSO_4$)标准溶液$\{c(FeSO_4) = 0.2\ mol/L\}$。称取($FeSO_4 \cdot 7H_2O$)(分析纯)55.6 g,溶于900 mL水中,加浓硫酸20 mL溶解,稀释至1 L,摇匀备用(必要时过滤)。此溶液的准确浓度以0.1 mol/L重铬酸钾标准溶液标定,现用现标定。

$c(FeSO_4) = 0.2\ mol/L$标准溶液的标定:准确吸取0.1 mol/L重铬酸钾标准溶液20.00 mL,放入150 mL三角瓶中,加入浓硫酸3~5 mL和2~3滴邻菲啰啉指示剂,用硫酸亚铁标准溶液滴定。根据硫酸亚铁标准溶液滴定时的消耗量按式(a)计算其准确浓度c。

$$c = \frac{c_1 \times V_1}{V_2} \tag{a}$$

式中:c_1——重铬酸钾标准溶液的浓度/(mol/L);V_1——吸取重铬酸钾标准溶液的体积/mL;V_2——滴定时消耗硫酸亚铁标准溶液的体积/mL。

④邻菲啰啉指示剂。称取硫酸亚铁(分析纯)0.695 g和邻菲啰啉(分析纯)1.485 g溶于100 mL水中,摇匀备用。此指示剂易变质,应密闭保存于棕色瓶中。

⑤浓硫酸($\rho = 1.84$)。

⑥二氧化硅(粉末状)。

(3)主要仪器设备 分析天平(感量为0.000 1 g)、可调电炉或恒温水浴锅。

(4)操作步骤

①称取过1 mm筛的风干试样$0.2 \times \times \times \sim 0.5 \times \times \times$ g(精确至0.000 1 g),置于500 mL三角瓶中,准确加入0.8 mol/L重铬酸钾溶液50.00 mL,充分摇匀,再加入50 mL浓硫酸,缓慢摇动1 min,加一弯颈小漏斗,置于沸水中,待水沸腾后保持30 min,每隔约5 min摇动一次。

②取出冷却至室温,用水冲洗小漏斗,洗液承接于三角瓶中。取下三角瓶,将反应物无损转入250 mL容量瓶中,冷却至室温,用水定容,摇匀。

③准确吸取50.00 mL溶液于250 mL三角瓶内,加水约至100 mL,加2~3滴邻菲啰啉指示剂,用0.2 mol/L硫酸亚铁标准溶液滴定近终点时,溶液由绿色变成暗绿色,再逐滴加入硫酸亚铁标准溶液直至生成砖红色为止。

④称取0.2 g(精确至0.001 g)二氧化硅代替试样,按照相同分析步骤,使用同样的试剂,进行空白试验,每批做2~3个。

⑤如果滴定试样所用硫酸亚铁标准溶液的用量不到空白试验所用硫酸亚铁标准溶液用量的1/3时,则应减少称样量,重新测定。

(5)分析结果的表述

①有机肥料中有机质含量以肥料的质量分数表示,按式(b)计算:

$$\omega(\%) = \frac{c(V_0 - V) \times 0.003 \times 1\ 000 \times 1.5 \times 1.724 \times D}{m \times (1 - X_0)} \tag{b}$$

式中：c——硫酸亚铁标准溶液的摩尔浓度/(mol/L)；V_0——空白试验时，消耗硫酸亚铁标准溶液的体积/mL；V——样品测定时，消耗硫酸亚铁标准溶液的体积/mL；0.003——1/4碳原子的摩尔质量/(g/mol)；1.724——由有机碳换算为有机质的系数；1.5——氧化校正系数；m——风干试样质量/g；X_0——风干试样的含水量；D——分取倍数，定容体积/分取体积，即 250/50＝5。

②允许差。取平行分析结果的算术平均值为测定结果。平行测定结果和不同实验室测定结果的允许绝对差值应符合以下要求，如表 3-3 所列。

表 3-3 有机肥料中有机质含量测定结果的允许绝对差值　　　　　　　　　%

平行测定结果		不同实验室测定结果	
有机质(ω)	允许绝对差值	有机质(ω)	允许绝对差值
≤40	≤0.6	≤40	≤1.0
40～50	≤0.8	40～50	≤1.5
≥55	≤1.0	≥55	≤2.0

3. 有机肥料总氮含量的测定

(1)方法原理　有机肥料中的有机氮经硫酸-过氧化氢消煮，转化为铵态氮。碱化后蒸馏出来的氨用硼酸溶液吸收，以标准酸溶液滴定，计算样品中总氮含量。

(2)试剂配制

①浓硫酸(ρ＝1.84)。

②30%过氧化氢。

③氢氧化钠溶液：质量浓度为 40%溶液(m/V)。称取 40 g 氢氧化钠(分析纯)溶于 100 mL水中。

④2%硼酸溶液(m/V)。称取 20 g 硼酸溶于水中，稀释至 1 L。

⑤定氮混合指示剂。称取 0.5 g 溴甲酚绿和 0.1 g 甲基红溶于 100 mL 95%乙醇中。

⑥硼酸—指示剂混合液。每升 2%硼酸溶液中加入 20 mL 定氮混合指示剂，并用稀酸或稀碱调至紫红色(pH 约4.5)。此溶液放置时间不宜过长，如在使用过程中 pH 有变化，需随时用稀酸或稀碱调节。

⑦硫酸[$c(1/2\ H_2SO_4)＝0.05$ mol/L]或盐酸[$c(HCl)＝0.05$ mol/L]标准溶液。配制和标定，按照 GB/T 601 的规定进行。可使用进行过标定的 0.1×××mol/L 标准酸溶液，准确稀释 2 倍后制得。

以上试剂的具体配制方法可参见土壤全氮测定部分。

(3)主要仪器设备　分析天平(感量为 0.000 1 g)、消煮设备、定氮蒸馏装置或凯氏定氮仪。

(4)操作步骤

①试样溶液制备。

A. 称取过 1 mm 筛的风干试样 0.5×××～1.0×××g(精确至 0.000 1 g)，置于开氏烧瓶底部，用少量水冲洗沾附在瓶壁上的试样，加 5 mL 浓硫酸和 1.5 mL 过氧化氢，小心摇匀，瓶口放一弯颈小漏斗，放置过夜。

B. 在可调电炉上缓慢升温至硫酸冒烟，取下，稍冷后加 15 滴过氧化氢，轻轻摇动开氏烧瓶,加热 10 min,取下,稍冷后再加 5~10 滴过氧化氢并分次消煮,直至溶液呈无色或淡黄色清液后,继续加热 10 min,除尽剩余的过氧化氢。

C.取下稍冷,小心加水至 20~30 mL,加热至沸。取下冷却,用少量水冲洗弯颈小漏斗,洗液收入原开氏烧瓶中。将消煮液移入 100 mL 容量瓶中,加水定容,静置澄清或用无磷滤纸干过滤到具塞三角瓶中,备用。

②空白试验。除不加试样外,试剂用量和操作与测定试样时相同,每批做 2~3 个。

③测定。

A.蒸馏前检查蒸馏装置是否漏气,并进行空蒸馏清洗管道。

B.准确吸取消煮清液 50.00 mL 于蒸馏瓶内,加入 200 mL 水。于 250 mL 三角瓶中加入 10 mL 硼酸-指示剂混合液,承接于冷凝管下端,管口插入硼酸液面中。由筒型漏斗向蒸馏瓶内缓慢加入 15 mL 40％氢氧化钠溶液,关好活塞,加热蒸馏,待馏出液体积约 100 mL,即可停止蒸馏。

C.用 0.05 mol/L 硫酸标准溶液或盐酸标准溶液滴定馏出液由蓝色刚变至紫红色为终点。记录消耗酸标准溶液的体积(mL)。空白测定所消耗酸标准溶液的体积不得超过 0.1 mL,否则应重新测定。

(5)分析结果的表述

①有机肥料的总氮含量以肥料的质量分数表示,按式(c)计算:

$$\omega(N) = \frac{c\,(V - V_0) \times 0.014 \times D \times 100}{m\,(1 - X_0)} \tag{c}$$

式中:$\omega(N)$——有机肥料中的总氮的质量分数/％;c——硫酸或盐酸标准溶液的摩尔浓度/(mol/L);V_0——空白试验时,消耗酸标准溶液的体积/mL;V——样品测定时,消耗酸标准溶液的体积/mL;0.014——氮的摩尔质量/(kg/mol);m——风干试样质量/g;X_0——风干试样的含水量;D——分取倍数,定容体积/分取体积,即 100/50＝2。所得结果应保留至 2 位小数。

②允许差。取 2 个平行测定结果的算术平均值作为测定结果。2 个平行测定结果允许绝对差值应符合以下要求,如表 3-4 所列。

表 3-4　有机肥料总氮含量氮测定结果的允许绝对差值　　　　　　　　％

氮(N)	允许绝对差值
≤0.50	<0.02
0.50~1.00	<0.04
≥1.00	<0.06

4.有机肥料磷含量的测定

(1)方法原理　有机肥料试样采用硫酸—过氧化氢消煮,在一定酸度下,待测液中的磷酸根离子与偏钒酸和钼酸反应形成黄色三元杂多酸。在一定浓度范围 (1~20 mg/L)内,黄色溶液的吸光度与含磷量成正比例关系,用分光光度法定量磷。

(2)试剂配制

①浓硫酸($\rho =1.84$)。

②浓硝酸($\rho = 1.42$)。

③30%过氧化氢。

④钒钼酸铵试剂。

A液:称取 25.0 g 钼酸铵溶于 400 mL 水中。B液:称取 1.25 g 偏钒酸铵溶于 300 mL 沸水中,冷却后加 250 mL 浓硝酸,冷却。在搅拌下将 A 液缓缓注入 B 液中,用水稀释至 1 L,混匀,贮于棕色瓶中。

⑤氢氧化钠溶液。质量浓度为 10% 的溶液(m/V)。

⑥硫酸溶液。体积分数为 5%(V/V)的溶液。

⑦磷标准溶液[ρ(P) $= 50~\mu g/mL$]。称取 0.219 5 g 经 105℃烘干 2 h 的磷酸二氢钾(基准试剂),用水溶解后,转入 1 L 容量瓶中,加入 5 mL 浓硫酸,冷却后用水定容至刻度混匀。该溶液 1 mL 含磷(P)50 μg。

⑧2,4-(或 2,6-)二硝基酚指示剂。质量浓度为 0.2% 的溶液(m/V)。

⑨无磷滤纸。

(3)主要仪器设备 分析天平(感量为 0.000 1 g)、分光光度计。

(4)操作步骤

①试样溶液制备和空白溶液制备。按照有机肥料总氮的测定步骤进行操作。

②校准曲线绘制。准确吸取 50 $\mu g/mL$ 磷标准溶液 0、1.00 mL、2.50 mL、5.00 mL、7.50 mL、10.00 mL、15.00 mL,分别置于 7 个 50 mL 容量瓶中,加入与吸取试样溶液等体积的空白溶液,加水至 30 mL 左右,加 2 滴 2,4-(或 2,6-)二硝基酚指示剂溶液,用 10% 氢氧化钠溶液和 5% 硫酸溶液调节溶液刚呈微黄色,加 10.00 mL 钒钼酸铵试剂,摇匀,用水定容。此溶液为 1 mL 含磷(P)0 μg、1.0 μg、2.5 μg、5.0 μg、7.5 μg、10.0 μg、15.0 μg 的标准溶液系列。在室温 15℃以上条件下放置 20 min 后,在分光光度计波长 440 nm 处用 1 cm 光径比色皿,以空白溶液调节仪器零点,进行比色,读取吸光度。根据磷浓度和吸光度绘制标准曲线或求出直线回归方程。波长的选择可根据磷浓度来进行,如表 3-5 所列。

表 3-5 波长与磷浓度的关系

磷浓度/(mg/L)	波长/nm
0.75～5.5	400
2～15	440
4～17	470
7～20	490

③测定。准确吸取 5.00～10.00 mL 试样待测液(含磷 0.05～1.0 mg)于 50 mL 容量瓶中,加水至 30 mL 左右,与标准溶液系列同条件显色、比色,读取吸光度。

(5)分析结果的表述

①有机肥料的磷含量以肥料的质量分数表示,按式(d)计算:

$$\omega(P_2O_5) = \frac{c_2 \times V_3 \times D \times 2.29 \times 0.000\,1}{m\,(1 - X_0)} \tag{d}$$

式中:$\omega(P_2O_5)$——有机肥料中磷含量的质量分数/%;c_2——由校准曲线查得或由回归方程求得显色液磷浓度/($\mu g/mL$);V_3——显色体积/50 mL;D——分取倍数,定容体积/分取体积/(100/5 或 100/10);m——风干试样质量/g;X_0——风干试样的含水量;2.29——将磷（P）换算成五氧化二磷（P_2O_5）的因数;0.000 1——将 $\mu g/g$ 换算为质量分数的因数。所得结果应保留至 2 位小数。

②允许差。取 2 个平行测定结果的算术平均值作为测定结果。2 个平行测定结果的允许绝对差值应符合以下要求,如表 3-6 所列。

表 3-6　有机肥料磷含量测定结果的允许绝对差值　　　　　　　　　　　%

磷(以 P_2O_5 计)	允许绝对差值
$\leqslant 0.50$	<0.02
$0.50 \sim 1.00$	<0.03
$\geqslant 1.00$	<0.04

5. 有机肥料钾含量的测定

(1)方法原理　有机肥料试样经硫酸—过氧化氢消煮,稀释后用火焰光度法测定。在一定浓度范围内,溶液中钾浓度与发射强度成正比例关系。

(2)试剂配制

①浓硫酸($\rho = 1.84$)。

②30%过氧化氢。

③钾标准贮备溶液[ρ(K) = 1 mg/mL]。称取 1.906 7 g 经 100℃ 烘 2 h 的氯化钾(基准试剂),用水溶解后定容至 1 L。该溶液 1 mL 含钾(K)1 mg,贮于塑料瓶中。

④钾标准溶液[ρ(K) = 100 μg/mL]。吸取 10.00 mL 1 mg/mL 钾(K)标准贮备溶液于 100 mL 容量瓶中,用水定容,此溶液 1 mL 含钾(K)100 μg。

(3)主要仪器设备　分析天平(感量为 0.000 1 g)、火焰光度计。

(4)操作步骤

①试样溶液制备和空白溶液制备。按照有机肥料总氮的测定步骤进行操作。

②校准曲线绘制。准确吸取 100 μg/mL 钾标准溶液 0 mL、1.00 mL、2.50 mL、5.00 mL、7.50 mL、10.00 mL,分别置于 6 个 50 mL 容量瓶中,加入与吸取试样溶液等体积的空白溶液,用水定容。此溶液为 1 mL 含钾(K)0 μg、2.0 μg、5.0 μg、10.0 μg、15.0 μg、20.0 μg 的标准溶液系列。在火焰光度计上,以空白溶液调节仪器零点,以标准溶液系列中最高浓度的标准溶液调节满度至 80 分度处,再依次由低浓度至高浓度测量其他标准溶液,记录仪器示值。根据钾浓度和仪器示值绘制校准曲线或求出直线回归方程。

③测定　准确吸取 5.00 mL 试样溶液于 50 mL 容量瓶中,用水定容。与标准溶液系列同条件在火焰光度计上测定,记录仪器示值。每测量 5 个样品后须用钾标准溶液校正仪器。

(5)分析结果的表述

①有机肥料的钾含量以肥料的质量分数表示,按式(e)计算:

$$\omega(K_2O) = \frac{c_3 \times V_4 \times D \times 1.20 \times 0.000\,1}{m\,(1 - X_0)} \tag{e}$$

式中:$\omega(K_2O)$——有机肥料中钾含量的质量分数/%;c_3——由校准曲线查得或由回归方程求得待测液钾浓度/(μg/mL);V_4——待测液体积/50 mL;D——分取倍数,定容体积/分取体积,即 100/5;m——风干试样质量/g;X_0——风干试样的含水量;1.20——将钾(K)换算成氧化钾(K_2O)的因数;0.000 1——将 $\mu g/g$ 换算为质量分数的因数。所得结果应保留至 2 位小数。

②允许差。取 2 个平行测定结果的算术平均值作为测定结果。2 个平行测定结果的允许绝对差值应符合以下要求,如表 3-7 所列。

表 3-7 　有机肥料钾含量测定结果的允许绝对差值　　　　　　　　　　　　　　%

钾(以 K_2O 计)	允许绝对差值
≤ 0.60	<0.05
0.60～1.20	<0.07
1.20 ～1.80	<0.09
≥1.80	<0.12

?　思考与讨论

1. 有机肥料质量检测的项目有哪些?其相应的测定方法是什么?

2. 有机肥料的酸碱度如何测定?其与土壤 pH 测定有何不同?

3. 有机肥料的有机质含量测定采用什么方法?其与土壤有机质测定方法的异同。

4. 试述有机肥料的总氮、磷和钾含量的测定方法,并比较它们与植物全氮磷钾测定的异同。

第四部分
环境分析

一、环境监测样品的采集

▶**目的**◀
1. 了解环境分析与环境监测的区别。
2. 掌握水样的采集方法与保存方法。
3. 掌握大气样品的采集方法。

环境科学是一门研究环境问题的综合性交叉学科。环境污染按照环境要素可分为大气污染、水体污染和土壤污染；按照污染物的分布范围又可分为全球性污染、区域性污染和局部性污染。

当环境受到污染后，为了寻找环境质量变化的原因，以基本化学物质的定性、定量分析为基础研究污染物的性质、来源、含量水平及其分布状态，这就是环境分析。在一段时间内，间断或连续地测量环境中的污染物的能量、污染的强度、跟踪其变化情况及对环境产生影响的过程，即为环境监测。环境分析和环境监测并无截然的分界线，故有时统称为环境监测分析。环境监测的目的是及时、准确、全面地反映环境质量现状及发展趋势，为环境管理、污染源控制、环境规划、环境评价提供科学依据。环境监测按照监测目的和性质可分为 3 类：研究性监测、监视性监测和特殊目的监测。

环境监测以环境中的污染物为对象，具有种类多、浓度低、分布广泛、价态和形态多样、动态变化等特点，开展监测工作时应遵循"优先监测"的原则，筛选出关键的监测对象，通过科学、正确的方法采集监测样品，然后使用可靠的测试手段和有效的分析方法，获得准确、可靠、有代表性的数据，为污染物控制与治理工作提供科学依据。

土壤环境监测的目的主要是为开展土壤环境质量监测、土壤背景值调查、土壤污染监测、土壤污染事故监测等，具有复杂性、监测频次低的特点，并与植物存在关联性，监测项目可参考《土壤环境质量标准 农用地土壤污染风险管控标准（试行）》（GB 15618—2018），样品的采集方法可参考土壤分析相关内容。本文简要介绍水体监测样品和大气监测样品的采集方法，并选取与资源环境本科专业相关的部分环境监测内容展开介绍。

（一）水样的采集与保存

水体污染指由于人类的生活和生产活动，将大量未经处理的工业废水、生活污水、农业回流水及其他废弃物直接排入环境水体，造成水质恶化。水体污染分为化学污染型、物理污染型和生物污染型。水质监测通常包括环境水体监测和水污染源监测，环境水体包括地表水（江河湖海、水库等）和地下水；水污染源包括工业废水、生活废水、医院污水、农业畜禽养殖废水等。

1. 水样的采集

采集具有代表性的水样是水质监测的关键环节。分析结果的准确性首先依赖于样品的采集和保存，这需要通过选择合理的采样位置、采样时间和科学的采集技术来实现。

①对河流、湖库等天然水体监测时，首先，需要根据实际情况先设置相应的监测断面，并布

置采样点。采样点的数量和位置与水面宽度和水深有关,相关要求详见《水质采样方案设计技术规定》(HJ 495—2009)。其次,在某一时间和地点,直接从水体中随机采集水样。采样容器可用桶、瓶等直接采取,也可以参照环境监测中使用的专业采样器,如简易采水器(图 4-1)、深层采水器、急流采样器等(图 4-2)。采样器须先用采集水样洗涤 3 次,然后将其放入水面以下 30~50 cm 处采样,采样后立即加塞塞紧,避免接触空气。这种方法适用于水体流量和水质相对稳定的水体。当水体流量和水质发生变化时,可以不同时间、多点取样,以了解水质变化规律。

应注意在有些天然水体中,某些成分的分布很不均匀,如油类或悬浮固体;某些成分在放置过程中易发生变化,如溶解氧或硫化物。这时必须单独采集水样,分别进行现场固定和后续分析。需要单独采样的指标包括 pH、溶解氧、硫化物、有机物、细菌学指标、余氯、化学需氧量、生化需氧量、油脂类、悬浮物、放射性和其他可溶性气体等。

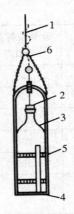

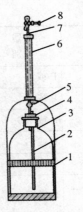

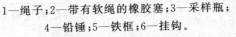

1—绳子;2—带有软绳的橡胶塞;3—采样瓶;
4—铅锤;5—铁框;6—挂钩。

图 4-1　简易采水器

1—铁框;2—长玻璃管;3—采样瓶;4—橡胶塞;
5—短玻璃管;6—钢管;7—橡胶管;8—夹子。

图 4-2　急流采水器

(引自:奚旦立,孙裕生. 环境监测. 4 版. 北京:高等教育出版社,2010.)

②对地下水的采集,在每次采样前需用水泵将监测井内原有的积水全部抽走,待新水重新补充后再采样进行测定。采样深度控制在距地下水水面 0.5 m 以下为好。人工取样时,放入或提出采水器时动作要轻、慢,尽量不要搅动井水,以免混入井底和井壁的杂质而污染水样。

③对于水污染源的监测,应先了解现状并进行现场调研,查明用水情况、废水和污水的类型、主要污染物及排污去向和排放量、废水处理情况等,然后进行综合分析,确定监测项目、监测点位,选定采样时间和频率、采样和监测方法及技术,通常一般在工厂排污口处设点取样检测。

④采样时必须认真做好记录。每个样品瓶上都应贴上标签,填写清楚采样点编号、采样日期和时间、测定项目等。采样容器要塞紧瓶塞,必要时还要密封。

2. 水样的保存

①水样采集后必须尽快运到实验室进行测定,一般应控制在 24 h 内完成运输。受环境条件的改变、微生物活动和物理、化学作用的影响,会引起某些水质指标的变化,因此,有些项目建议尽量在现场直接测定,如水温、pH、电导、溶解氧 DO、氧化还原电位 Eh、浊度等。

②对不能现场测定或及时运输的样品,要采取适当的保存措施。具体措施包括:A.冷藏(2～5℃)与冷冻(−18～−22℃),以抑制微生物活动、减缓物理作用和化学反应速率。B.过滤与离心分离。浑浊的水样不仅影响分析结果,还会加速水样的变化。如测定溶解态组分,可根据测试项目要求,选择0.45 μm微孔滤膜、普通滤纸、砂芯漏斗、玻璃纤维或聚四氟乙烯过滤器,也可通过离心方法进行分离。用自然沉降方法取上清液测定可滤态物质是不妥当的。C.调节pH。将水样pH调节为酸性,可抑制微生物活动,防止金属离子的水解,减少容器壁对金属的吸附;调节pH为碱性,可防止氰化物挥发损失。D.加入化学保存剂,如生物抑制剂$HgCl_2$、$CuSO_4$、三氯甲烷等,固定剂醋酸锌,氧化剂HNO_3、$K_2Cr_2O_7$,还原剂抗坏血酸、硫代硫酸钠等。值得注意的是,加入的保存剂不能干扰以后的测定,保存剂应用优级纯试剂配制,同时要做相应的空白试验,以校正试剂误差。水质监测项目可根据不同环境标准加以选择,表4-1列出了部分水样的保存方法和保存期,供参考。

表 4-1 水样的保存方法及采样容器

测定项目	容器类别	保存方法	可保存时间	最少采样量/mL	备注
pH	P 或 G		12 h	250	尽量现场测定
浊度/色度	P 或 G		12 h	250	尽量现场测定
电导率	P 或 BG		12 h	250	尽量现场测定
酸度	P 或 G	1～5℃暗处	30 d	500	
碱度	P 或 G	1～5℃暗处	12 h	500	
硬度	P 或 G	1 L 水样中加浓 HNO_3 10 mL 酸化	14 d	250	
气味	G	1～5℃冷藏	6 h	500	大量测定可带离现场
悬浮物	P 或 G	1～5℃暗处	14 d	500	
溶解性固体/总固体(总残渣、干残渣)	P 或 G	1～5℃冷藏	24 h	100	
溶解氧	溶解氧瓶	碘量法加 1 mL 1 mol/L 硫酸锰和 2 mL 1 mol/L 碱性碘化钾	24 h	500	现场固定氧
五日生化需氧量	溶解氧瓶	1～5℃暗处冷藏	12 h	250	
化学需氧量	G	用 H_2SO_4 酸化,pH≤2	2 d	500	
高锰酸盐指数	G	1～5℃暗处冷藏	2 d	500	尽快分析
氨氮	P 或 G	用 H_2SO_4 酸化,pH≤2	24 h	250	
硝酸盐氮	P 或 G	1～5℃冷藏	24 h	250	
	P 或 G	用 HCl 酸化,pH 1～2	7 d	250	
凯氏氮	P 或 BG	用 H_2SO_4 酸化,pH 1～2,1～5℃避光	1 个月	250	

续表 4-1

测定项目	容器类别	保存方法	可保存时间	最少采样量/mL	备注
总氮	P 或 G	用 H_2SO_4 酸化,pH 1～2	7 d	250	
溶解磷酸盐/溶解性正磷酸盐	P 或 G 或 BG	1～5℃冷藏	1个月	250	采样时现场过滤
总磷/总正磷酸盐	P 或 G	用 H_2SO_4 酸化,HCl 酸化至 pH≤2	24 h	250	
余氯	P 或 G	避光	5 min	500	最好在采集后 5 min 内现场分析
氯化物	P 或 G		1个月	100	
硫酸盐	P 或 G	1～5℃冷藏	1个月	200	
钙/镁/铁/锰	P 或 G	1 L 水样中加浓 HNO_3 10 mL 酸化	14 d	250	
钾/钠/铜/锌/硼	P	1 L 水样中加浓 HNO_3 10 mL 酸化	14 d	250	
总铁	P 或 BG	用 HNO_3 酸化,pH 1～2	1个月	100	
六价铬	P 或 G	NaOH,pH 8～9	14 d	250	
铬	P 或 G	1 L 水样中加浓 HNO_3 10 mL 酸化	1个月	100	
铅	P 或 G	HNO_3,1%,如水样为中性,1 L 水样中加浓 HNO_3 10 mL	14 d	250	
汞	P 或 G	HCl,1%,如水样为中性,1 L 水样中加浓 HCl 10 mL	14 d	250	
砷	P 或 G	1 L 水样中加浓 HNO_3 10 mL(DDTC 法,HCl 2 mL)	14 d	250	
镉	P 或 G	1 L 水样中加浓 HNO_3 10 mL 酸化	14 d	250	
有机氯	P 或 G	水样充满容器。用 HNO_3 酸化,pH 1～2,1～5℃避光保存	5 d	1 000	
有机磷	G 或 P	1～5℃冷藏	萃取 5 d	1 000～3 000	萃取应在采样后 24 h 内完成
细菌总数/大肠菌总数/粪大肠菌数	G	1～5℃冷藏		1 000	尽快测定

注:①该表引自 HJ 493—2009。②P 为聚乙烯瓶(桶)、G 为硬质玻璃瓶、BG 为硼硅酸盐玻璃瓶。

（二）大气样品的采集

大气污染监测是指对大气污染物的发生、迁移以及相互作用的时空变化过程进行系统的监视测定。大气污染物主要包括颗粒污染物和气态污染物两大类。固体颗粒污染物多指粒径为 $0.01\sim100\ \mu m$ 的液体和固体微粒，是一个复杂的非均相体系，特别是 $<10\ \mu m$ 的可吸入颗粒物对人体的危害极大。气态污染物主要包括 SO_2、CO、氮氧化物（NO、NO_2 等）、臭氧等，还有某些蒸气态液体或固体（如汞、苯、丙烯醛等）以及多种气溶胶。

与土壤、水体污染不同，大气污染物受气象条件，如风向、风速、大气湍流、大气稳定度等影响大，具有随时间、空间变化大的特点，因此，监测布点时应兼顾代表性与可行性。

1.大气污染监测布点

（1）监测布点原则　①应能控制整个监测区，即在监测区内，大气污染物浓度高、中、低与对照（清洁）都应分配适当的监测点。②按污染轻重，区别布点。即在重污染区适当增设采样点，而在污染相对较轻区域，可酌情减少布点。③有特殊任务的监测点，应按特殊要求布点。

（2）布点方法　常用的布点方法有以下几种（图4-3）：①针对孤立污染源，可采用扇形布点法。②针对污染源集中，可采用同心圆布点法。③在受各种污染源综合污染的平原地区，可采用网格布点法。④对于区域性常规监测，也可以按照功能区划分布设采样点，同时设置 $1\sim2$ 个对照点。

扇形布点法
（孤立源的情况下）　　同心圆布点法
（多个污染源集中的情况下）　　网格布点法

风向

图 4-3　大气监测布点方法

2.大气采样的方法

（1）直接采样法　它是将采集的气样直接进样分析，常用于污染浓度高，分析方法灵敏，用样量少的情况，可用塑料袋、注射器、采样管、真空瓶等。

（2）浓缩采样法　它是利用吸收剂吸收或冷凝方法采集大气样品，对大气污染物具有浓缩作用，故叫浓缩采样法，可用液体吸收法、固体阻留法或低温冷凝法。

用于大气采样的仪器种类和型号颇多，但它们的基本构造相似，一般由收集器、流量计和采样动力3部分组成（图4-4）。大气样品采集时应保证最小采气体积，以满足检测结果准确度的最低要求。

3.大气污染监测注意事项

（1）采样时间　它指每次采样所需时间长短。

（2）采样频率 它指在一定时间（1 d、1 个月或 1 年）采样的次数。例如，SO_2、NO_x 的监测，采样时间和频率为隔日采样，每次采样连续 24 h，每月有 14～16 d，每年 12 个月进行监测。总悬浮物则隔双日采样，每次连续 24 h，每月监测 5～6 d，每年 12 个月均进行监测。降尘量为每月连续采样，全年进行监测。城市大气质量状况为每日监测和评价。

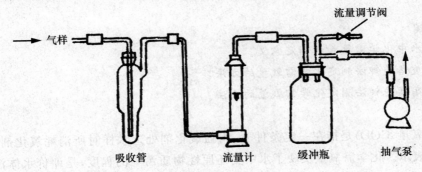

图 4-4 气体采样系统

❓ **思考与讨论**

1. 环境监测与环境分析有何不同？环境监测对象有哪些？

2. 水体污染有哪几类？水质监测工作包括哪两个方面？

3. 试比较不同水体的采样方法。

4. 水样如何保存？应注意哪些问题？

5. 大气污染物有哪些？如何布置采样点？

6. 大气采样方法有几种？应注意哪些问题？

二、水中化学需氧量(COD)的测定

▶目的◀

1. 了解水中化学需氧量的测定意义。

2. 掌握重铬酸钾法测定化学需氧量的方法。

3. 掌握高锰酸钾法测定化学需氧量的方法。

化学需氧量(COD)是指在一定条件下,用强氧化剂处理水样时所消耗氧化剂的量,以氧的 mg/L 来表示。化学需氧量反映了水中受还原性物质污染的程度,是评价水体污染程度的重要指标之一。

水中还原性物质包括有机物、亚硝酸盐、亚铁盐、硫化物等,测定时 COD 受加入氧化剂的种类及浓度、反应溶液的酸度、反应温度和时间以及催化剂的有无而获得不同的结果。因此,化学需氧量也是一个条件性指标,必须严格按照操作步骤进行。

常用的氧化剂主要有高锰酸钾和重铬酸钾,重铬酸钾法适用于污染程度较高的工业污水的测定,而高锰酸钾法的消解能力相对差一些,适用于轻度污染的水体测定。近年来常用 COD 仪器进行大批量样品的快速测定。

(一)重铬酸钾法(COD_{Cr})

1. 方法原理

在强酸性溶液中,一定量的重铬酸钾将水样中的还原性物质(主要是有机物)氧化,其氧化作用按下列反应式进行:

$$Cr_2O_7^{2-} + 14H^+ + 6e \longrightarrow 2Cr^{3+} + 7H_2O$$

加入硫酸银作为催化剂,促进不易氧化的链烃氧化,过量的重铬酸钾以试亚铁灵作指示剂,用硫酸亚铁铵标准溶液回滴:

$$Cr_2O_7^{2-} + 14H^+ + 6Fe^{2+} \longrightarrow 6Fe^{3+} + 2Cr^{3+} + 7H_2O$$

根据所消耗的重铬酸钾量计算出水样的化学需氧量。用 0.25 mol/L 浓度的重铬酸钾溶液可测定大于 50 mg/L 的 COD 值。用 0.025 mol/L 浓度的重铬酸钾可测定 5～50 mg/L 的 COD 值,但准确度较差。

2. 主要仪器设备

回流装置:24 mm 或 29 mm 标准磨口 500 mL 全玻璃回流装置;球形冷凝器,长度为 30 cm(图 4-5)。

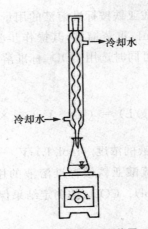

图 4-5　加热回流装置

3. 试剂配制

①重铬酸钾标准溶液 $c(1/6\ K_2Cr_2O_7) = 0.2500\ mol/L$。称取预先在 120℃烘干 2 h 的重铬酸钾(基准或优级纯)12.258 g 溶于水中,移入 1 000 mL 容量瓶,稀释至标线,摇匀。

②试亚铁灵指示剂。称取 1.485 g 邻菲啰啉($C_{12}H_8N_2 \cdot H_2O$,分析纯),0.695 g 硫酸亚铁($FeSO_4 \cdot 7H_2O$,分析纯)溶于水中,稀释至 100 mL,贮于棕色瓶内。

③硫酸亚铁铵标准溶液 $c[(NH_4)_2Fe(SO_4)_2 \cdot 6H_2O] = 0.1\ mol/L$[注1]。称取 39.5 g 硫酸亚铁铵(分析纯)溶于水中,边搅拌边缓慢加入 20 mL 浓硫酸,冷却后移入 1 000 mL 容量瓶中,加水稀释至标线,摇匀。临用前,用重铬酸钾标准溶液标定,标定方法如下:准确吸取 10.00 mL 重铬酸钾标准溶液于 500 mL 锥形瓶中,加水稀释至 100 mL 左右,缓慢加入 30 mL 浓硫酸,混匀。冷却后,加入 3 滴试亚铁灵指示液,用硫酸亚铁铵溶液滴定溶液的颜色由黄色经蓝绿色至红褐色即为终点,按照以下公式计算:

$$c[(NH_4)_2Fe(SO_4)_2 \cdot 6H_2O] = 0.2500 \times \frac{10.00}{V}$$

式中:c——硫酸亚铁铵标准溶液的浓度/(mol/L);V——硫酸亚铁铵标准溶液滴定的用量/mL。

④硫酸-硫酸银溶液。于 2 500 mL 的浓硫酸中加入 25 g 硫酸银(分析纯),放置 1~2 d,不时摇动溶解(如无 2 500 mL 容器,可在 500 mL 浓硫酸中加入 5 g 硫酸银)。

⑤硫酸汞(分析纯,结晶或粉末)。

4. 操作步骤

①取 20.00 mL 混合均匀的水样(或适量水样稀释至 20.00 mL)[注2],置于 500 mL 磨口锥形瓶中,加入 0.5 g 硫酸汞[注3]和 5 mL 浓硫酸,摇匀。准确加入 10.00 mL 重铬酸钾标准溶液[$c(1/6\ K_2Cr_2O_7) = 0.2500\ mol/L$][注4],慢慢加入 30 mL 硫酸-硫酸银溶液,轻轻摇动锥形瓶使溶液混匀,加数粒玻璃球(以防爆沸),加热回流 2 h[注5][注6]。

②冷却后,先用少许水冲洗冷凝器壁,然后取下锥形瓶,用水稀释,总体积不得少于 140 mL,否则因酸度太大,滴定终点不明显。溶液再度冷却后,加 3 滴试亚铁灵指示剂,用硫酸亚铁铵标准溶液{$c[(NH_4)_2Fe(SO_4)_2 \cdot 6H_2O] = 0.1\ mol/L$}[注4]滴定,溶液的颜色由黄色经

蓝绿色至红褐色即为终点,记录硫酸亚铁铵标准溶液的用量。

③测定水样的同时,以 20.00 mL 重蒸馏水,其操作步骤和水样相同作空白试验。此外,为保证测定的准确度,每批样品中可同时选用 COD_{Cr} 标准溶液($\rho = 500$ mg/L)进行测定[注7]。

5.结果计算[注8]

$$COD\ (O_2,mg/L) = (V_0 - V_1) \times c \times 8 \times \frac{1\ 000}{V}$$

式中:c——硫酸亚铁铵标准溶液的浓度/(mol/L);V_0——滴定空白时硫酸亚铁铵标准溶液的用量/mL;V_1——滴定水样时硫酸亚铁铵标准溶液的用量/mL;V——水样的体积/mL;8——氧($1/2$ O)的摩尔质量/(g/mol)。COD_{Cr} 的测定结果保留至 3 位有效数字。

6.注释

[1]在每次实验时,应对硫酸亚铁铵标准溶液进行标定。在室温较高时,尤其应注意其浓度的变化。

[2]水样取用体积可为 10.00～50.00 mL,但试剂用量及浓度需按表 4-2 进行相应调整,也可得到满意的结果。

表 4-2　水样取用量和试剂用量

水样体积/mL	0.250 0 mol/L $K_2Cr_2O_7$ 液	H_2SO_4-Ag_2SO_4 溶液/mL	$HgSO_4$/g	$FeSO_4(NH_4)_2SO_4$/(mol/L)	滴定前总体积/mL
10.00	5.00	15	0.2	0.050	70
20.00	10.00	30	0.4	0.100	140
30.00	15.00	45	0.6	0.150	210
40.00	20.00	60	0.8	0.200	280
50.00	25.00	75	1.0	0.250	350

[3]使用 0.4 g 硫酸汞配合氯离子的最高量可达 40 mg。如果氯离子浓度更高,应补加硫酸汞,以使硫酸汞与氯离子的重量比为 10:1。若氯离子浓度较低,也可少加硫酸汞。若出现少量氯化汞沉淀,并不影响测定。当水样中氯离子的含量超过 1 000 mg/L 时,则需要按其他方法处理。

[4]对于化学需氧量小于 50 mg/L 的水样,应改用 $c(1/6\ K_2Cr_2O_7) = 0.025\ 00$ mol/L 重铬酸钾标准溶液。回滴时用 $c[(NH_4)_2Fe(SO_4)_2 \cdot 6H_2O] = 0.01$ mol/L 硫酸亚铁铵标准溶液。

[5]回流时如溶液颜色变绿,说明水样的化学需氧量太高,需将水样适当稀释后重新测定。

[6]水样加热回流后,溶液中重铬酸钾剩余量应为加入量的 $1/5～4/5$。

[7]用邻苯二甲酸氢钾标准溶液检查试剂的质量和操作技术时,由于每克邻苯二甲酸氢钾的理论 COD_{Cr} 为 1.176 g,所以溶解 0.425 1 g 邻苯二甲酸氢钾($HOOCC_6H_4COOK$)于重蒸馏水中,转入 1 000 mL 容量瓶,用重蒸馏水稀释至标线,使之成为 500 mg/L 的 COD_{Cr} 标准溶液,用时新配。

[8]精密度和准确度:6 个实验室分析 COD 为 150 mg/L 的邻苯二甲酸氢钾统一分发标准溶液,实验室内相对标准偏差为 4.3%;实验室间相对标准偏差为 5.3%。

(二)高锰酸钾法(COD_Mn)

高锰酸盐指数即指化学需氧量的高锰酸钾法,是指在酸性或碱性介质中,以高锰酸钾为氧化剂,处理水样时所消耗的量,以氧的 mg/L 来表示,常被作为地表水体受有机污染物和还原性无机物质污染程度的综合指标。

1. 酸性法

(1)方法原理 水样加入硫酸使呈酸性后,加入一定量的高锰酸钾溶液,并在沸水浴中加热反应一定时间。剩余的高锰酸钾,用草酸钠溶液还原并加入过量,再用高锰酸钾溶液回滴过量的草酸钠,通过计算求出高锰酸盐指数值。

高锰酸盐指数是一个相对的条件性指标,其测定结果与溶液的酸度、高锰酸盐浓度、加热温度和时间有关。因此,测定时必须严格遵守操作规定,使结果具有可比性。酸性法适用于氯离子含量不超过 300 mg/L 的水样。

(2)主要仪器设备 沸水浴装置、250 mL 锥形瓶、50 mL 酸式滴定管、定时钟。

(3)试剂配制

①高锰酸钾贮备液 c (1/5 KMnO_4) = 0.1 mol/L。称取 3.2 g 高锰酸钾溶于 1.2 L 水中,加热煮沸,使体积减少到约 1 L,在暗处放置过夜,用 G-3 玻璃砂芯漏斗过滤后,滤液贮于棕色瓶中保存。使用前用 0.100 0 mol/L 草酸钠标准贮备液标定,求得实际浓度。

②高锰酸钾使用液 c (1/5 KMnO_4) = 0.01 mol/L。吸取一定量的上述高锰酸钾贮备液,用水稀释至 1 000 mL,并调节至 0.01 mol/L 准确浓度,贮于棕色瓶中,使用当天应进行标定。

③(1+3)硫酸。配制时趁热滴加高锰酸钾溶液至呈微红色。

④草酸钠标准贮备液 c (1/2 Na_2C_2O_4) = 0.100 0 mol/L。称取 0.670 5 g 在 105~110℃ 烘干 1 h 并冷却的草酸钠(优级纯)溶于水,转入 100 mL 容量瓶中,用水定容。

⑤草酸钠标准使用液 c (1/2 Na_2C_2O_4) = 0.010 00 mol/L。准确吸取 10.00 mL 上述草酸钠标准贮备液,转入 100 mL 容量瓶中,用水定容。

(4)操作步骤

①分取 100 mL 混匀水样[注1](如高锰酸盐指数高于 10 mg/L,则酌情少取,并用水稀释至 100 mL)于 250 mL 锥形瓶中。加入 5 mL(1+3)硫酸,混匀。加入 10.00 mL 高锰酸钾溶液[c (1/5 KMnO_4) = 0.01 mol/L],摇匀,立即放入沸水浴中加热 30 min(从水浴重新沸腾起计时)[注2],沸水浴液面要高于反应溶液的液面。

②取下锥形瓶,趁热加入 10.00 mL 草酸钠标准溶液[c (1/2 Na_2C_2O_4) = 0.010 00 mol/L],摇匀,立即用 0.01 mol/L 高锰酸钾溶液滴定至显微红色[注3],记录高锰酸钾溶液消耗量。

③高锰酸钾溶液浓度的标定:将上述已滴定完毕的溶液加热至约 70℃,准确加入 10.00 mL 草酸钠标准溶液[c (1/2 Na_2C_2O_4) = 0.010 00 mol/L],再用 0.01 mol/L 高锰酸钾溶液滴定至显微红色。记录高锰酸钾溶液的消耗量,按下式求得高锰酸钾溶液的校正系数(K)。

$$K = 10.00/V$$

式中:V——高锰酸钾溶液消耗量/mL。若水样经稀释时,应同时另取 100 mL 水,同水样操作步骤进行空白试验。

（5）结果计算[注4]

①水样不经稀释。

$$COD_{Mn}(O_2, mg/L) = \frac{[(10+V_1)K-10]\times M\times 8\times 1\,000}{100}$$

式中：V_1——滴定水样时，高锰酸钾溶液的消耗量/mL；K——校正系数；M——草酸钠溶液浓度/（mol/L）；8—氧（1/2 O）摩尔质量/（g/mol）。

②水样经稀释。

$$COD_{Mn}(O_2, mg/L) = \frac{[(10+V_1)K-10]-\{[(10+V_0)K-10]\times C\}\times M\times 8\times 1\,000}{V_2}$$

式中：V_0——空白试验中高锰酸钾溶液消耗量/mL；V_2——分取水样量/mL；C——稀释的水样中含水的比值，例如，10.00 mL 水样，加 90 mL 水稀释至 100 mL，则 $C=0.90$。

（6）注释

[1]水样采集后，应加入硫酸使 pH 调至＜2，以抑制微生物活动。样品应尽快分析，并在 48 h 内测定。

[2]在水浴中加热完毕后，溶液仍应保持淡红色，如变浅或全部褪去，说明高锰酸钾的用量不够。此时，应将水样稀释倍数加大后再测定，使加热氧化后残留的高锰酸钾为其加入量的 1/2～1/3 为宜。

[3]在酸性条件下，草酸钠和高锰酸钾的反应温度应保持在 60～80℃，所以滴定操作必须趁热进行。若溶液温度过低，需适当加热。

[4]精密度和准确度：5 个实验室分析高锰酸盐指数为 4.0 mg/L 的葡萄糖标准溶液，实验室内相对标准偏差为 4.2%；实验室间相对标准偏差为 5.2%。

2. 碱性法

当水样中氯离子浓度高于 300 mg/L 时，应采用碱性法。

（1）方法原理　在碱性溶液中，加一定量高锰酸钾溶液于水样中，加热一定时间以氧化水中的还原性无机物和部分有机物。加酸酸化后，用草酸钠溶液还原剩余的高锰酸钾并加入过量，再以高锰酸钾溶液滴定至微红色。

（2）主要仪器设备　同酸性法。

（3）试剂配制　50% 氢氧化钠，其余同酸性法。

（4）操作步骤

①分取 100 mL 混匀水样（或酌情少取，用水稀释至 100 mL）于 250 mL 锥形瓶中，加入 0.5 mL 50% 氢氧化钠溶液，加入 10.00 mL 高锰酸钾溶液{$c(1/5\ KMnO_4)=0.01\ mol/L$}，摇匀。将锥形瓶放入沸水浴中加热 30 min（从水浴重新沸腾起计时），沸水浴的液面要高于反应溶液的液面。取下锥形瓶，冷却至 70～80℃，加入（1+3）硫酸溶液 5 mL 并保持溶液呈酸性，加入 10.00 mL 的草酸钠标准溶液[$c(1/2\ Na_2C_2O_4)=0.010\,00\ mol/L$]，摇匀，迅速用 0.01 mol/L 高锰酸钾溶液回滴至溶液呈微红色为止。

②高锰酸钾溶液校正系数的测定与酸性法相同。

（5）结果计算[注1]　同酸性法。

（6）注释

[1]精密度和准确度：3 个实验室分析高锰酸盐指数为 4.0 mg/L 的葡萄糖标准溶液，实验

室内相对标准偏差为 4.0%;实验室间相对标准偏差为 6.3%。

(三)利用 COD 消解仪测定化学需氧量

1. 方法原理

同重铬酸钾法。

2. 主要仪器设备

COD 消解仪如图 4-6 所示。

图 4-6　COD 消解仪

3. 试剂配制

①消化液。10.216 g 重铬酸钾(分析纯),17.0 g 硫酸汞(分析纯),250 mL 浓硫酸(分析纯),加水至 1 000 mL(先加 500 mL 水将固体溶解,再加浓硫酸,最后稀释至 1 L)。

②催化液。10.7 g 硫酸银(分析纯)加至 1 L 浓硫酸(分析纯)中。

③硫酸亚铁铵标准溶液 $c\left[(NH_4)_2Fe(SO_4)_2 \cdot 6H_2O\right] = 0.035$ mol/L 。13.72 g 硫酸亚铁铵(分析纯),20 mL 浓硫酸,加水稀释至 1 L,使用时进行标定。

④重铬酸钾标准溶液 $c\,(1/6\,K_2Cr_2O_7) = 0.050\,00$ mol/L。2.451 6 g 重铬酸钾(分析纯,经 105℃烘干)溶于水中,移入 1 000 mL 容量瓶,稀释定容至标线,摇匀。

⑤试亚铁灵指示剂。同重铬酸钾法的指示剂。

4. 操作步骤

①连接 COD 消解仪,并打开电源,150/ADJ 设置温度为 150℃。

②加热至 150℃。

③取水样 2.50 mL(COD 大于 900 mg/L 时要稀释),放入专用消化玻璃管中。

④加入消化液 1.50 mL,催化液 3.50 mL,不要摇混。

⑤玻璃管口用 TEFLON(聚四氟乙烯材料)封口,加盖盖紧,摇匀,放入已升温至 150℃的 COD 仪中加热消化 2 h(定时 120 min)。

⑥关闭电源,取出玻璃管,冷却至室温,将玻璃管中溶液倒入 100 mL 锥形瓶中,用蒸馏水清洗并倒入锥形瓶中至约 40 mL。

⑦加指示剂 1~2 滴,用硫酸亚铁铵标准溶液滴定至褐红色。

⑧同样方法做空白样品测定。

⑨硫酸亚铁铵标准溶液需要每天标定{取 5 mL 蒸馏水,加浓硫酸 3 mL,加重铬酸钾标准溶液[c（1/6 $K_2Cr_2O_7$）= 0.050 00 mol/L] 5.00 mL,稀释至约 40 mL。加试亚铁灵指示剂 1～2 滴,用硫酸亚铁铵标准溶液滴定至褐红色}。

5. 结果计算

$$c_{硫酸亚铁铵} = 0.050\ 00 \times \frac{5.00}{V_{标定用量}}$$

$$COD_{Cr}(O_2, mg/L) = (V_0 - V_1) \times c \times 8 \times \frac{1\ 000}{V}$$

式中:c——硫酸亚铁铵标准溶液的浓度/(mol/L);V_0——滴定空白时硫酸亚铁铵标准溶液的用量/mL;V_1——滴定水样时硫酸亚铁铵标准溶液的用量/mL;V——水样的体积/mL;8——氧(1/2 O)的摩尔质量/(g/mol)。

思考与讨论

1. 什么是化学需氧量？常用的测定方法有哪些？
2. 试述重铬酸钾法测定化学需氧量的方法原理。
3. 试述高锰酸钾法测定化学需氧量的方法原理。
4. 测定水中化学需氧量时,重铬酸钾法和高锰酸钾法各有什么特点？如何选择？

三、生化需氧量（BOD₅）的测定

▶目的◀
1. 了解水中生化需氧量的测定意义。
2. 掌握生化需氧量测定的方法。

生活污水与工业废水中含有大量各类有机物。当其污染水域后，这些有机物在水体中分解时要消耗大量溶解氧，从而破坏水体中氧的平衡，使水质恶化。水体因缺氧造成鱼类及其他水生生物的死亡。水体中所含的有机物成分复杂，难以一一测定其成分。人们常常利用水中有机物在一定条件下所消耗的氧量来间接表示水体中有机物的含量，生化需氧量即属于这一类指标，也是反映水体污染程度的重要综合指标之一，其经典的测定方法是稀释接种法。

(一)方法原理

生化需氧量是指在规定条件下，微生物分解存在水中的某些可氧化物质、特别是有机物所进行的生物化学过程中消耗溶解氧的量。此生物氧化全过程进行的时间很长，如在 20℃ 培养时，完成此过程需 100 多天。目前国内外普遍规定于（20±1）℃ 培养 5 d±4 h，分别测定样品培养前后的溶解氧，二者之差即为 BOD_5 值，以氧的 mg/L 表示。

对某些地面水及大多数工业废水，因含较多的有机物，需要稀释后再培养测定，以降低其浓度和保证有充足的溶解氧。稀释的程度应使培养中所消耗的溶解氧大于 2 mg/L，而剩余溶解氧在 1 mg/L 以上。为了保证水样稀释后有足够的溶解氧，稀释水通常要通入空气进行曝气（或通入氧气），使稀释水中溶解氧接近饱和。稀释水中还应加入一定量的无机营养盐和缓冲物质（磷酸盐、钙、镁和铁盐等），以保证微生物生长的需要。

对于不含或少含微生物的工业废水，其中包括酸性废水、碱性废水、高温废水或经过氯化处理的废水，在测定 BOD_5 时应进行接种，以引入能分解废水中有机物的生物。当废水中存在着难于被一般生活污水中的微生物以正常速度降解的有机物或含有剧毒物质时，应将驯化后的微生物引入水样中进行接种。

本方法适用于测定 $BOD_5 \geqslant 2$ mg/L，最大不超过 6 000 mg/L 的水样。当水样 $BOD_5 >$ 6 000 mg/L 时，会因稀释倍数过大带来一定的误差。

(二)主要仪器设备

①恒温培养箱[（20±1）℃]。
②5～20 L 细口玻璃瓶。
③1 000～2 000 mL 量筒。
④玻璃搅拌棒（棒的长度应比所用量筒高度长 200 mm。在棒的底端固定一个直径比量筒底小、并带有几个小孔的硬橡胶板）。
⑤溶解氧瓶（250～300 mL，带有磨口玻璃塞并具有供水封用的钟形口）。

⑥虹吸管（供分取水样和添加稀释水用）。

（三）试剂配制

①硫酸锰溶液。称取 340 g $MnSO_4$（分析纯）（或 380 g $MnSO_4 \cdot H_2O$，分析纯）溶于水中，用水稀释至 1 000 mL。此溶液加至酸化过的碘化钾溶液中，遇淀粉不得产生蓝色，即不得析出游离碘。

②碱性碘化钾溶液。称取 500 g 氢氧化钠（分析纯）溶于 300～400 mL 水中；另称取 150 g 碘化钾（分析纯）溶于 200 mL 水中；待氢氧化钠溶液冷却后，将 2 种溶液合并，混匀，用水稀释至 1 000 mL。如有沉淀，则放置过夜后，倾出上清液，贮于塑料瓶中，用橡皮塞塞紧，黑纸包裹避光。

③硫酸溶液（1+5）。

④淀粉溶液（m/V 为 1%）。称 1 g 可溶性淀粉，用少量水调成糊状，再用刚煮沸的水冲稀至 100 mL，冷却后加入 0.1 g 水杨酸或 0.4 g 二氯化锌防腐。

⑤重铬酸钾标准溶液 $c(1/6\ K_2Cr_2O_7) = 0.025\ 00$ mol/L。称取于 105～110℃烘干 2 h 并冷却的重铬酸钾（分析纯）1.225 8 g，溶于水，移入 1 000 mL 容量瓶中，用水定容至标线，摇匀。

⑥硫代硫酸钠标准溶液。称 6.2 g 硫代硫酸钠（$Na_2S_2O_3 \cdot 5H_2O$，分析纯）溶于煮沸放冷的水中，加入 0.2 g 碳酸钠，用水稀释至 1 000 mL，贮于棕色瓶中。使用前需用重铬酸钾标准溶液[$c(1/6\ K_2Cr_2O_7) = 0.025\ 00$ mol/L]标定。

标定方法如下：于 250 mL 碘量瓶中，加入 100 mL 水和 1 g 碘化钾（分析纯），加入 10.00 mL 重铬酸钾标准溶液[$c(1/6\ K_2Cr_2O_7) = 0.025\ 00$ mol/L]和 5 mL 硫酸溶液（1+5），密塞，摇匀。于暗处静置 5 min 后，用待标定的硫代硫酸钠溶液滴定至溶液呈淡黄色，加入 1 mL 淀粉溶液，继续滴定至蓝色刚好褪去为止，记录用量（V），计算硫代硫酸钠标准溶液的准确浓度（c，mol/L）。

$$c = \frac{10.00 \times 0.025\ 00}{V}$$

式中：c——硫代硫酸钠标准溶液的浓度/（mol/L）；V——滴定时消耗硫代硫酸钠溶液的体积/mL。

⑦磷酸盐缓冲溶液。将 8.5 g 磷酸二氢钾（KH_2PO_4，分析纯），21.75 g 磷酸氢二钾（K_2HPO_4，分析纯），33.4 g 七水合磷酸氢二钠（$Na_2HPO_4 \cdot 7H_2O$，分析纯）和 1.7 g 氯化铵（NH_4Cl，分析纯）溶于水中，稀释至 1 000 mL。此溶液的 pH 应为 7.2。

⑧硫酸镁溶液。将 22.5 g 七水合硫酸镁（$MgSO_4 \cdot 7H_2O$，分析纯）溶于水中，稀释至 1 000 mL。

⑨氯化钙溶液。将 27.5 g 无水氯化钙（分析纯）溶于水，稀释至 1 000 mL。

⑩氯化铁溶液。将 0.25 g 六水合氯化铁（$FeCl_3 \cdot 6H_2O$，分析纯）溶于水，稀释至 1 000 mL。

⑪葡萄糖-谷氨酸标准溶液。将葡萄糖（$C_6H_{12}O_6$，分析纯）和谷氨酸（HOOC-CH_2-CH_2-CHNH$_2$-COOH，分析纯）在 103℃干燥 1 h 后，各称取 150 mg 溶于水中，移入 1 000 mL 容量瓶内并定容至标线，混合均匀。此标准溶液临用前配制。

⑫稀释水。在 5～20 L 玻璃瓶内装入一定量的水,控制水温在 20℃左右。然后用无油空气压缩机或薄膜泵,将吸入的空气先后经活性炭吸附管及水涤管后,导入稀释水内曝气 2～8 h,使稀释水中的溶解氧接近于饱和。停止曝气亦可导入适量纯氧。瓶口盖以两层经洗涤晾干的纱布,置于 20℃培养箱中放数小时,使水中溶解氧含量达 8 mg/L 左右。临用前每升水中加入氯化钙溶液、氯化铁溶液、硫酸镁溶液、磷酸盐缓冲溶液各 1 mL,并混合均匀。稀释水的 pH 应为 7.2,其 BOD_5 应小于 0.2 mg/L。

⑬接种液。可选择以下任一方法,以获得适用的接种液。

A. 城市污水,一般采用生活污水,在室温下放置一昼夜,取上清液供用。

B. 表层土壤浸出液,取 100 g 花园或耕层土壤,加入 1 L 水,混合并静置 10 min,取上清液供用。

C. 含城市污水的河水或湖水。

D. 污水处理厂的出水。

E. 当分析含有难降解物质的废水时,在其排污口下游 3～8 km 处取水样作为废水的驯化接种液。如无此种水源,可取中和或经适当稀释后的废水进行连续曝气,每天加入少量该种废水,同时加入适量表层土壤或生活污水,使能适应该种废水的微生物大量繁殖。当水中出现大量絮状物,或检查其化学需氧量的降低值出现突变时,表明适用的微生物已进行繁殖,可用做接种液。一般驯化过程需要 3～8 d。

⑭接种稀释水。分取适量接种液,加入稀释水中,混匀。每升稀释水中接种液加入量:生活污水为 1～10 mL;或表层土壤浸出液为 20～30 mL;或河水、湖水为 10～100 mL。接种稀释水的 pH 应为 7.2,BOD_5 值以 0.3～1 mg/L 为宜。接种稀释水配制后应立即使用。

(四)操作步骤[注1]

(1)不经稀释水样的测定　溶解氧含量较高、有机物含量较少的地面水,可不经稀释,直接以虹吸法将约 20℃的混匀水样转移入 2 个溶解氧瓶中[注2],充满水样后溢出少许,加塞。瓶内不应留有气泡,其中一瓶随即测定溶解氧,另一瓶的瓶口进行水封后,放入培养箱中,在(20±1)℃培养 5 d,在培养过程中注意添加封口水。从开始放入培养箱算起,经过 5 d 后,弃去封口水,测定剩余的溶解氧。

(2)需经稀释水样的测定

①稀释倍数的确定。根据实践经验,参考以下方法确定稀释倍数。对于污水样品,一般由重铬酸钾法则得的 COD 值来确定,需做 3 个稀释比[注3]。使用稀释水时,由 COD 值分别乘以系数 0.075、0.15、0.225 获得 3 个稀释倍数。使用接种稀释水时,则分别乘以 0.075、0.15、0.25 3 个系数[注4]。

②稀释操作。按照选定的稀释比例,用虹吸法沿筒壁先引入部分稀释水(或接种稀释水)于 1 000 mL 量筒中,加入需要量的均匀水样,再引入稀释水(或接种稀释水)至 1 000 mL,用带胶板的玻璃棒小心上下搅匀。搅拌时勿使搅棒的胶板露出水面,防止产生气泡。

按照不经稀释水样的测定相同操作步骤,进行装瓶,测定当天溶解氧和培养 5 d 后的溶解氧。

另取 2 个溶解氧瓶,用虹吸法装满稀释水(或接种稀释水)[注5]作为空白试验,测定 5 d 前、后的溶解氧。

（3）溶解氧的测定　用吸管插入溶解氧瓶的液面下，加入 1 mL 硫酸锰溶液、2 mL 碱性碘化钾溶液，盖好瓶塞，颠倒混合数次，静置。待棕色沉淀物下降至瓶内 1/2 时，再颠倒混合一次，待棕色沉淀物下降到瓶底。一般在取样现场进行固定。

轻轻打开瓶塞，立即用吸管插入液面下加入 2 mL 浓硫酸。小心盖好瓶塞，颠倒混合摇匀，至沉淀物全部溶解为止，若溶解不完全，可再加少量浓硫酸，放置暗处 5 min。吸取 100 mL 上述溶液于 250 mL 锥形瓶中，用硫代硫酸钠标准溶液滴定至溶液呈淡黄色，加入 1 mL 淀粉溶液，继续滴定至蓝色刚好褪去为止，记录硫代硫酸钠溶液用量（V）。

$$DO(O_2，mg/L) = \frac{c \times V \times 8 \times 1\,000}{100}$$

式中：DO——水中溶解氧的浓度/（mg/L）；c——硫代硫酸钠标准溶液的浓度/（mol/L）；V——滴定时消耗硫代硫酸钠溶液的体积/mL。

（五）结果计算[注6]

（1）不经稀释直接培养的水样

$$BOD_5(O_2，mg/L) = C_1 - C_2$$

式中：C_1——水样在培养前的溶解氧浓度/（mg/L）；C_2——水样经 5 d 培养后，剩余溶解氧浓度/（mg/L）。

（2）经稀释后培养水样

$$BOD_5(O_2，mg/L) = \frac{(C_1 - C_2) - (B_1 - B_2) \times f_1}{f_2}$$

式中：B_1——稀释水（或接种稀释水）在培养前的溶解氧/（mg/L）；B_2——稀释水（或接种稀释水）在培养后的溶解氧/（mg/L）；f_1——稀释水（或接种稀释水）在培养液中所占比例；f_2——水样在培养液中所占比例。f_1，f_2的计算，例如，培养液的稀释比为 3%，即 3 份水样，97 份稀释水，则 $f_1 = 0.97$，$f_2 = 0.03$。

（六）注释

［1］实验用玻璃器皿应彻底洗净。先用洗涤剂浸泡清洗，然后用稀盐酸浸泡，最后依次用自来水、蒸馏水洗净。

［2］测定生化需氧量的水样。在采集时应充满并封于瓶中，在 0～4 ℃下进行保存。一般应在 6 h 内进行分析。若需要远距离转运，在任何情况下，贮存时间不应超过 24 h。

［3］在 2 个或 3 个稀释比的样品中，凡消耗溶解氧大于 2 mg/L，剩余溶解氧大于 1 mg/L 时，应取其平均值作为结果。若剩余的溶解氧小于 1 mg/L，甚至为 0 时，应加大稀释比。溶解氧消耗量小于 2 mg/L 有 2 种可能：一是稀释倍数过大；另一种可能是微生物菌种不适应，活性差，或含毒物质浓度过大。这时可能出现在几个稀释比中，稀释倍数大的消耗溶解氧反而较多的现象。

［4］当水样稀释倍数超过 100 倍时，应预先在容量瓶中用水初步稀释后，再取适量进行最后稀释培养。

［5］为检查稀释水和接种液的质量以及化验人员的操作水平，可将 20 mL 葡萄糖-谷氨酸

标准溶液用接种稀释水稀释至 1 000 mL,按照测定 BOD_5 的步骤操作。测得 BOD_5 的值应为 180~230 mg/L。否则,应检查接种液、稀释水的质量或操作技术是否存在问题。

[6]精密度与准确度:3 个实验室分析含 5 mg/L 葡萄糖的统一分发标准液的 BOD_5 值,实验室内相对标准偏差为 5.6%;实验室间相对标准偏差为 32%。

3 个实验室分析含 300 mg/L 葡萄糖(BOD_5 为 210 mg/L)的统一分发标准液的 BOD_5 值,实验室内相对标准偏差为 2.1%,实验室间相对标准偏差为 2.1%。

❓ 思考与讨论

1. 什么是生化需氧量?什么是 BOD_5?常用的测定方法有哪些?
2. 试述稀释接种法测定生化需氧量的方法原理。
3. 稀释接种法测定生化需氧量过程中应注意哪些问题?
4. 稀释接种法测定生化需氧量时如何确定稀释倍数?

四、水体中氮的测定

▶目的◀

1. 了解水体中氮的测定项目及方法。
2. 掌握水质总氮测定的方法。
3. 掌握水质氨氮测定的方法。
4. 掌握水质硝酸盐氮测定的方法。

环境水体中含氮化合物的形态多样，有氨氮（NH_3、NH_4^+）、亚硝酸盐（NO_2^-）、硝酸盐（NO_3^-）、有机氮（蛋白质、尿素、氨基酸、硝基化合物等），不同形态之间可以通过化学和生物化学作用进行相互转化。水体中 NH_4^+、NO_2^-、NO_3^- 等含氮化合物是水生植物生长必需的养分，但是当过量时，水体中植物与藻类迅速繁殖，发生富营养化现象，破坏水质。水中不同形态含氮化合物的数量多少及其总量是各种水质标准中所关注的重要指标之一。

水中总氮（TN）是指水样中各种形态氮之和，包括有机氮和无机氮两大类。无机氮又包括氨氮、硝酸盐氮和亚硝酸盐氮。通常可以先分别测定各种形态氮的浓度，再进行加和计算得到总氮含量。此外，水中总氮含量的测定还可以采用过硫酸钾氧化-紫外分光光度法（HJ 636—2012）。

（一）水质总氮测定——碱性过硫酸钾消解-紫外分光光度法

1. 适用范围

本标准（HJ 636—2012）适用于地表水、地下水、工业废水和生活污水中总氮的测定。

2. 方法原理

在 120～124℃下，碱性过硫酸钾溶液使样品中含氮化合物的氮转化为硝酸盐，采用紫外分光光度法于波长 220 nm 和 275 nm 处，分别测定吸光度 A_{220} 和 A_{275}，按公式（a）计算校正吸光度 A，总氮（以 N 计）含量与校正吸光度 A 成正比。

$$A = A_{220} - 2A_{275} \tag{a}$$

当碘离子含量相对于总氮含量的 2.2 倍以上，溴离子含量相对于总氮含量的 3.4 倍以上时，对测定产生干扰。水样中 Cr^{6+} 和 Fe^{3+} 会对测定产生干扰，可加入 5% 盐酸羟胺溶液 1～2 mL 消除。当样品量为 10 mL 时，本方法的检出限为 0.05 mg/L，测定范围为 0.20～7.00 mg/L。

3. 主要仪器设备

①紫外分光光度计。具 10 mm 石英比色皿。
②高压蒸汽灭菌器。最高工作压力不低于 1.1～1.4 kg/cm²；最高工作温度不低于 120～124℃。

③具塞磨口玻璃比色管 25 mL。

4. 试剂配制

除非另有说明,分析时均使用符合国家标准的分析纯试剂。

①无氨水[注1]。每升水中加入 0.10 mL 浓硫酸蒸馏,收集馏出液于具塞玻璃容器中。也可使用新制备的去离子水。

②浓盐酸 ρ(HCl)= 1.18 g/mL。

③浓硫酸 ρ(H_2SO_4)= 1.84 g/mL。

④盐酸溶液(1+9)。

⑤硫酸溶液(1+35)。

⑥氢氧化钠溶液 ρ(NaOH)= 200 g/L。称取 20.0 g 氢氧化钠(含氮量应小于0.000 5%)溶于少量水中,稀释至 100 mL。

⑦氢氧化钠溶液 ρ(NaOH)= 20 g/L。量取 ρ(NaOH)= 200 g/L 氢氧化钠溶液10 mL,用水稀释到 100 mL。

⑧碱性过硫酸钾溶液[注2]。称取 40.0 g 过硫酸钾(K_2S_2O_8,含氮量小于 0.000 5%)溶于600 mL 水中(可置于 50℃ 水浴中加热至全部溶解)。另称取 15.0 g 氢氧化钠溶于 300 mL 水中。待氢氧化钠溶液温度冷却至室温后,混合 2 种溶液定容至 1 000 mL,存放于聚乙烯瓶中,可保存 1 周。

⑨硝酸钾标准贮备液 ρ(N)= 100 mg/L。称取 0.721 8 g 硝酸钾(KNO_3,基准试剂或优级纯)于 105~110℃ 下烘干 2 h,在干燥器中冷却至室温)溶于适量水中,移至 1 000 mL 容量瓶中,用水稀释至标线,定容,混匀。加入 1~2 mL 三氯甲烷作为保护剂,在 0~10℃ 暗处保存,可稳定 6 个月。也可直接购买市售有证标准溶液。

⑩硝酸钾标准使用液 ρ(N)= 10.0 mg/L。准确吸取 10.00 mL 以上硝酸钾标准贮备液至 100 mL 容量瓶中,用水稀释至标线,定容,混匀,临用现配。

5. 样品的采集、保存与制备

将采集好的样品贮存在聚乙烯瓶或硬质玻璃瓶中,用浓硫酸调节 pH 至 1~2,常温下可保存 7 d;贮存于聚乙烯瓶中,-20℃ 冷冻,可保存 1 个月。取适量样品用氢氧化钠溶液 [ρ(NaOH)= 20 g/L]或硫酸溶液(1+35)调节 pH 至 5~9,待测。

6. 操作步骤

(1)校准曲线的绘制 分别准确称取 0 mL、0.20 mL、0.50 mL、1.00 mL、3.00 mL 和7.00 mL 硝酸钾标准使用液[ρ(N)= 10.0 mg/L]于 25 mL 具塞磨口玻璃比色管[注3]中,其对应的总氮(以 N 计)含量分别为 0 μg、2.00 μg、5.00 μg、10.0 μg、30.0 μg 和 70.0 μg。加水稀释至 10.00 mL,再加入 5.00 mL 碱性过硫酸钾溶液,塞紧管塞,用纱布和线绳扎紧管塞,以防弹出。将比色管置于高压蒸汽灭菌器[注4]中,加热至顶压阀吹气,关阀,继续加热至 120℃ 开始计时,保持温度在 120~124℃ 30 min。自然冷却、开阀放气,移去外盖,取出比色管冷却至室温,按住管塞将比色管中的液体颠倒混匀 2~3 次[注5]。

每个比色管分别加入 1.0 mL 盐酸溶液(1+9),用水稀释至 25 mL 标线,盖塞混匀。使用 10 mm 石英比色皿,在紫外分光光度计上,以水作参比,分别于波长 220 nm 和 275 nm 处测定吸光度。零浓度的校正吸光度 Ab、其他标准系列的校正吸光度 As 及其差值 Ar 按照公式

（b）、（c）和（d）进行计算。以总氮（以 N 计）含量（μg）为横坐标，对应的 Ar 值为纵坐标，绘制校准曲线。

$$Ab = Ab_{220} - 2Ab_{275} \tag{b}$$

$$As = As_{220} - 2As_{275} \tag{c}$$

$$Ar = As - Ab \tag{d}$$

式中：Ab——零浓度（空白）溶液的校正吸光度；Ab_{220}——零浓度（空白）溶液于波长 220 nm 处的吸光度；Ab_{275}——零浓度（空白）溶液于波长 275 nm 处的吸光度；As——标准溶液的校正吸光度；As_{220}——标准溶液于波长 220 nm 处的吸光度；As_{275}——标准溶液于波长 275 nm 处的吸光度；Ar——标准溶液校正吸光度与零浓度（空白）溶液校正吸光度的差。

（2）样品测定　准确吸取 10.00 mL 制备好的待测试样[注6]于 25 mL 具塞磨口玻璃比色管中，按照（1）中步骤，"再加入 5.00 mL 碱性过硫酸钾溶液……"进行测定。

（3）空白试验　用 10.00 mL 水代替试样，按照（1）步骤进行测定。

7. 结果计算[注7]

参照公式（b）～（d）计算试样校正吸光度和空白试验的校正吸光度差值 Ar，样品中总氮的质量浓度 ρ（mg/L）按照公式（e）进行计算：

$$\rho = \frac{(Ar - a) \times f}{b \times V} \tag{e}$$

式中：Ar——试样的校正吸光度与空白试验校正吸光度的差值；a——校准曲线的截距；b——校准曲线的斜率；V——试样体积/mL；f——稀释倍数。

当测定结果＜1.00 mg/L 时，保留到小数点后 2 位数字；≥1.00 mg/L 时，保留 3 位有效数字。

8. 注释

[1]本实验测定时均应使用无氨水，应在无氨的实验室环境中进行，避免环境交叉污染对测定结果产生影响。

[2]在碱性过硫酸钾溶液配制过程中，温度过高会导致过硫酸钾分解失效，因此要控制水浴温度在 60℃ 以下，而且应待氢氧化钠溶液温度冷却至室温后，再将其与过硫酸钾溶液混合、定容。

[3]实验中所用的玻璃器皿应用盐酸溶液（1＋9）或硫酸溶液（1＋35）浸泡，用自来水冲洗后再用无氨水冲洗数次，洗净后立即使用。

[4]高压灭菌器应无氨污染，使用时应定期检定压力表，并检查橡胶密封圈密封情况，避免因漏气而减压。高压灭菌器应每周清洗。

[5]若比色管在消解过程中出现管口或管塞破裂，应重新取样分析。

[6]试样中的含氮量超过 70 μg 时，可减少取样量并加水稀释至 10.00 mL。

[7]精密度和准确度：①精密度。6 家实验室对总氮质量浓度为 0.20 mg/L、1.52 mg/L 和 4.78 mg/L 的统一样品进行了测定，实验室内相对标准偏差分别为 4.1%～13.8%、0.6%～4.3%、0.8%～3.4%。实验室间相对标准偏差分别为 8.4%、2.7%、1.8%。重复性限分别为 0.06 mg/L、0.14 mg/L、0.27 mg/L；再现性限分别为 0.07 mg/L、0.17 mg/L、0.35 mg/L。

②准确度。6 家实验室对总氮质量浓度为(1.52±0.10) mg/L 和(4.78±0.34) mg/L 的有证标准样品进行了测定,相对误差分别为 1.3%～5.3%、0.2%～4.2%;相对误差最终值($\overline{RE}\pm 2S_{\overline{RE}}$) 分别为(2.6±2.8)%、(1.5±3.2)%。

(二)水质氨氮测定——纳氏试剂分光光度法

1. 适用范围

本标准(HJ 535—2009)适用于地表水、地下水、生活污水和工业废水中氨氮的测定。

2. 方法原理

以游离态的氨或铵离子等形式存在的氨氮与纳氏试剂反应生成淡红棕色络合物,该络合物的吸光度与氨氮含量成正比,于波长 420 nm 处测量吸光度。

水样中含有悬浮物、余氯、钙镁等金属离子、硫化物和有机物时会产生干扰,含有此类物质时要做适当处理,以消除对测定的影响。若样品中存在余氯,可加入适量的硫代硫酸钠溶液去除,用淀粉-碘化钾试纸检查余氯是否除尽。在显色时加入适量的酒石酸钾钠溶液,可消除钙镁等金属离子的干扰。若水样浑浊或有颜色时可用蒸馏法或絮凝沉淀法处理。

当水样体积为 50 mL,使用 20 mm 比色皿时,本方法的检出限为 0.025 mg/L,测定下限为 0.10 mg/L,测定上限为 2.0 mg/L(均以 N 计)。

3. 主要仪器设备

①可见分光光度计。具 10 mm 或者 20 mm 比色皿。

②氨氮蒸馏装置。由 500 mL 凯氏烧瓶、氮球、直形冷凝管和导管组成,冷凝管末端可连接一段适当长度的滴管,使出口尖端浸入吸收液液面下。也可使用 500 mL 蒸馏烧瓶。

4. 试剂配制

除非另有说明,分析时所用试剂均使用符合国家标准的分析纯化学试剂。

①实验中需要使用无氨水。

②轻质氧化镁(MgO)。不含碳酸盐在 500℃下加热氧化镁,以除去碳酸盐。

③浓盐酸 $\rho(HCl) = 1.18$ g/mL。

④纳氏试剂,可选择下列 2 种方法之一进行配制。

A. 碘化汞-碘化钾-氢氧化钠(HgI_2-KI-NaOH)溶液　称取 16.0 g 氢氧化钠(NaOH),溶于 50 mL 水中,冷却至室温。称取 7.0 碘化钾(KI)和 10.0 g 碘化汞(HgI_2),溶于水中,然后将此溶液在搅拌下,缓慢加入到上述 50 mL 氢氧化钠溶液中,用水稀释至 100 mL。贮于聚乙烯瓶内,用橡皮塞或聚乙烯盖子盖紧,于暗处存放,有效期 1 年。

B. 二氯化汞-碘化钾-氢氧化钾($HgCl_2$-KI-KOH)溶液　称取 15.0 g 氢氧化钾(KOH),溶于 50 mL 水中,冷却至室温。称取 5.0 碘化钾(KI)溶于 10 mL 水中,在搅拌下,将 2.50 g 二氯化汞($HgCl_2$)粉末分多次加入碘化钾溶液中,直到溶液呈深黄色或出现淡红色沉淀溶解缓慢时,充分搅拌混合,并改为滴加二氯化汞饱和溶液,当出现少量朱红色沉淀不再溶解时[注1],停止滴加。在搅拌下,将冷却的氢氧化钾溶液缓慢地加入上述二氯化汞和碘化钾的混合液中,并稀释至 100 mL,于暗处静置 24 h,倾出上清液,贮于聚乙烯瓶内,用橡皮塞或聚乙烯盖子盖紧,存放暗处,可稳定 1 个月。

⑤酒石酸钾钠溶液 $\rho = 500$ g/L。称取 50.0 g 酒石酸钾钠($KNaC_4H_6O_6 \cdot 4H_2O$)溶于

100 mL 水中,加热煮沸以驱除氨[注2],充分冷却后稀释至 100 mL。

⑥硫代硫酸钠溶液 ρ = 3.5 g/L。称取 3.5 g 硫代硫酸钠($Na_2S_2O_3$)溶于水中,稀释至 1 000 mL。

⑦硫酸锌溶液 ρ = 100 g/L。称取 10.0 g 硫酸锌($ZnSO_4 \cdot 7H_2O$)溶于水中,稀释至 100 mL。

⑧氢氧化钠溶液 ρ = 250 g/L。称取 25 g 氢氧化钠溶于水中,稀释至 100 mL。

⑨氢氧化钠溶液 $c(NaOH)$ = 1 mol/L。称取 4 g 氢氧化钠溶于水中,稀释至 100 mL。

⑩盐酸溶液 $c(HCl)$ = 1 mol/L。量取 8.5 mL 浓盐酸于 100 mL 容量瓶中,用水稀释至标线。

⑪硼酸(H_3BO_3)溶液 ρ = 20 g/L。称取 20 g 硼酸溶于水,稀释至 1 L。

⑫溴百里酚蓝指示剂(Bromthymol Blue)ρ = 0.5 g/L。称取 0.05 g 溴百里酚蓝溶于 50 mL 水中,加入 10 mL 无水乙醇,用水稀释至 100 mL。

⑬淀粉—碘化钾试纸。称取 1.5 g 可溶性淀粉于烧杯中,用少量水调成糊状,加入200 mL 沸水,搅拌混匀放冷。加 0.50 g 碘化钾(KI)和 0.50 g 碳酸钠(Na_2CO_3),用水稀释至250 mL。将滤纸条浸渍后,取出晾干,于棕色瓶中密封保存。

⑭氨氮标准贮备溶液 $\rho(N)$ = 1 000 μg/mL。称取 3.819 0 g 氯化铵(NH_4Cl,优级纯,在 100~105℃ 干燥 2 h),溶于水中,移入 1 000 mL 容量瓶中,稀释至标线,定容、混匀,可在 2~5℃保存 1 个月。

⑮氨氮标准工作溶液 $\rho(N)$ = 10 μg/mL。准确吸取 5.00 mL 以上氨氮标准贮备溶液于 500 mL 容量瓶中,稀释至刻度,定容、混匀。临用前配制。

5. 操作步骤

(1)样品的预处理[注3]

①除余氯。若样品中存在余氯,可加入适量的硫代硫酸钠溶液(ρ = 3.5 g/L)去除,每加 0.5 mL 可去除 0.25 mg 余氯,用淀粉—碘化钾试纸检验余氯是否除尽。

②絮凝沉淀。100 mL 样品中加入 1 mL 硫酸锌溶液(ρ = 100 g/L)和 0.1~0.2 mL 氢氧化钠溶液(ρ = 250 g/L),调节 pH 至约 10.5,混匀,放置使之沉淀,倾取上清液分析。必要时,用经水冲洗过的中速滤纸[注4]过滤,弃去初滤液 20 mL。也可对絮凝后样品离心处理。

③预蒸馏。将 50 mL 硼酸溶液(ρ = 20 g/L)移入接收瓶内,确保冷凝管出口在硼酸溶液液面之下。分取 250 mL 样品,移入烧瓶中,加几滴溴百里酚蓝指示剂,必要时,用氢氧化钠溶液[$c(NaOH)$ = 1 mol/L]或盐酸溶液[$c(HCl)$ = 1 mol/L]调整 pH 至 6.0(指示剂呈黄色)~7.4(指示剂呈蓝色),加入 0.25 g 轻质氧化镁及数粒玻璃珠,立即连接氮球和冷凝管。加热蒸馏,使馏出液速率约为 10 mL/min,待馏出液达 200 mL 时,停止蒸馏,加水定容至 250 mL[注5]。

(2)校准曲线

在 8 个 50 mL 比色管中,分别加入 0.00 mL、0.50 mL、1.00 mL、2.00 mL、4.00 mL、6.00 mL、8.00 mL 和 10.00 mL 氨氮标准工作溶液[$\rho(N)$ = 10 μg/mL],其所对应的氨氮含量分别为 0.0 μg、5.0 μg、10.0 μg、20.0 μg、40.0 μg、60.0 μg、80.0 μg 和 100.0 μg,加水至标线。加入1.0 mL 酒石酸钾钠溶液(ρ = 500 g/L),摇匀,再加入纳氏试剂 1.0 mL(HgI_2-KI-NaOH 溶液)或 1.5 mL(或 HgI_2-KI-KOH),摇匀,放置 10 min 后,在波长 420 nm 下,用 10 mm 比色皿[注6],以水作参比,测量吸光度。以空白校正后的吸光度为纵坐标,以其对应的

氨氮含量(μg)为横坐标,绘制校准曲线。

(3)样品的测定

①清洁水样。直接吸取 50.00 mL,按与校准曲线相同的步骤测量吸光度。

②有悬浮物或色度干扰的水样。吸取经预处理[注7]的水样 50.00 mL(若水样中氨氮浓度超过 2 mg/L,可适当少取水样体积),按与校准曲线相同的步骤测量吸光度。

(4)空白试验 用水代替水样,按照与样品相同的步骤进行前处理和测定[注8]。

6. 结果计算[注9]

水中氨氮(以 N 计)的浓度按以下公式计算:

$$\rho(N) = \frac{As - Ab - a}{b \times V}$$

式中:$\rho(N)$——水样中氨氮的质量浓度/(mg/L);As——水样的吸光度;Ab——空白试验的吸光度;a——校准曲线的截距;b——校准曲线的斜率;V——试样体积/mL。

7. 注释

[1]纳氏试剂采用方法②配制时,为了保证其具有良好的显色能力,配制时务必控制 $HgCl_2$ 的加入量,至微量 $HgCl_2$ 红色沉淀不再溶解时为止。配制 100 mL 纳氏试剂所需 $HgCl_2$ 与 KI 的用量之比约为 2.3:5。在配制时为了加快反应速度、节省配制时间,可低温加热进行,防止 $HgCl_2$ 红色沉淀的提前出现。

[2]分析纯酒石酸钾钠铵盐含量较高时,仅加热煮沸或加纳氏剂沉淀不能完全除去氨。此时采用加入少量氢氧化钠溶液,煮沸蒸发掉溶液体积的 20%~30%,冷却后用无氨水稀释至原体积。

[3]水样采集在聚乙烯瓶或玻璃瓶内,要尽快分析。如需保存,应加硫酸使水样酸化至 pH<2,在 2~5℃下可保存 7 d。

[4]滤纸中含有一定量的可溶性铵盐,定量滤纸中含量高于定性滤纸,建议采用定性滤纸过滤,过滤前用无氨水少量多次淋洗(一般为 100 mL)。这样可减少或避免滤纸引入的测量误差。

[5]水样的预蒸馏:蒸馏过程中,某些有机物很可能与氨同时馏出,对测定有干扰,其中有些物质(甲醛)可以在酸性条件(pH<1)下煮沸除去。在蒸馏刚开始时,氨气蒸出速度较快,加热不能过快,否则造成水样暴沸,馏出液温度升高,氨吸收不完全。馏出液速率应保持在 10 mL/min 左右。蒸馏完毕,需清洗蒸馏器。向蒸馏烧瓶中加入 350 mL 水,加数粒玻璃珠,装好仪器,蒸馏到至少收集了 100 mL 水,将馏出液及瓶内残留液弃去。

[6]根据待测样品的浓度也可以选用 20 mm 比色皿。

[7]经蒸馏或在酸性条件下煮沸方法预处理的水样,须加一定量氢氧化钠溶液[$c(NaOH)$ =1 mol/L],调节水样至中性,用水稀释至 50 mL 标线,再按与校准曲线相同的步骤测量吸光度。

[8]试剂空白的吸光度应不超过 0.030(10 mm 比色皿)。

[9]准确度和精密度:氨氮浓度为 1.21 mg/L 的标准溶液,重复性限为 0.028 mg/L,再现性限为 0.075 mg/L;回收率为 94%~104%。氨氮浓度为 1.47 mg/L 的标准溶液,重复性限为 0.024 mg/L,再现性限为 0.066 mg/L;回收率为 95%~105%。

(三)水质硝酸盐氮的测定——紫外分光光度法

1. 适用范围

本标准(HJ/T 346—2007)适用于地表水、地下水中硝酸盐氮的测定。

2. 方法原理

利用硝酸根离子在 220 nm 波长处的吸收而定量测定硝酸盐氮。溶解的有机物在 220 nm 处也会有吸收。而硝酸根离子在 275 nm 处没有吸收。因此,在 275 nm 处作另一次测量,以校正硝酸盐氮值。溶解的有机物、表面活性剂、亚硝酸盐氮、六价铬、溴化物、碳酸氢盐和碳酸盐等干扰测定,需进行适当的预处理。本法采用絮凝共沉淀和大孔中性吸附树脂进行处理,以排除水样中大部分常见有机物、浊度和 Fe^{3+}、Cr^{6+} 对测定的干扰。本方法最低检出质量浓度为 0.08 mg/L,测定下限为 0.32 mg/L,测定上限为 4 mg/L。

3. 主要仪器设备

紫外分光光度计、离子交换柱(ϕ1.4 cm,装树脂高 5~8 cm)。

4. 试剂配制

本标准所用试剂除另有注明外,均为符合国家标准的分析纯化学试剂;实验用水为新制备的去离子水。

①氢氧化铝悬浮液。溶解 125 g 硫酸铝钾[$KAl(SO_4)_2 \cdot 12H_2O$]或硫酸铝铵[$NH_4Al(SO_4)_2 \cdot 12H_2O$]于 1 000 mL 水中,加热至 60℃,在不断搅拌中,慢慢加入 55 mL 浓氨水,放置约 1 h 后,移入 1 000 mL 量筒内,用水反复洗涤沉淀,最后至洗涤液中不含硝酸盐氮为止。澄清后,把上清液尽量全部倾出,只留稠的悬浮液,最后加入 100 mL 水,使用前应振荡均匀。

②硫酸锌溶液。10%硫酸锌水溶液。

③氢氧化钠溶液 $c(NaOH) = 5$ mol/L。

④大孔径中性树脂。CAD-40 或 XAD-2 型及类似性能的树脂。

⑤甲醇(分析纯)。

⑥盐酸 $c(HCl) = 1$ mol/L。

⑦硝酸盐氮标准贮备液 $\rho(N) = 0.100$ mg/L。称取 0.722 g 硝酸钾(KNO$_3$,优级纯,在 105~110℃干燥 2 h)溶于水,移入 1 000 mL 容量瓶中,稀释至标线,加入 2 mL 三氯甲烷作保存剂,混匀,至少可稳定 6 个月。该标准贮备液每毫升含 0.100 mg 硝酸盐氮。

⑧0.8%氨基磺酸溶液。避光保存于冰箱中。

5. 操作步骤

(1)吸附柱的制备 新的大孔径中性树脂[注1]先用 200 mL 水分 2 次洗涤,用甲醇浸泡过夜,弃去甲醇,再用 40 mL 甲醇分 2 次洗涤,然后用新鲜去离子水洗到柱中流出液滴落于烧杯中无乳白色为止。树脂装入柱中时,树脂间绝不允许存在气泡。

(2)水样的测定

①量取 200 mL 水样[注2]置于锥形瓶或烧杯中,加入 2 mL 10%硫酸锌溶液,在搅拌下滴加氢氧化钠溶液[$c(NaOH) = 5$ mol/L],调至 pH 为 7。或将 200 mL 水样调至 pH 为 7 后,加 4 mL 氢氧化铝悬浮液[注3]。待絮凝胶团下沉后,或经离心分离,吸取 100.00 mL 上清液分两次

洗涤吸附树脂柱,以 1～2 滴/s 的流速流出,各个样品间流速保持一致,弃去。再继续使水样上清液通过柱子,收集 50 mL 于比色管中,备测定用。树脂用 150 mL 水分 3 次洗涤,备用[注4]。

②加 1.0 mL 盐酸溶液[c(HCl)＝1 mol/L],0.1 mL 0.8％氨基磺酸溶液于比色管中,当亚硝酸盐氮低于 0.1 mg/L 时,可不加氨基磺酸溶液。

③用光程长 10 mm 石英比色皿,在 220 nm 和 275 nm 波长处,以经过树脂吸附的新鲜去离子水 50 mL 加 1.0 mL 盐酸溶液为参比,测量吸光度。

(3)校准曲线的绘制　于 6 个 200 mL 容量瓶中分别加入 0 mL、0.50 mL、1.00 mL、2.00 mL、3.00 mL、4.00 mL 硝酸盐氮标准贮备液[ρ(N)＝0.100 mg/mL],用新鲜去离子水稀释至标线,定容,混匀。其浓度分别为 0 mg/L、0.25 mg/L、0.50 mg/L、1.00 mg/L、1.50 mg/L、2.00 mg/L 硝酸盐氮,按水样测定相同操作步骤测量吸光度。

6. 结果计算[注5]

硝酸盐氮的含量(以 N 计)按下式计算

$$A_{校} = A_{220} - 2A_{275}$$

式中:A_{220}——220 nm 波长测得吸光度;A_{275}——275 nm 波长测得吸光度。

求得吸光度的校正值($A_{校}$)以后,从校准曲线中查得相应的硝酸盐氮量,即为水样测定结果(mg/L)。水样若经稀释后测定,则结果应乘以稀释倍数。

7. 注释

[1]大孔中性吸附树脂对环状、空间结构大的有机物吸附能力强;对低碳链、有较强极性和亲水性的有机物吸附能力差。

[2]含有有机物的水样,而且硝酸盐含量较高时,必须先进行预处理后再稀释。

[3]当水样存在六价铬时,絮凝剂应采用氢氧化铝,并放置 0.5 h 以上再取上清液供测定用。

[4]树脂吸附容量较大,可处理 50～100 个地表水水样,应视有机物含量而异。使用多次后,可用未接触过橡胶制品的新鲜去离子水做参比,在 220 nm 和 275 nm 波长处检验,测得的吸光度应接近零。超过仪器允许误差时,需以甲醇再生。

[5]精密度和准确度。4 个实验室分析含 1.80 mg/L 硝酸盐氮的统一标准样品,实验室内相对标准偏差为 2.6％;实验室间总相对标准偏差为 5.1％;相对误差为 1.1％。

❓ 思考与讨论

1. 水体中氮的测定项目有哪些?常用的测定方法有什么?
2. 试述碱性过硫酸钾消解-紫外分光光度法测试水质总氮的方法原理。
3. 试述纳氏试剂分光光度法测定水质氨氮的方法原理。
4. 试述紫外分光光度法测定水质硝酸盐氮的方法原理。
5. 测定水质总氮、氨氮、硝酸盐氮过程中,有哪些干扰物质?如何消除其影响?

五、水体中磷的测定

——钼酸铵分光光度法

▶目的◀

1. 了解水体中磷的测定项目及方法。
2. 掌握水质总磷测定的方法。

　　水体中的磷以无机磷和有机磷形态存在,包括无机态的正磷酸盐、缩合磷酸盐(焦磷酸盐、偏磷酸盐和多磷酸盐),以及有机结合态的磷酸盐(农药、酯类、磷脂质)。磷是生物生长的必需营养元素之一,也是引起水体富营养化的重要原因之一。一般天然水中磷酸盐含量较少,生活污水中磷浓度多为 $4\sim8$ mg/L,工业废水中磷含量较高。

　　水中磷的测定,按其存在形态可分为总磷、溶解性正磷酸盐、溶解性总磷以及有机磷,这些形态会随着微生物活动或水解作用而变化,取样后要立即测定,或分类保存。其中测定总磷的水样,采样后加硫酸酸化至 pH≤1 保存;测定溶解性正磷酸盐的水样,不加任何保存剂,于 $2\sim5$℃低温保存,在 24 h 内测定。

　　根据测试目的,水样经预处理方法转变成正磷酸盐后分别测定。水样直接消解可将各种形态的磷转化为正磷酸盐,常用的消解方法有过硫酸钾消解法、硝酸—硫酸消解法和高氯酸消解法。水中正磷酸盐的测定方法最常用的是钼酸铵(钼锑抗)分光光度法。目前,我国水质总磷的测定国家标准方法 GB 11893—89 仍在使用,2013 年又颁布了新的《水质磷酸盐和总磷的测定　连续流动分析——钼酸铵分光光度法》(HJ 670—2013)。现介绍 GB 11893—89 方法如下。

(一)适用范围

　　本标准(GB 11893—89)适用于地面水、污水和工业废水中总磷(包括溶解的、颗粒的、有机和无机磷)的测定。

(二)方法原理

　　在中性条件下用过硫酸钾(或硝酸-高氯酸)使试样消解,将所含磷全部氧化为正磷酸盐。在酸性介质中,正磷酸盐与钼酸铵反应,在锑盐存在下生成磷钼杂多酸后,立即被抗坏血酸还原,生成蓝色的络合物。

　　取 25 mL 试样,本标准的最低检出浓度为 0.01 mg/L,测定上限为 0.6 mg/L。在酸性条件下,砷、铬、硫干扰测定。

(三)主要仪器设备

　　实验室常用仪器设备[注1]和下列仪器:医用手提式蒸气消毒器或一般压力锅 $1.1\sim1.4$ kg/cm²、50 mL 具塞(磨口)刻度管、分光光度计。

(四)试剂配制

①浓硫酸(H_2SO_4)$\rho = 1.84$ g/mL。

②浓硝酸(HNO$_3$)$\rho = 1.4$ g/mL。

③高氯酸(HClO$_4$)$\rho = 1.68$ g/mL,优级纯。

④硫酸(H_2SO_4)溶液(1+1)。

⑤硫酸溶液 c (1/2H_2SO_4)$= 1$ mol/L。将 27 mL 浓硫酸加入 973 mL 水中,混匀。

⑥氢氧化钠溶液 c(NaOH)$= 1$ mol/L。将 40 g 氢氧化钠溶于水,并稀释至 1 000 mL。

⑦氢氧化钠溶液 c(NaOH)$= 6$ mol/L。将 240 g 氢氧化钠溶于水,并稀释至 1 000 mL。

⑧过硫酸钾溶液 $\rho = 50$ g/L。将 50 g 过硫酸钾($K_2S_2O_8$)溶于水,并稀释至 1 000 mL。

⑨抗坏血酸溶液 $\rho = 100$ g/L。溶解 10 g 抗坏血酸($C_6H_8O_6$)于水中,并稀释至 100 mL。此溶液贮于棕色试剂瓶中,在冷处可稳定几周。如不变色可长时间使用。

⑩钼酸盐溶液。溶解 13 g 钼酸铵[(NH_4)$_6$Mo$_7$O$_{24}$·4H_2O]于 100 mL 水中。溶解 0.35 g 酒石酸锑钾[KSbC$_4$H$_4$O$_7$·1/2 H_2O]于 100 mL 水中。在不断搅拌下把钼酸铵溶液徐徐加到 300 mL(1+1)硫酸溶液中,加入酒石酸锑钾溶液并且混合均匀。此溶液贮存于棕色试剂瓶中,在冷处可保存 2 个月。

⑪浊度—色度补偿液。混合 2 个体积硫酸溶液(1+1)和 1 个体积抗坏血酸溶液($\rho = 100$ g/L)。使用当天配制。

⑫磷标准贮备溶液 ρ(P)$= 50.0$ μg/mL。称取(0.219 7±0.001) g 于 110℃ 干燥 2 h 在干燥器中放冷的磷酸二氢钾(KH$_2$PO$_4$),用水溶解后转移至 1 000 mL 容量瓶中,加入大约 800 mL 水,加 5 mL 硫酸溶液(1+1),用水稀释、定容至标线并混匀。此标准溶液每毫升含 50.0 μg 磷(以 P 计)。本溶液在玻璃瓶中可贮存至少 6 个月。

⑬磷标准使用溶液 ρ(P)$= 2.0$ μg/mL。准确吸取 10.00 mL 上述磷标准贮备溶液于 250 mL 容量瓶中,用水稀释、定容至标线并混匀。此标准溶液每毫升含 2.0 μg 磷,使用当天配制。

⑭酚酞溶液 $\rho = 10$ g/L。0.5 g 酚酞溶于 50 mL 95% 乙醇中。

(五)操作步骤

1. 样品的采集与制备

(1)样品的采集　采取 500 mL 水样后加入 1 mL 浓硫酸调节样品的 pH,使之低于或等于 1,或不加任何试剂于冷处保存[注2]。

(2)样品的制备　准确吸取 25.00 mL 样品于 50 mL 具塞刻度管中。取时应仔细摇匀,以得到溶解部分和悬浮部分均具有代表性的试样。如样品中含磷浓度较高,吸取样品的体积可以减少。

2. 测定

(1)消解

①过硫酸钾消解。向制备好的试样中加 4 mL 过硫酸钾溶液($r = 50$ g/L)[注3],将具塞刻度管的盖塞紧后用一小块布和线将玻璃塞扎紧(或用其他方法固定),放在大烧杯中置于高压蒸

气消毒器中加热,待压力达 1.1 kg/cm², 相应温度为 120℃时,保持 30 min 后停止加热。待压力表读数降至零后,取出放冷。然后用水稀释至标线。

②硝酸-高氯酸消解[注4]。准确吸取采集好的试样 25.00 mL 于锥形瓶中,加数粒玻璃珠,加 2 mL 浓硝酸,在电热板上加热浓缩至 10 mL。冷后加 5 mL 浓硝酸,再加热浓缩至 10 mL,放冷。加 3 mL 高氯酸,加热至高氯酸冒白烟,此时可在锥形瓶上加小漏斗或调节电热板温度,使消解液在锥形瓶内壁保持回流状态,直至剩下 3~4 mL[注5],放冷。加水 10 mL,加 1 滴酚酞指示剂,滴加 1 mol/L 或 6 mol/L 氢氧化钠溶液至刚呈微红色,再滴加硫酸溶液[$c(1/2 H_2SO_4)=1$ mol/L]使微红刚好退去,充分混匀,移至 50 mL 具塞刻度管中[注6],用水稀释至标线。

(2)发色　分别向各份消解液[注7]中加入 1 mL 抗坏血酸溶液混匀,30 s 后加 2 mL 钼酸盐溶液,充分混匀[注8]。

(3)分光光度测量　室温下放置 15 min[注9]后,使用光程为 30 mm 比色皿,在 700 nm 波长下,以水做参比,测定吸光度。扣除空白试验的吸光度后,从工作曲线上查得磷的含量。

(4)工作曲线的绘制　取 7 支 50 mL 具塞刻度管,分别准确加入 0 mL、0.50 mL、1.00 mL、3.00 mL、5.00 mL、10.00 mL、15.00 mL 磷酸盐标准溶液[$\rho(P)=2.0$ μg/mL],加水至 25 mL。然后按以上测定步骤进行处理。以水做参比,测定吸光度。扣除空白试验的吸光度后,与对应的磷的含量绘制工作曲线。

(3)空白试样　用水代替试样,加入与测定试样时相同体积的试剂,进行空白试验。

6. 结果计算[注10]

总磷含量以 $\rho(P)$ mg/L 表示,按下式计算:

$$\rho(P)= m/V$$

式中:m——试样测得含磷量/μg;V——测定用试样体积/mL。

7. 注释

[1]所有玻璃器皿均应用稀盐酸或稀硝酸浸泡。

[2]含磷量较少的水样,不要用塑料瓶采样,因易磷酸盐会吸附在塑料瓶壁上。

[3]如用硫酸保存水样,当用过硫酸钾消解时,需先将试样调至中性。

[4]水样中的有机物用过硫酸钾氧化不能完全破坏时,可用此法消解。用硝酸—高氯酸消解需要在通风橱中进行。高氯酸和有机物的混合物经加热易发生危险,需将试样先用硝酸消解,然后再加入硝酸—高氯酸进行消解。

[5]绝不可把消解的试液蒸干。

[6]如消解后有残渣时,用滤纸过滤于具塞刻度管中,并用水充分清洗锥形瓶及滤纸,一并移到具塞刻度管中。

[7]如试样中含有浊度或色度时,需配制一个空白试样(消解后用水稀释至标线),然后向试样中加入 3 mL 浊度—色度补偿液,但不加抗坏血酸溶液和钼酸盐溶液,然后从试样的吸光度中扣除空白试样的吸光度。

[8]砷含量大于 2 mg/L 时会干扰测定,用硫代硫酸钠去除。硫化物含量大于 2 mg/L 时干扰测定,通氮气去除。铬含量大于 50 mg/L 时干扰测定,用亚硫酸钠去除。

[9]如显色时室温低于 13℃,可在 20~30℃水浴上显色 15 min 即可。

[10]精密度与准确度：

①13 个实验室测定(采用过硫酸钾消解)含磷 2.06 mg/L 的统一样品。

A. 重复性。实验室内相对标准偏差为 0.75%。

B. 再现性。实验室间相对标准偏差为 1.5%。

C. 准确度。相对误差为 1.9%。

②6 个实验室测定(采用硝酸-高氯酸消解)含磷量 2.06 mg/L 的统一样品。

A. 重复性。实验室内相对标准偏差为 1.4%。

B. 再现性。实验室间相对标准偏差为 1.4%。

C. 准确度。相对误差为 1.9%。

? 思考与讨论

1. 水体中磷的测定项目有哪些？常用的测定方法有什么？

2. 试述钼酸铵分光光度法测定水质总磷的方法原理。

3. 钼酸铵分光光度法测定水质总磷过程中，哪些环节会产生误差？如何控制？

六、大气中总悬浮颗粒物的测定
——重量法

▶目的◀

1. 了解大气悬浮颗粒物的种类及测定方法。
2. 掌握重量法测定大气总悬浮颗粒物的方法。

大气中的总悬浮颗粒物,简称 TSP,是指粒径在 $100~\mu m$ 以下的液态或固态颗粒物。目前测定总悬浮颗粒物多用重量法。采样的方法有大流量($1.1 \sim 1.7~m^3/min$)、中流量($0.05 \sim 0.15~m^3/min$)及小流量($0.01 \sim 0.05~m^3/min$)采样法。

用超细玻璃纤维滤膜或过氯乙烯滤膜采样,在测定总悬浮颗粒物后,可分别测定有机物(如多环芳烃)、金属元素(如铜、铅、锌、镉、锰、铁、镍、铍等)和无机盐(如硫酸盐、硝酸盐等)。

(一)方法原理

采集一定体积的大气样品,通过已恒重的滤膜,大气中粒径小于 $100~\mu m$ 的悬浮颗粒物被阻留在滤膜上,根据采样前、后滤膜重量之差及采样体积,计算总悬浮颗粒物的质量浓度。

(二)主要仪器设备

①采样设备。A. 滤膜采样夹:有效直径为 80 mm 或 100 mm;B. 气体流量计:流量范围($1.1 \sim 1.7~m^3/min$ 或 $0.05 \sim 0.15~m^3/min$);C. 抽气动力:抽气泵;D. 气压计。

②滤膜(超细纤维玻璃滤膜或过氯乙烯滤膜)。

③分析天平(感量为 0.000 1 g)。

④镊子及装滤膜纸袋(或盒)。

(三)采样

(1)滤膜的准备　将滤膜剪成直径为 9 cm 的圆片,放入大纸袋中,称量至恒重备用。

(2)采样　将已恒重的滤膜、用镊子小心取出,平放在滤膜采样夹的网板上(事先用纸擦净)。如用过氯乙烯滤膜,需揭去衬纸,将毛面向上。然后,拧紧采样夹,放入采样器内,以 $0.12~m^3/min$ 流量采样。

如测定小时浓度,则每小时换一张滤膜;如测定日平均浓度,连续采集样品于一张滤膜上。采样后,用镊子小心取下滤膜,毛面向里,对折 2 次,叠成扇形,放回纸袋中。若用过氯乙烯滤膜,则将其叠为扇形夹在衬纸中间,再放回纸装中。

测定过程中记录采样条件。采样的高度为 $3 \sim 5~m$,总悬浮颗粒物的采样口与基础面应有 1.5 m 以上的相对高差。采样点应选择在不接近材料仓库、施工工地及停车场等局部污染源的地方,也不可在靠近墙、树木及屋檐的地方。

(四)称量及计算

　　将采样前的空白滤膜及采样后的样品滤膜置于恒温恒湿的天平室内。各袋分开放置,不可重叠,平衡 24 h 后,称量滤膜重量直至恒重。按照以下公式计算:

$$TSP(mg/m^3) = \frac{W_2 - W_1}{V_n}$$

　　式中:W_1——空白滤膜的质量/mg;W_2——样品滤膜的质量/mg;V_n——换算为标准状态下的采样体积/m³。

? 思考与讨论

　　1.什么是大气总悬浮颗粒物? TSP 所指颗粒物的粒径大小在什么范围?

　　2.试述重量法测定大气总悬浮颗粒物的方法原理。

　　3.试分析大气压、温度对 TSP 测定结果有什么影响?

七、土壤中铅、镉的测定
——石墨炉原子吸收分光光度法

▶目的◀

1. 了解土壤中铅镉测定的意义。
2. 掌握土壤中铅镉测定的石墨炉原子吸收分光光度法。

铅(Pb)能引起人类多种疾病,如贫血、腹痛、呕吐等,对儿童危害尤甚。农田中铅主要来源于污水灌溉及施用污泥和城市垃圾。镉(Cd)是一种危险的环境污染物,它也能引起人类多种疾病,如高血压、骨痛病等。镉污染主要来自电镀、颜料、化学制品、塑料工业、合金等行业的排放物。受到镉污染的土壤必将影响到食物链,最终导致人类的疾病。

铅、镉在自然界中分布广泛。非污染表土铅(Pb)含量一般为 3~189 mg/kg,多数为 10~67 mg/kg。表土中含镉(Cd)0.07~1.1 mg/kg,土壤背景值一般不超过 0.5 mg/kg,若土壤中 Cd >1 mg/kg 为土壤镉污染临界值。现介绍土壤中全量铅、镉测定的国家标准推荐方法 GB/T 17141—1997。

(一)适用范围

本标准(GB/T 17141—1997)适用于土壤中铅、镉的测定。

(二)方法原理

采用盐酸-硝酸-氢氟酸-高氯酸全消解的方法,彻底破坏土壤的矿物晶格,使试样中的待测元素全部进入试液。然后,将试液注入石墨炉中。经过预先设定的干燥、灰化、原子化等升温程序使共存基体成分蒸发除去,同时在原子化阶段的高温下,铅、镉化合物离解为基态原子蒸气,并对空心阴极灯发射的特征谱线产生选择性吸收。在选择的最佳测定条件下,通过背景扣除,测定试液中铅、镉的吸光度。

本标准的检出限(按称取 0.5 g 试样消解、定容至 50 mL 计算)为:铅 0.1 mg/kg,镉 0.1 mg/kg。使用塞曼法、自吸收法和氘灯法扣除背景,并在磷酸氢二铵或氯化铵等基体改进剂存在下,直接测定试液中的痕量铅、镉未见干扰。

(三)试剂配制

①浓盐酸(HCl) ρ =1.19 g/mL,优级纯。
②浓硝酸(HNO$_3$) ρ =1.42 g/mL,优级纯。
③硝酸溶液(1+5)。
④硝酸溶液。体积分数为 0.2%(V/V)。
⑤氢氟酸(HF) ρ =1.49 g/mL。
⑥高氯酸(HClO$_4$) ρ =1.68 g/mL,优级纯。

⑦磷酸氢二铵[$(NH_4)_2HPO_4$](优级纯)。水溶液,重量分数为 5%(m/V)。

⑧铅标准贮备液 $\rho(Pb) = 0.500$ mg/mL。准确称取 0.5000 g(精确至 0.0002 g)光谱纯金属铅于 50 mL 烧杯中,加入 20 mL 硝酸溶液(1+5),微热溶解。冷却后转移至 1 000 mL 容量瓶中,用水定容至标线,摇匀。

⑨镉标准贮备液 $\rho(Cd) = 0.500$ mg/mL。准确称取 0.5000 g(精确至 0.0002 g)光谱纯金属镉粒于 50 mL 烧杯中,加入 20 mL 硝酸溶液(1+5),微热溶解。冷却后转移至 1 000 mL 容量瓶中,用水定容至标线,摇匀。

⑩铅、镉混合标准使用液 $\rho(Pb) = 250 \mu g/L$、$\rho(Cd) = 50 \mu g/L$。临用前将上述铅、镉标准贮备液,用 0.2% 硝酸溶液经逐级稀释配制而成。

(四)主要仪器设备

石墨炉原子吸收分光光度计(带有背景扣除装置)、铅空心阴极灯、镉空心阴极灯、氩气钢瓶、10 μL 手动进样器。

仪器参数设置:不同型号仪器的最佳测试条件不同,可根据仪器使用说明书自行选择。通常本标准采用的测量条件见表 4-3。

表 4-3　仪器测量条件

元素	铅	镉
测定波长/nm	283.3	228.8
通带宽度/nm	1.3	1.3
灯电流/mA	7.5	7.5
干燥/(℃/s)	80~100/20	80~100/20
灰化/(℃/s)	700/20	500/20
原子化/(℃/s)	2 000/5	1 500/5
清除/(℃/s)	2 700/3	2 600/3
氩气流量/(mL/min)	200	200
原子化阶段是否停气	是	是
进样量/μL	10	10

(五)样品采集

将采集的土壤样品(一般不少于 500 g)混匀后用四分法缩分至约 100 g。缩分后的土样经风干(自然风干或冷冻干燥)后,除去土样中石子和动物残体等异物,用木棒(或玛瑙棒)研压,通过 2 mm 尼龙筛(除去 2 mm 以上的砂砾),混匀。用玛瑙研钵将通过 2 mm 尼龙筛的土样研磨至全部通过 100 目(孔径 0.149 mm)尼龙筛,混匀后备用。

(六)操作步骤

(1)试液的制备　准确称取 $0.1\times\times\times\sim0.3\times\times\times$ g(精确至 0.0002 g)试样于 50 mL 聚四氟乙烯坩埚中,用水润湿后加入 5 mL 浓盐酸,于通风橱内的电热板上低温加热,使样品初步分解。当蒸发至 2~3 mL 时,取下稍冷,然后加入 5 mL 浓硝酸、4 mL 氢氟酸、2 mL 高氯酸,加盖后于电热板上中温加热 1 h 左右。然后开盖,继续加热除硅,为了达到良好的飞硅效果,应经常摇动坩埚。

当加热至冒浓厚高氯酸白烟时,加盖,使黑色有机碳化物充分分解。待坩埚上的黑色有机物消失后,开盖驱赶白烟并蒸至内容物呈黏稠状。视消解情况,可再加入 2 mL 浓硝酸、2 mL 氢氟酸、1 mL 高氯酸,重复上述消解过程。当白烟再次基本冒尽且内容物呈黏稠状时,取下稍冷,用水冲洗坩埚盖和内壁,并加入 1 mL 硝酸溶液(1+5)温热溶解残渣,然后将溶液转移至 25 mL 容量瓶中,加入 3 mL 5%磷酸氢二铵溶液,冷却后定容,摇匀备测。

由于土壤种类多,所含有机质差异较大,在消解时,应注意观察,各种酸的用量可视消解情况酌情增减。土壤消解液应呈白色或淡黄色(含铁较高的土壤),没有明显沉淀物存在。电热板的温度不宜太高,否则会使聚四氟乙烯坩埚变形。

(2)测定　按照仪器使用说明书调节仪器至最佳工作条件,测定试液的吸光度。

(3)空白试验　用去离子水代替试样,按照以上相同的步骤和试剂,制备全程序空白溶液,并进行测定。每批样品至少制备 2 个以上的空白溶液。

(4)校准曲线　准确吸取铅、镉混合标准使用液 0 mL、0.50 mL、1.00 mL、2.00 mL、3.00 mL、5.00 mL 于 25 mL 容量瓶中,加入 3 mL 5%磷酸氢二铵溶液,用 0.2%硝酸溶液定容、摇匀。该标准溶液含铅 0 μg/L、5.0 μg/L、10.0 μg/L、20.0 μg/L、30.0 μg/L、50.0 μg/L、含镉 0 μg/L、1.0 μg/L、2.0 μg/L、4.0 μg/L、6.0 μg/L、10.0 μg/L。

按照以上测定条件由低到高顺次测定标准溶液的吸光度,用减去空白的吸光度与相对应的元素含量(μg/L)分别绘制铅、镉的校准曲线。

(七)结果计算

土壤样品中铅、镉的含量 $\omega(Pb/Cd)$,mg/kg 按下列公式计算:

$$\omega = \frac{\rho \times V}{m \times (1 - f)}$$

式中:ρ——试液的吸光度减去空白试验的吸光度,然后在校准曲线上查得铅、镉的含量/(μg/L);V——试液定容的体积/mL;m——称取试样的重量/g;f——试样中水分的含量/%。

(八)精密度和准确度

多个实验室用本方法分析 ESS 系列土壤标样中铅、镉的精密度和准确度见表 4-4。

表 4-4　精密度和准确度

元素	实验室数量	土壤标本	保证值/(mg/kg)	总均值/(mg/kg)	室内相对标准偏差/%	室间相对标准偏差/%	相对误差/%
Pb	19	ESS-1	23.6±1.2	23.7	4.2	7.3	0.42
	21	ESS-3	33.3±1.3	33.7	3.9	8.6	1.2
Cd	25	ESS-1	0.083±0.011	0.080	3.6	6.2	−3.6
	28	ESS-3	0.044±0.014	0.045	4.1	8.4	2.3

❓**思考与讨论**

1. 为什么要测定土壤铅镉的含量?

2. 试述石墨炉原子吸收分光光度法测定土壤中铅镉的方法原理。

3. 测定土壤铅镉时采用盐酸-硝酸-氢氟酸-高氯酸全消解方法,应注意哪些问题?

八、土壤中铬的测定

——火焰原子吸收分光光度法

▶▶目的◀◀

1. 了解土壤中铬测定的意义。
2. 掌握土壤中铬测定的火焰原子吸收分光光度法。

　　铬（Cr）是一种主要的环境污染元素，常以二价、三价和六价形态存在。其中，六价铬是主要的环境污染物之一，具有明显的致癌、致畸作用。随着工业的发展，大量未加处理的含铬废水、废渣和废气排入环境，致使土壤受到不同程度的污染。

　　一般表土中含铬（Cr）平均约 65 mg/kg，某些发育于蛇纹岩上的土壤可高达 2 000～4 000 mg/kg。土壤中铬的测定可参考国家环境标准 HJ 491—2009（土壤总铬测定—火焰原子吸收分光光度法），2019 年对此标准进行了第二次修订，与铜、锌、铅、镍四个元素一起共同颁布了《土壤和沉积物中铜、锌、铅、镍、铬的测定　火焰原子吸收分光光度法》（HJ 491—2019）。

(一)适用范围

　　本标准（HJ 491—2019）适用于土壤和沉积物中铜、锌、铅、镍和铬的测定。

(二)方法原理

　　土壤和沉积物经酸消解后，试样中铜、锌、铅、镍和铬在空气-乙炔火焰中原子化，其基态原子分别对铜、锌、铅、镍和铬的特征谱线产生选择性吸收，其吸收强度在一定范围内与铜、锌、铅、镍和铬的浓度成正比。

　　当取样量为 0.2 g、消解后定容体积为 25 mL 时，铜、锌、铅、镍和铬的方法检出限分别为 1 mg/kg、1 mg/kg、10 mg/kg、3 mg/kg 和 4 mg/kg，测定下限分别为 4 mg/kg、4 mg/kg、40 mg/kg、12 mg/kg 和 16 mg/kg。

(三)干扰和消除

　　①低于 1 000 mg/L 的铁对锌的测定无干扰。
　　②低于 2 000 mg/L 的钾、钠、镁、铁、铝和低于 1 000 mg/L 的钙对铅的测定无干扰。
　　③使用 232.0 nm 作测定镍的吸收线时，存在波长相近的镍三线光谱影响，选择 0.2 nm 的光谱通带可减少影响。
　　④本标准条件下，使用还原性火焰，土壤和沉积物中共存的常见元素对铬的测定无干扰。

(四)试剂和材料

　　除非另有说明，分析时均使用符合国家标准的优级纯试剂，实验用水为新制备的去离子水。

①浓盐酸 $\rho(HCl)=1.19\ g/mL$。

②浓硝酸 $\rho(HNO_3)=1.42\ g/mL$。

③氢氟酸 $\rho(HF)=1.49\ g/mL$。

④高氯酸 $\rho(HClO_4)=1.68\ g/mL$。

⑤金属铜(光谱纯)。

⑥金属锌(光谱纯)。

⑦金属铅(光谱纯)。

⑧金属镍(光谱纯)。

⑨金属铬(光谱纯)。

⑩盐酸溶液(1+1)。

⑪硝酸溶液(1+1)。

⑫硝酸溶液(1+99)。

⑬铜标准贮备液 $\rho(Cu)=1\,000\ mg/L$。称取 1 g(精确到 0.1 mg)金属铜(光谱纯),用 30 mL 硝酸溶液(1+1)加热溶解,冷却后用水定容至 1 L。贮存于聚乙烯瓶中,4℃以下冷藏保存,有效期 2 年。也可直接购买市售有证标准溶液。

⑭锌标准贮备液 $\rho(Zn)=1\,000\ mg/L$。称取 1 g(精确到 0.1 mg)金属锌(光谱纯),用 40 mL 盐酸 $[\rho(HCl)=1.19\ g/mL]$ 加热溶解,冷却后用水定容至 1 L。贮存于聚乙烯瓶中,4℃以下冷藏保存,有效期 2 年。也可直接购买市售有证标准溶液。

⑮铅标准贮备液 $\rho(Pb)=1\,000\ mg/L$。称取 1 g(精确到 0.1 mg)金属铅(光谱纯),用 30 mL 硝酸溶液(1+1)加热溶解,冷却后用水定容至 1 L。贮存于聚乙烯瓶中,4℃以下冷藏保存,有效期 2 年。也可直接购买市售有证标准溶液。

⑯镍标准贮备液 $\rho(Ni)=1\,000\ mg/L$。称取 1 g(精确到 0.1 mg)金属镍(光谱纯),用 30 mL 硝酸溶液(1+1)加热溶解,冷却后用水定容至 1 L。贮存于聚乙烯瓶中,4℃以下冷藏保存,有效期 2 年。也可直接购买市售有证标准溶液。

⑰铬标准贮备液 $\rho(Cr)=1\,000\ mg/L$。称取 1 g(精确到 0.1 mg)金属铬(光谱纯),用 30 mL 盐酸溶液(1+1)加热溶解,冷却后用水定容至 1 L。贮存于聚乙烯瓶中,4℃以下冷藏保存,有效期 2 年。也可直接购买市售有证标准溶液。

⑱铜标准使用液 $\rho(Cu)=100\ mg/L$。准确移取铜标准贮备液 $[\rho(Cu)=1\,000\ mg/L]$ 10.00 mL 于 100 mL 容量瓶中,用硝酸溶液(1+99)定容至标线,摇匀。贮存于聚乙烯瓶中,4℃以下冷藏保存,有效期 1 年。

⑲锌标准使用液 $\rho(Zn)=100\ mg/L$。准确移取锌标准贮备液 $[\rho(Zn)=1\,000\ mg/L]$ 10.00 mL 于 100 mL 容量瓶中,用硝酸溶液(1+99)定容至标线,摇匀。贮存于聚乙烯瓶中,4℃以下冷藏保存,有效期 1 年。

⑳铅标准使用液 $\rho(Pb)=100\ mg/L$。准确移取铅标准贮备液 $[\rho(Pb)=1\,000\ mg/L]$ 10.00 mL 于 100 mL 容量瓶中,用硝酸溶液(1+99)定容至标线,摇匀。贮存于聚乙烯瓶中,4℃以下冷藏保存,有效期 1 年。

㉑镍标准使用液 $\rho(Ni)=100\ mg/L$。准确移取镍标准贮备液 $[\rho(Ni)=1\,000\ mg/L]$ 10.00 mL 于 100 mL 容量瓶中,用硝酸溶液(1+99)定容至标线,摇匀。贮存于聚乙烯瓶中,

4℃以下冷藏保存,有效期1年。

㉒铬标准使用液 ρ(Cr)＝100 mg/L。准确移取铬标准贮备液[ρ(Cr)＝1 000 mg/L]10.00 mL于100 mL容量瓶中,用硝酸溶液(1＋99)定容至标线,摇匀。贮存于聚乙烯瓶中,4℃以下冷藏保存,有效期1年。

㉓燃气。乙炔(纯度≥99.5％)。

㉔助燃气。空气(进入燃烧器前应除去其中的水、油和其他杂质)。

(五)主要仪器设备

①火焰原子吸收分光光度计。

②光源:铜、锌、铅、镍和铬元素锐线光源或连续光源。

③电热消解装置:温控电热板或石墨电热消解仪,温控精度±5℃。

④微波消解装置:功率为600～1 500 W,配备微波消解罐。

⑤聚四氟乙烯坩埚或聚四氟乙烯消解管:50 mL。

⑥分析天平:感量为0.1 mg。

⑦一般实验室常用器皿和设备。

(六)样品

(1)样品采集和保存　土壤样品按照HJ/T 166的相关要求进行采集和保存;沉积物样品按照GB 17378.3或HJ 494的相关要求进行采集和保存。

(2)样品的制备　除去样品中的异物(枝棒、叶片、石子等),按照HJ/T 166和GB 17378.3的要求,将采集的样品在实验室中风干、破碎、过筛,保存备用。

(3)水分的测定　土壤样品干物质含量按照HJ 613测定;沉积物样品含水率按照GB 17378.5测定。

(七)操作步骤

1. 试样的制备[注1]

(1)电热消解法[注2]

①电热板消解法。准确称取0.2×××～0.3××× g(精确至0.000 1 g)样品于50 mL聚四氟乙烯坩埚中,用水润湿后加入10 mL浓盐酸,于通风橱内电热板上90～100℃加热,使样品初步分解。待消解液蒸发至剩余约3 mL时,加入9 mL浓硝酸,加盖加热至无明显颗粒,加入5～8 mL氢氟酸,开盖,于120℃加热飞硅30 min,稍冷,加入1 mL高氯酸,于150～170℃加热至冒白烟,加热时应经常摇动坩埚。若坩埚壁上有黑色碳化物,加入1 mL高氯酸加盖继续加热至黑色碳化物消失,再开盖,加热赶酸至内容物呈不流动的液珠状(趁热观察)。加入3 mL硝酸溶液(1＋99),温热溶解可溶性残渣,全量转移至25 mL容量瓶中[注3],用硝酸溶液(1＋99)定容至标线,摇匀,保存于聚乙烯瓶中,静置,取上清液待测。于30 d内完成分析。

②石墨电热消解法[注4]。准确称取0.2×××～0.3××× g(精确至0.000 1 g)样品于50 mL聚四氟乙烯消解管中,用水润湿后加入5 mL浓盐酸,于通风橱内石墨电热消解仪上100℃加热45 min。加入9 mL浓硝酸加热30 min,加入5 mL氢氟酸加热30 min,稍冷,加入1 mL高氯酸,加盖120℃加热3 h。开盖,150℃加热至冒白烟,加热时需摇动消解管。若消解

管内壁有黑色碳化物,加入 0.5 mL 高氯酸加盖继续加热至黑色碳化物消失,开盖,160℃加热赶酸至内容物呈不流动的液珠状(趁热观察)。加入 3 mL 硝酸溶液(1+99),温热溶解可溶性残渣,全量转移至 25 mL 容量瓶中,用硝酸溶液(1+99)定容至标线,摇匀,保存于聚乙烯瓶中,静置,取上清液待测。于 30 d 内完成分析。

(2)微波消解法

①准确称取 0.2×××～0.3××× g(精确至 0.000 1 g)样品[注5]于聚四氟乙烯消解管中,用少量水润湿。于防酸通风橱中,依次加入 3 mL 浓盐酸、6 mL 浓硝酸、2 mL 氢氟酸[注6],使样品和消解液充分混匀。若有剧烈化学反应,待反应结束后再加盖拧紧。将消解管装入消解管支架后放入微波消解装置的炉腔中,确认温度传感器和压力传感器正常。按照表 4-5 的升温程序进行微波消解,程序结束后冷却。待管内温度降至室温后在防酸通风橱中取出消解管,缓缓泄压放气,打开消解管盖[注7][注8]。

②将消解管中的溶液转移至聚四氟乙烯坩埚中,用少许实验用水洗涤消解管和盖子后一并倒入坩埚。将坩埚置于温控加热设备(温度控制精度为±5℃)上在微沸的状态下进行赶酸。待液体成黏稠状时,取下稍冷,用滴管取少量硝酸溶液(1+99)冲洗坩埚内壁,利用余温溶解附着在坩埚壁上的残渣,之后转入 25 mL 容量瓶中,再用滴管吸取少量硝酸溶液(1+99)重复上述步骤,洗涤液一并转入容量瓶中,然后用硝酸溶液(1+99)定容至标线;混匀。保存于聚乙烯瓶中,静置,取上清液待测。于 30 d 内完成分析。

表 4-5 微波消解升温程序

升温时间/min	消解温度/℃	保持时间/min
7	室温→120	3
5	120→160	3
5	160→190	25

2. 空白试样的制备

不称取样品,按照与试样制备相同的步骤进行空白试样的制备[注9]。

3. 仪器测量条件

根据仪器操作说明书调节仪器至最佳工作状态[注10]。参考测量条件见表 4-6。

表 4-6 仪器参考测量条件

测量条件	锐线光源				
	铜 (铜空心 阴极灯)	锌 (锌空心 阴极灯)	铅 (铅空心 阴极灯)	镍 (镍空心 阴极灯)	铬 (铬空心 阴极灯)
灯电流/mA	5.0	5.0	8.0	4.0	9.0
测定波长/nm	324.7	213.0	283.3	232.0	357.9
通带宽度/nm	0.5	1.0	0.5	0.2	0.2
火焰类型	中性	中性	中性	中性	还原性

注:在测定铬时,应调节燃烧器高度,使光斑通过火焰的亮蓝色部分。

4. 标准曲线的建立

取 100 mL 容量瓶,按照表 4-7 用硝酸溶液(1+99)分别稀释各元素标准使用液($\rho=$

100 mg/L),配制成标准系列[注11]。

按照仪器测量条件,用标准曲线零浓度点调节仪器零点,由低浓度到高浓度依次测定标准系列的吸光度,以各元素标准系列质量浓度为横坐标,相应的吸光度为纵坐标,建立标准曲线。

表 4-7 各元素标准系列   mg/L

元素	标准系列					
铜	0.00	0.10	0.50	1.00	3.00	5.00
锌	0.00	0.10	0.20	0.30	0.50	0.80
铅	0.00	0.50	1.00	5.00	8.00	10.00
镍	0.00	0.10	0.50	1.00	3.00	5.00
铬	0.00	0.10	0.50	1.00	3.00	5.00

注:可根据仪器灵敏度或试样的浓度调整标准系列范围,至少配制 6 个浓度点(含零浓度点)。

5. 试样测定

按照与标准曲线建立相同的仪器条件进行试样的测定。

6. 空白试验

按照与试样测试相同的仪器条件进行空白试样的测定。

(八)结果计算

1. 结果计算

①土壤中铜、锌、铅、镍和铬的质量分数 ω_i(mg/kg),按照公式(a)进行计算:

$$\omega_i = \frac{(\rho_i - \rho_{0i}) \times V}{m \times \omega_{dm}} \tag{a}$$

式中:ω_i——土壤中元素的质量分数/(mg/kg);ρ_i——试样中元素的质量浓度/(mg/L);ρ_{0i}——空白试样中元素的质量浓度/(mg/L);V——消解后试样的定容体积/mL;m——土壤样品的称样量/g;ω_{dm}——土壤样品的干物质含量/%。

②沉积物中铜、锌、铅、镍和铬的质量分数 ω_i(mg/kg),按照公式(b)进行计算:

$$\omega_i = \frac{(\rho_i - \rho_{0i}) \times V}{m \times (1 - \omega_{H_2O})} \tag{b}$$

式中:ω_i——沉积物中元素的质量分数/(mg/kg);ρ_i——试样中元素的质量浓度/(mg/L);ρ_{0i}——空白试样中元素的质量浓度/(mg/L);V——消解后试样的定容体积/mL;m——沉积物样品的称样量/g;ω_{H_2O}——沉积物样品的含水率/%。

2. 结果表示

当测定结果小于 100 mg/kg 时,结果保留至整数位;当测定结果大于或等于 100 mg/kg 时,结果保留 3 位有效数字。

(九)精密度和准确度

1. 精密度

6 家实验室对不同类型的土壤和沉积物统一样品进行了测定,方法的重复性和再现性等精密度数据见表 4-8。

表 4-8 土壤和沉积物方法精密度汇总数据

元素	样品类型	测定均值 /(mg/kg)	实验室内相对标准偏差/%	实验室间相对标准偏差/%	重复性限 r/(mg/kg)	再现性限 R/(mg/kg)
铜	黄壤	22	1.4~4.0	3.7	2	3
	棕壤	106	1.6~3.9	2.3	8	10
	河流沉积物	16	1.1~6.7	4.0	2	3
	湖泊沉积物	63	1.0~3.0	3.0	4	7
锌	黄壤	49	1.0~3.5	3.2	4	6
	棕壤	165	1.1~3.6	4.7	11	24
	河流沉积物	61	1.1~3.8	4.0	5	8
	湖泊沉积物	190	1.3~4.5	4.3	15	27
铅	GSS-5	102	1.8~4.7	1.3	48	49
	GSD-5a	561	0.7~3.1	2.0	6	8
	棕壤	116	2.9~6.5	5.4	16	23
	河流沉积物	152	2.1~6.4	3.1	16	20
镍	黄壤	24	1.8~7.0	3.4	3	4
	棕壤	35	1.9~4.0	2.9	3	4
	河流沉积物	20	2.2~8.1	4.2	3	4
	湖泊沉积物	36	2.1~6.7	3.7	4	6
铬	黄壤	68	1.6~8.2	4.5	10	12
	棕壤	82	1.5~8.8	5.5	10	16
	河流沉积物	60	2.3~4.5	4.1	6	9
	湖泊沉积物	82	2.0~6.1	6.8	9	18

2. 准确度

6 家实验室对土壤和沉积物有证标准样品进行了测定,方法的准确度数据见表 4-9;6 家实验室对土壤和沉积物的统一样品进行了加标回收测定,方法的加标回收率数据见表 4-10。

表 4-9 土壤和沉积物方法准确度汇总数据

元素	标样信息	保证值 /(mg/kg)	测定平均值 /(mg/kg)	相对误差范围 RE_i/%	相对误差均值 $\overline{RE}$/%	相对误差标准偏差 $S_{\overline{RE}}$/%	相对误差终值 $(\overline{RE}\pm 2S_{\overline{RE}})$/%
铜	GSS-12	29±1	29	−2.4~2.2	−0.7	1.7	−0.7±3.4
	GSS-5	144±6	144	−2.8~3.5	0.1	2.2	0.1±4.4
	GSS-9	25±3	24	−4.4~0.4	−2.7	1.8	−2.7±3.6
	GSD-5a	118±4	117	−2.5~1.6	−1.1	1.7	−1.1±3.4

续表 4-9

元素	标样信息	保证值/(mg/kg)	测定平均值/(mg/kg)	相对误差范围 RE_i/%	相对误差均值 $\overline{RE}$/%	相对误差标准偏差 $S_{\overline{RE}}$/%	相对误差终值 $(\overline{RE}\pm2S_{\overline{RE}})$/%
锌	GSS-12	78±5	77	−4.9～4.9	−1.3	3.5	−1.3±7.0
	GSS-5	494±25	498	−4.6～4.0	0.9	3.0	0.9±6.0
	GSS-9	61±5	60	−5.7～6.6	−1.3	4.4	−1.3±8.8
	GSD-5a	263±5	263	−0.8～1.1	0.0	1.0	0.0±2.0
铅	GSS-5	552±29	561	−0.5～3.0	1.7	1.4	1.7±2.8
	GSD-5a	102±4	102	−1.9～2.9	0.3	2.1	0.3±4.2
镍	GSS-12	32±1	32	−2.9～1.2	−1.4	1.5	−1.4±3.0
	GSS-5	40±4	38	−8.9～6.0	−4.1	5.8	−4.1±11.6
	GSS-9	33±3	32	−8.0～6.1	−1.5	5.5	−1.5±11.0
	GSD-5a	31±1	31	−2.2～1.6	−0.6	1.5	−0.6±3.0
铬	GSS-12	59±2	59	−2.2～2.8	0.4	2.0	0.4±4.0
	GSS-5	118±7	115	−4.2～−0.8	−2.6	1.3	−2.6±2.6
	GSS-9	75±5	73	−4.5～0.4	−2.3	2.0	−2.3±4.0
	GSD-5a	68±2	66	−2.1～2.4	−0.3	1.9	0.3±3.8

注：土壤标准样品编号 GBW07426（GSS-12）、GBW07405（GSS-5）；沉积物标准样品编号 GBW07423（GSS-9）、GBW07305a（GSD-5a）。

表 4-10　土壤和沉积物方法加标回收汇总数据

元素	样品类型	实际样品平均值/(mg/kg)	加标量/(mg/kg)	加标回收率范围 P_i/%	加标回收率均值 $\overline{P}$/%	加标回收率标准偏差 $S_{\overline{P}}$/%	加标回收率终值 $(\overline{P}\pm2S_{\overline{P}})$/%
铜	黄壤	22	17	88.9～105	96.9	6.2	96.9±12.4
		22	42	92.7～98.5	95.5	2.1	95.5±4.2
	河流沉积物	16	17	87.4～100	94.3	4.5	94.3±9.0
		16	42	91.1～102	96.0	4.5	96.0±9.0
锌	黄壤	49	17	90.5～108	98.1	6.9	98.1±13.8
		49	42	86.7～104	95.4	6.3	95.4±12.6
	河流沉积物	61	17	88.7～102	96.2	4.9	96.2±9.8
		61	42	90.0～109	98.4	7.1	98.4±14.2
铅	棕壤	116	125	90.3～104	97.5	5.1	97.5±10.2
		116	250	94.1～99.8	97.5	2.6	97.5±5.2
	河流沉积物	152	83	87.2～106	92.8	4.1	92.8±8.2
		152	167	84.7～101	92.5	6.3	92.5±12.6

续表 4-10

元素	样品类型	实际样品平均值/(mg/kg)	加标量/(mg/kg)	加标回收率范围 P_i/%	加标回收率均值 $\overline{P}$/%	加标回收率标准偏差 $S_{\overline{P}}$/%	加标回收率终值($\overline{P} \pm 2 S_{\overline{P}}$)/%
镍	黄壤	24	17	87.6～100	95.9	5.2	95.9±10.4
		24	42	93.6～100	97.6	2.5	97.6±5.0
	河流沉积物	20	17	91.5～101	97.7	3.5	97.7±7.0
		20	42	84.9～104	95.0	6.8	95.0±13.6
铬	黄壤	68	17	89.2～105	96.9	5.7	96.9±11.4
		68	42	90.8～104	96.1	4.8	96.1±9.6
	河流沉积物	60	17	92.0～102	98.5	3.8	98.5±7.6
		60	42	88.8～109	96.2	9.8	96.2±19.6

(十)质量保证和质量控制

①每批样品至少做 2 个实验室空白,空白中锌的测定结果应低于测定下限,其余元素的测定结果应低于方法检出限。

②每次分析应建立标准曲线,其相关系数应≥0.999。

③每 20 个样品或每批次(少于 20 个样品/批)分析结束后,需进行标准系列零浓度点和中间浓度点核查。零浓度点测定结果应低于方法检出限,中间浓度测定值与标准值的相对误差应在±10%以内。

④每 20 个样品或每批次(少于 20 个样品/批)应分析一个平行样,平行样测定结果相对偏差应≤20%。

⑤每 20 个样品或每批次(少于 20 个样品/批)应同时测定 1 个有证标准样品,其测定结果与保证值的相对误差应在±15%以内;或每 20 个样品或每批次(少于 20 个样品/批)应分析一个基体加标样品,加标回收率应为 80%～120%。

(十一)注释

[1]样品消解时应注意各种酸的加入顺序。

[2]土壤和沉积物样品种类复杂,基体差异较大,在消解时视消解情况,可适当补加硝酸、高氯酸等酸,调整消解温度和时间等条件。

[3]视样品实际情况,试验定容体积可适当调整。

[4]石墨电热消解法亦可参考仪器推荐的消解程序,方法性能须满足本方法要求。

[5]样品中所测元素含量低时,可将样品称取量提高至 1.×××× g(精确至 0.000 1 g),微波消解时硝酸、盐酸和氢氟酸的用量也应按比例根据实际情况酌情增加,或增加消解次数。

[6]由于土壤、沉积物样品种类多,所含有机质差异较大,微波消解时硝酸、盐酸和氢氟酸的用量可根据实际情况酌情增加。

[7]为避免消解液损失和安全伤害,消解后的消解管必须冷却至室温后才能开盖。

[8]微波消解后若有黑色残渣,表明碳化物未被完全消解。在温控加热设备上向坩埚中补

加 2 mL 硝酸、1 mL 氢氟酸和 1 mL 高氯酸,在微沸状态下加盖反应 30 min 后,揭盖继续加热至高氯酸白烟冒尽,液体成黏稠状。上述过程反复进行直至黑色碳化物消失。

[9]空白试样制备时的加酸量要与试样制备时的加酸量保持一致。

[10]对于基体复杂的土壤或沉积物样品,测定时需采用仪器背景校正功能。

[11]若样品基体复杂,可适当提高试样酸度,同时应注意标准曲线的酸度与试样酸度保持一致。

思考与讨论

　　1.为什么要测定土壤中铬的含量?

　　2.测定土壤中铬含量时,试样的制备方法有几种? 试比较不同方法的异同。

　　3.试述火焰原子吸收分光光度法测定土壤中铬的方法原理。

九、土壤中砷的测定
——原子荧光法

▶目的◀

1. 了解土壤中砷的测定意义。
2. 掌握土壤总砷测定的原子荧光法。

砷是有毒环境污染元素。元素砷不溶于水、无毒,而砷化合物均有剧毒,其中三价砷毒性大于五价砷和有机砷。砷污染主要来自冶炼、制革、玻璃、染料化工等工业废水以及含砷农药的使用。被砷污染的土壤可能使农作物大量减产,长期食用砷污染的食品会引起砷慢性中毒。砷在人体内积累,易引起神经炎、皮肤疾病,严重时会诱发肺癌和呼吸道肿瘤。非污染土壤砷(As)含量为 1～95 mg/kg。溶液中砷的测定可选用原子吸收分光光度法、原子荧光法、ICP-MS 法等。现介绍土壤总砷测定的国家标准推荐方法 GB/T 22105.2—2008。

(一)适用范围

本标准(GB/T 22105.2—2008)适用于土壤中总砷的测定。

(二)方法原理

样品中的砷经加热消解后,加入硫脲使五价砷还原为三价砷,再加入硼氢化钾将其还原为砷化氢,由氩气导入石英原子化器进行原子化分解为原子态砷,在特制砷空心阴极灯的发射光激发下产生原子荧光,产生的荧光强度与试样中被测元素含量成正比,与标准系列比较,求得样品中砷的含量。

本方法检出限为 0.01 mg/kg。

(三)试剂配制

①浓盐酸(HCl) $\rho = 1.19$ g/mL,优级纯。

②浓硝酸(HNO_3) $\rho = 1.42$ g/mL,优级纯。

③氢氧化钾(KOH),优级纯。

④硼氢化钾(KBH_4),优级纯。

⑤硫脲(H_2NCSNH_2),分析纯。

⑥抗坏血酸($C_6H_8O_6$),分析纯。

⑦三氧化二砷(As_2O_3),优级纯。

⑧(1+1)王水。取 1 份浓硝酸和 3 份浓盐酸,混合均匀,然后用水稀释 1 倍。

⑨还原剂[1%硼氢化钾(KBH_4)+0.2%氢氧化钾(KOH)溶液]。称取 0.2 g 氢氧化钾放入烧杯中,用少量水溶解。另称取 1 g 硼氢化钾,放入氢氧化钾溶液中,溶解后用水稀释至100 mL。此溶液用时现配。

⑩载液[(1+9)盐酸溶液]。量取 50 mL 浓盐酸,加水定容至 500 mL,混匀。

⑪硫脲溶液(5%)。称取 10 g 硫脲,溶解于 200 mL 水中,摇匀。用时现配。

⑫抗坏血酸溶液(5%)。称取 10 g 抗坏血酸,溶解于 200 mL 水中,摇匀。用时现配。

⑬砷标准贮备液 ρ(As)=1.00 mg/mL。称取 0.660 0 g 三氧化二砷(在 105℃烘 2 h)于烧杯中,加入 10 mL 10%氢氧化钠溶液,加热溶解,冷却后转移至 500 mL 容量瓶中,并用水稀释、定容至刻度,摇匀。此溶液砷浓度为 1.00 mg/mL(有条件的单位可以到国家认可的部门直接购买标准贮备溶液)。

⑭砷标准中间溶液 ρ(As)= 100 μg/mL。准确吸取 10.00 mL 砷标准贮备液[ρ(As)=1.00 mg/mL]注入 100 mL 容量瓶中,用(1+9)盐酸溶液稀释、定容至刻度,摇匀。此溶液砷浓度为 100 μg/mL。

⑮砷标准工作溶液 ρ(As)= 1.00 μg/mL。准确吸取 1.00 mL 砷标准中间溶液[ρ(As)= 100 μg/mL]注入 100 mL 容量瓶中,用(1+9)盐酸溶液稀释、定容至刻度,摇匀。此溶液砷浓度为 1.00 μg/mL。

(四)主要仪器设备

氢化物发生原子荧光光度计、砷空心阴极灯、水浴锅。

仪器参考条件:不同型号仪器的最佳参数不同,可根据仪器使用说明书自行选择。表 4-11 列出了一些通常采用的参数。

表 4-11　仪器参数

详细技术	参数	详细技术	参数
负高压/V	300	加热温度/℃	200
A 道灯电流/mA	0	载气流量/(mL/min)	400
B 道灯电流/mA	60	屏蔽气流量/(mL/min)	1 000
观测高度/mm	8	测量方法	校准曲线
读数方式	峰面积	读数时间/s	10
延迟时间/s	1	测量重复次数	2

(五)操作步骤

1.试液的制备

称取经风干、研磨并过 0.149 mm 孔径筛的土壤样品 0.2×××~1.0××× g(精确至 0.000 2 g)于 50 mL 具塞比色管中,加少许水润湿样品,加 10 mL(1+1)王水,加塞摇匀于沸水浴中消解 2 h,中间摇动几次,取下冷却,用水稀释至刻度,摇匀后放置。

准确吸取一定量的消解试液(V_1)于 50 mL 比色管中,加 3 mL 浓盐酸、5 mL 硫脲溶液 (5%)、5 mL 抗坏血酸溶液(5%),用水稀释、定容至刻度,摇匀放置,取上清液待测。同时做空白试验。

2.空白试验

用去离子水代替试样,按照上述相同的步骤和试剂,制备全程序空白溶液。每批样品制备

2 个以上的空白溶液。

3. 校准曲线

分别准确吸取 0 mL、0.50 mL、1.00 mL、1.50 mL、2.00 mL、3.00 mL 砷标准工作溶液 $[\rho(As) = 1.00\ \mu g/mL]$，置于 6 个 50 mL 容量瓶中，分别加入 5 mL 浓盐酸、5 mL 硫脲溶液、5 mL 抗坏血酸溶液，然后用水稀释、定容至刻度、摇匀，即得含砷量分别为 0 ng/mL、10.0 ng/mL、20.0 ng/mL、30.0 ng/mL、40.0 ng/mL、60.0 ng/mL 的标准系列溶液。此标准系列适用于一般样品的测定。

4. 测定

将仪器调节至最佳工作条件，在还原剂和载液的带动下，测定标准系列各点的荧光强度（校准曲线是减去标准空白后荧光强度对浓度绘制的校准曲线），然后依次测定样品空白、试样的荧光强度。

(六)结果计算

土壤样品总砷含量 ω 以质量分数计，数值以 mg/kg 表示，按下列公式计算：

$$\omega = \frac{(\rho - \rho_0) \times V_2 \times V_{总} / V_1}{m \times (1 - f) \times 1\,000}$$

式中：ρ——从校准曲线上查得砷元素含量/(ng/mL)；ρ_0——试剂空白溶液测定浓度/(ng/mL)；V_1——测定时分取样品消解液体积/mL；V_2——测定时分取样品溶液稀释定容体积/mL；$V_{总}$——样品消解后定容总体积/mL；m——试样质量/g；f——土壤含水量/%；$1\,000$——将"ng"换算为"μg"的系数。

重复试验结果以算术平均值表示，保留至 3 位有效数字。

(七)精密度和准确度

按照本方法测定土壤中总砷，其相对误差的绝对值不得超过 5%。在重复条件下，获得的 2 次独立测定结果的相对偏差不得超过 7%。

❓**思考与讨论**

1. 为什么要测定土壤中砷的含量？
2. 试述原子荧光法测定土壤总砷的方法原理。
3. 原子荧光法测定土壤总砷时应注意哪些问题？

十、水、土中有机磷农药残留测定

——气相色谱法

▶▶目的◀◀

掌握水、土中有机磷农药的测定方法。

农业生产中有机磷农药因其高效低残留性而被广泛使用，其已成为国内使用量最大的农药种类。我国受农药污染的耕地约有 1 600 万 hm^2，其中有机磷农药使用是造成污染的重要原因之一。有机磷农药的残留量分析是农残分析测试中的重要内容，现介绍气相色谱法测定水、土中有机磷农药的国家标准推荐方法 GB/T 14552—2003。水中有机磷农药的检测还可以参考目前仍在使用的国家标准《水质　有机磷农药的测定　气相色谱法》（GB 13192—91）。

(一)适用范围

本标准（GB/T 14552—2003）规定了地面水、地下水及土壤中速灭磷（mevinphos）、甲拌磷（phorate）、二嗪磷（diazinon）、异稻瘟净（iprobenfos）、甲基对硫磷（parathion－methyl）、杀螟硫磷（fenitrothion）、溴硫磷（bromophos）、水胺硫磷（isocarbophos）、稻丰散（phenthoate）、杀扑磷等（methidathion）多组分残留量的测定方法。

本标准适用于地面水、地下水及土壤中有机磷农药的残留量分析。

(二)方法原理

水、土样品中有机磷农药残留量采用有机溶剂提取，再经液—液分配和凝结净化步骤除去干扰物，用气相色谱氮磷检测器（NPD）或火焰光度检测器（FPD）检测，根据色谱峰的保留时间定性，外标法定量。

(三)试剂配制

①载气和辅气体。

②载气：氮气，纯度≥99.99％。

③燃气：氢气。

④助燃气：空气。

⑤农药标准品。速灭磷等有机磷农药，纯度为 95.0％～99.0％。

A. 农药标准溶液的制备。准确称取一定量的农药标准样品（准确到±0.000 1 g），用丙酮为溶剂，分别配制浓度为 0.5 mg/mL 的速灭磷、甲拌磷、二嗪磷、水胺硫磷、甲基对硫磷、稻丰散和浓度为 0.7 mg/mL 的杀螟硫磷、异稻瘟净、溴硫磷、杀扑磷贮备液，在冰箱中存放。

B. 农药标准中间溶液的配制。用移液管准确量取一定量的上述 10 种贮备液于 50 mL 容量瓶中，用丙酮定容至刻度，则配制成浓度为 50 μg/mL 的速灭磷、甲拌磷、二嗪磷、水胺硫磷、甲基对硫磷、稻丰散和浓度为 70 μg/mL 的杀螟硫磷、异稻瘟净、溴硫磷 、杀扑磷的标准中间溶液,在冰箱中存放。

C. 农药标准工作溶液的配制混匀. 分别用移液管吸取上述中间溶液每种 10.00 mL 于 100 mL 容量瓶中,用丙酮定容至刻度,得混合标准工作溶液。标准工作溶液在冰箱中存放。

⑥丙酮(CH_3COCH_3),重蒸。

⑦石油醚 60～90℃沸腾,重蒸。

⑧二氯甲烷(CH_2Cl_2),重蒸。

⑨乙酸乙酯($CH_3COOC_2H_5$)。

⑩氯化钠(NaCl)。

⑪无水硫酸钠(Na_2SO_4),300℃烘 4 h 后放入干燥器备用。

⑫助滤剂:Celite 545。

⑬磷酸(H_3PO_4):85%。

⑭氯化铵(NH_4Cl)。

⑮凝结液。20 g 氯化铵和 85%磷酸 40 mL 于 400 mL 蒸馏水中,用蒸馏水定容至 2 000 mL,备用。使用前用 $c(KOH) = 0.5$ mol/L 氢氧化钾(KOH)溶液调至 pH 为 4.5～5.0。

(四)主要仪器设备

振荡器、旋转蒸发器、真空泵、水浴锅、微量进样器、气相色谱仪(带氮磷检测器或火焰光度检测器,备有填充柱或毛细管柱)。

(五)操作步骤

1. 样品

(1)样品性状

①样品种类:水、土壤。

②样品状态:液体、固体。

③样品的稳定性:在水、土壤中的有机磷农药不稳定,易分解。

(2)样品的采集与贮存方法 按照 NY/T 395 和 NY/T 396 规定采集。

①水样。取具代表性的地表水或地下水,用磨口玻璃瓶取 1 000 mL。装水之前,先用水样冲洗样品瓶 2～3 次。

②土壤样品。按照有关规定在田间采集土样,充分混匀取 500 g 备用,装入样品瓶中,另取 20 g 测定含水量。

③样品的保存。水样在 4℃冰箱中保存。土壤保存在 −18℃冷冻箱中,备用。

2. 提取及净化

(1)水样的提取及净化 取 100.0 mL 水样于分液漏斗中,加入 50 mL 丙酮振摇 30 次,取出 100 mL,相当于样品量的 2/3,移入另一 500 mL 分液漏斗中,加入 10～15 mL 凝结液和 1 g 助滤剂,振摇 20 次,静置 3 min,过滤入另一 500 mL 分液漏斗中,加 3 g 氯化钠,用 50 mL、50 mL、30 mL 二氯甲烷萃取 3 次,合并有机相,经一装有 1 g 无水硫酸钠和 1 g 助滤剂的筒形漏斗过滤,收集于 250 mL 平底烧瓶中,加入 0.5 mL 乙酸乙酯,先用旋转蒸器浓缩至 3 mL,在室温下用氮气或空气吹浓缩至近干,用丙酮定容 5 mL,供气相色谱测定。

（2）土壤样品的提取及净化　准确称取已测定含水量的土样 20.0 g，置于 300 mL 具塞锥形瓶中，加水，使加入的水量与 20.0 g 样品中水分含量之和为 20 mL，摇匀后静置 10 min，加 100 mL 丙酮-水的混合液 [丙酮(V)/水(V)＝1/5]，浸泡 6～8 h 后振荡 1 h，将提取液倒入铺有二层滤纸及一层助滤剂的布氏漏斗减压抽滤，取 80 mL 滤液（相当于 2/3 样品），除以下步骤凝结 2～3 次外，其余同水样的提取及净化。

3. 气相色谱测定

（1）测定条件 A

①柱：A. 玻璃柱为 1.0 m×2 mm(i.d)，填充涂有 5％ OV-17 的 Chrom Q，80～100 目的担体。B. 玻璃柱为 1.0 m×2 mm(i,d)，填充涂有 5％ OV-101 的 Chromsorb W-HP，100～120 目的担体。

②温度：柱箱 200℃、汽化室 230℃、检测器 250℃。

③气体流速：氮气（N_2）36～40 mL/min、氢气（H_2）4.5～6 mL/min、空气 60～80 mL/min。

④检测器：氮磷检测器（NPD）。

（2）测定条件 B

①柱：石英弹性毛细管柱 HP-5，30 m×0.32 mm(i.d)。

②温度：柱温采用程序升温方式。

$$130℃ \xrightarrow{\text{恒温 3 min；5℃/min}} 140℃ \xrightarrow{\text{恒温 65 min}} 140℃，\text{进样口 220℃，检定器（NPD）300℃。}$$

③气体流速：氮气 3.5 mL/min、氢气 3 mL/min、空气 60 mL/min、尾吹（氮气）10 mL/min。

（3）测定条件 C

①柱：石英弹性毛细管柱 DB-17，30 m×0.53 mm(i.d)。

$$② 温度：150℃ \xrightarrow{\text{恒温 3 min；8℃/min}} 250℃ \xrightarrow{\text{恒温 10 min}} 250℃，\text{进样口 220℃，检定器（FPD）300℃。}$$

③气体流速：氮气 9.8 mL/min、氢气 75 mL/min、空气 100 mL/min、尾吹（氮气）10 mL/min。

（4）气相色谱中使用标准样品的条件　标准样品的进样体积与试样进样体积相同，标准样品的响应值接近试样的响应值。当一个标准样品连续注射 2 次，其峰高或峰面积相对偏差不大于 7％，即认为仪器处于稳定状态。在实际测定时标准样品与试样应交叉进样分析。

（5）进样　①进样方式：注射器进样。②进样量：1～4 μL。

（6）色谱图

①色谱图。

图 4-7 采用填充柱 a 和 NPD 检测器。

图 4-8 采用毛细管柱和 NPD 检测器。

图 4-9 采用毛细管柱和 FPD 检测器。

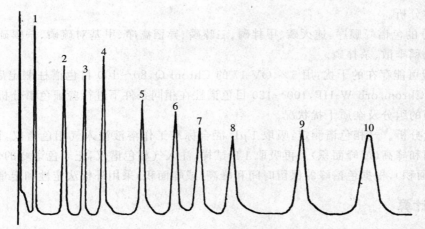

1—速灭磷 2—甲拌磷 3—二嗪磷 4—异稻瘟净 5—甲基对硫磷 6—杀螟硫磷
7—水胺硫磷 8—溴硫磷 9—稻丰散 10—杀扑磷

图 4-7 采用填充柱 a 和 NPD 检测器测定 10 种有机磷的气相色谱图

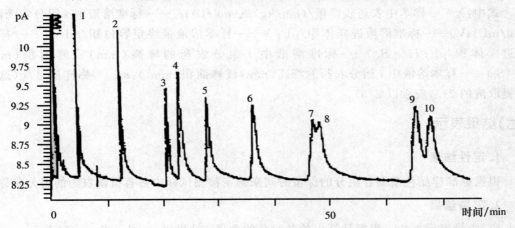

1—速灭磷 2—甲拌磷 3—二嗪磷 4—异稻瘟净 5—甲基对硫磷 6—杀螟硫磷
7—水胺硫磷 8—溴硫磷 9—稻丰散 10—杀扑磷

图 4-8 采用毛细管柱和 NPD 检测器测定 10 种有机磷的气相色谱图

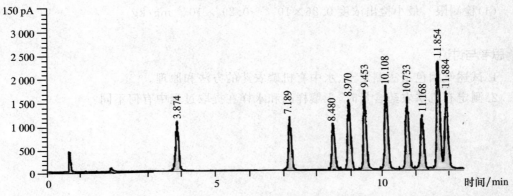

1—速灭磷 2—甲拌磷 3—二嗪磷 4—异稻瘟净 5—甲基对硫磷 6—杀螟硫磷
7—水胺硫磷 8—溴硫磷 9—稻丰散 10—杀扑磷

图 4-9 采用毛细管柱和 FPD 检测器测定 10 种有机磷的气相色谱图

②定性分析。

A.组分的色谱峰顺序：速灭磷、甲拌磷、二嗪磷、异稻瘟净、甲基对硫磷、杀螟硫磷、水胺硫磷、溴硫磷、稻丰散、杀扑磷。

B.检验可能存在的干扰：用 5% OV-17 的 Chrom Q，80～100 目色谱柱测定后，再用 5% OV-101 的 Chromsorb W-HP，100～120 目色谱柱在相同条件下进行验证色谱分析，可确定各有机磷农药的组分及杂质干扰状况。

③定量分析。气相色谱测定：吸取 1 μL 混合标准工作溶液注入气相色谱仪，记录色谱峰的保留时间和峰高（或峰面积）。再吸取 1 L 试样，注入气相色谱仪，记录色谱峰的保留时间和峰高（或峰面积），根据色谱峰的保留时间和峰高（或峰面积）采用外标法定性和定量。

（六）结果计算

$$X = \frac{c_{is} \times V_{is} \times H_i(S_i) \times V}{V_i \times H_{is}(S_{is}) \times m}$$

式中：X——样本中农药残留量/(mg/kg)或(mg/L)；c_{is}——标准溶液中 i 组分农药浓度/(μg/mL)；V_{is}——标准溶液进样体积/μL；V——样本溶液最终定容体积/mL；V_i——样本溶液进样体积/μL；$H_{is}(S_{is})$——标准溶液中 i 组分农药的峰高（mm）或峰面积（mm²）；$H_i(S_i)$——样本溶液中 i 组分农药的峰高（mm）或峰面积（mm²）；m——称样质量/g（这里只用提取液的 2/3，应乘以 2/3）。

（七）结果表示

1.定性结果

根据标准样品色谱图各组分的保留时间来确定被测试样中各有机磷农药的组分名称。

2.定量结果

（1）含量表示方法　根据计算出的各组分的含量，结果以 mg/kg 或 mg/L 表示。

（2）精密度　变异系数（%）：2.71%～11.29%。

（3）准确度　加标回收率（%）：86.5 %～98.4%。

（4）检测限　最小检出浓度 0.86×10^{-4}～0.29×10^{-2} mg/kg。

❓思考与讨论

1.试述气相色谱法测定土、水中有机磷农药的方法和原理。

2.测定有机磷农药含量时，土壤样品和水样在提取过程中有何不同？

附 录

部分实验报告格式参考

土壤 pH 测定(　　　　法)

样品编号：　　　　　　　　　　　　　　　　　　　　　　　　　分析日期：

	平行 1	平行 2
称样量/g		
无 CO_2 的去离子水/mL		
土壤 pH		
平均值		
绝对相差		
相对相差		

土壤水溶性盐总量的测定(　　　　法)

样品编号：　　　　　　　　　　　　　　　　　　　　　　　　　分析日期：

	平行 1	平行 2
称样量/g		
无 CO_2 的去离子水/mL		
土壤 $EC_{(5:1)}$ 值/(mS/cm)		
土壤水溶性盐总量/(g/kg)		
平均值		
绝对相差		
相对相差		

土壤有机质测定(　　　　法)

样品编号：　　　　　　　　　　　　　　　　　　　　　　　　　分析日期：

	平行 1	平行 2	空白
称样量/g			
0.8 mol/L (1/6$K_2Cr_2O_7$-H_2SO_4)溶液/mL			
浓 H_2SO_4/mL			
$FeSO_4$ 标准溶液的浓度/(mol/L)			
$FeSO_4$ 溶液的用量/mL			
土壤有机质含量[ω(OM)]/(g/kg)			
平均值			
绝对相差			
相对相差			

土壤全氮测定(法)

样品编号： 分析日期：

	平行 1	平行 2	空白
称样量/g			
浓 H_2SO_4/mL			
标准酸溶液的浓度/(mol/L)			
标准酸溶液的用量/mL			
土壤全氮含量[$\omega(N)$]/(g/kg)			
平均值			
绝对相差			
相对相差			

土壤铵态氮测定(法)

样品编号： 分析日期：

	平行 1	平行 2
称样量/g		
浸提剂体积/mL		
吸取待测液体积/mL		
工作曲线浓度/(mg/L)		
工作曲线 A 值		
相关系数(r)		
样品吸光度(A)		
待测液中 NH_4^+-N 浓度/(mg/L)		
土壤 NH_4^+-N 含量[$\omega(NH_4^+$-N)]/(mg/kg)		
平均值		
绝对相差		
相对相差		

土壤硝态氮测定(　　　法)

样品编号：　　　　　　　　　　　　　　　　　　　　　　　　　分析日期：

	平行 1	平行 2
称样量/g		
浸提剂体积/mL		
吸取待测液体积/mL		
准确稀释倍数		
A_{210} 值		
A_{275} 值		
$\Delta A = A_{210} - R \times A_{275}$		
工作曲线浓度/(mg/L)		
工作曲线 A 值		
相关系数(r)		
待测液中 NO_3^--N 浓度/(mg/L)		
土壤 NO_3^--N 含量[$\omega(NO_3^-$-N)]/(mg/kg)		
平均值		
绝对相差		
相对相差		

土壤全磷测定(　　　法)

样品编号：　　　　　　　　　　　　　　　　　　　　　　　　　分析日期：

	平行 1	平行 2
称样量/g		
浓 H_2SO_4 体积/mL		
消煮液定容体积/mL		
吸取待测液体积/mL		
分取倍数		
工作曲线浓度/(mg/L)		
工作曲线 A 值		
相关系数(r)		
样品吸光度(A)		
待测液中磷浓度/(mg/L)		
土壤全磷含量[$\omega(P)$]/(g/kg)		
平均值		
绝对相差		
相对相差		

土壤有效磷测定(　　　　法)

样品编号：　　　　　　　　　　　　　　　　　　　　　　　　　分析日期：

	平行 1	平行 2
称样量/g		
浸提剂体积/mL		
吸取待测液体积/mL		
工作曲线浓度/(mg/L)		
工作曲线 A 值		
相关系数(r)		
样品吸光度(A)		
待测液中磷浓度/(mg/L)		
土壤有效磷含量[$\omega(P)$]/(mg/kg)		
平均值		
绝对相差		
相对相差		

土壤速效钾测定(　　　　法)

样品编号：　　　　　　　　　　　　　　　　　　　　　　　　　分析日期：

	平行 1	平行 2
称样量/g		
1.0 mol/L NH$_4$Ac 溶液体积/mL		
工作曲线浓度/(mg/L)		
工作曲线相对读数		
相关系数(r)		
样品读数		
待测液中钾浓度/(mg/L)		
土壤速效钾含量[$\omega(K)$]/(mg/kg)		
平均值		
绝对相差		
相对相差		

土壤有效微量元素测定(　　　法)

样品编号：　　　　　　　　　　　　　　　　　　　　　　　分析日期：

	平行 1	平行 2	空白
称样量/g			
浸提剂体积/mL			
工作曲线浓度/(mg/L)			
工作曲线读数			
相关系数(r)			
样品读数			
待测液中 Fe 浓度/(mg/L)			
待测液中 Mn 浓度/(mg/L)			
待测液中 Cu 浓度/(mg/L)			
待测液中 Zn 浓度/(mg/L)			
土壤有效 Fe 含量[$\omega(Fe)$]/(mg/kg)			
土壤有效 Mn 含量[$\omega(Mn)$]/(mg/kg)			
土壤有效 Cu 含量[$\omega(Cu)$]/(mg/kg)			
土壤有效 Zn 含量[$\omega(Zn)$]/(mg/kg)			

复混肥中总氮测定(　　　法)

样品编号：　　　　　　　　　　　　　　　　　　　　　　　分析日期：

	平行 1	平行 2	空白
称样量/g			
浓 H_2SO_4 体积/mL			
消煮液定容体积/mL			
吸取待测液体积/mL			
分取倍数			
标准酸溶液的浓度/(mol/L)			
标准酸溶液的用量/mL			
总氮含量/%			
平均值			
绝对相差			
相对相差			

复混肥中有效磷测定(　　　法)

样品编号：　　　　　　　　　　　　　　　　　　　　　　　分析日期：

	水溶性磷	有效磷
称样量/g		
水或 EDTA 溶液的体积/mL		
吸取待测液的体积/mL		
沉淀剂用量/mL		
G4 坩埚重量/g		
坩埚＋沉淀总重/g		
沉淀重量/g		
空白实验		
P_2O_5 含量/%		

复混肥中全钾测定(　　　法)

样品编号：　　　　　　　　　　　　　　　　　　　　　　　分析日期：

	平行 1	平行 2
称样量/g		
水的体积/mL		
吸取待测液的体积/mL		
沉淀剂用量/mL		
G4 坩埚重量/g		
坩埚＋沉淀总重/g		
沉淀重量/g		
空白实验		
K_2O 含量/%		

植物全氮测定(　　　法)

样品编号：　　　　　　　　　　　　　　　　　　　　　　　分析日期：

	平行 1	平行 2	空白
称样量/g			
浓 H_2SO_4 体积/mL			
消煮液定容体积/mL			
吸取待测液体积/mL			
分取倍数			
标准酸溶液的浓度/(mol/L)			
标准酸溶液的体积/mL			
植物全氮含量[$\omega(N)$]/(g/kg)			
平均值			
绝对相差			
相对相差			

植物全磷测定(　　　法)

样品编号：　　　　　　　　　　　　　　　　　　　　　　　　分析日期：

	平行 1	平行 2
称样量/g		
浓 H_2SO_4 体积/mL		
消煮液定容体积/mL		
吸取待测液体积/mL		
分取倍数		
工作曲线浓度/(mg/L)		
工作曲线 A 值		
相关系数(r)		
样品吸光度(A)		
待测液中磷浓度/(mg/L)		
植物全磷含量[$\omega(P)$]/(g/kg)		
平均值		
绝对相差		
相对相差		

植物全钾测定(　　　法)

样品编号：　　　　　　　　　　　　　　　　　　　　　　　　分析日期：

	平行 1	平行 2
称样量/g		
浓 H_2SO_4 体积/mL		
消煮液定容体积/mL		
吸取待测液体积/mL		
分取倍数		
工作曲线浓度/(mg/L)		
工作曲线相对读数		
相关系数(r)		
样品读数		
待测液中钾浓度/(mg/L)		
植物全钾含量[$\omega(K)$]/(g/kg)		
平均值		
绝对相差		
相对相差		

参 考 文 献

[1] 鲍士旦. 土壤农化分析. 3 版. 北京：中国农业出版社，2000.

[2] 但德忠. 环境监测. 北京：高等教育出版社，2006.

[3] 国家环境保护总局，水和废水监测分析方法编委会. 水和废水监测分析方法. 4 版. 北京：中国环境科学出版社，2002.

[4] 李花粉，隋方功. 环境监测. 北京：中国农业大学出版社，2011.

[5] 刘凤枝，李玉浸. 土壤监测分析技术. 北京：化学工业出版社，2015.

[6] 鲁如坤. 土壤农业化学常规分析法. 北京：中国农业科技出版社，2000.

[7] 农业标准出版研究中心. 最新中国农业行业标准. 第七辑：土壤肥料分册. 北京：中国农业出版社，2012.

[8] 奚旦立，孙裕生. 环境监测. 4 版. 北京：高等教育出版社，2010.

[9] 中国标准出版社. 环境监测方法标准汇编：土壤环境与固体废物. 3 版. 北京：中国标准出版社，2014.

[10] 中国标准出版社. 中国农业标准汇编：土壤肥料卷. 北京：中国标准出版社，1998.

[11] 中国标准出版社第一编辑室. 中国农业标准汇编：土壤和肥料卷. 北京：中国标准出版社，2010.

[12] 中国土壤学会农业化学专业委员会. 土壤农化常规分析方法. 北京：科学出版社，1983.